电工电路识图入门全图解

贺　鹏◎编著

U0313394

中国铁道出版社有限公司
CHINA RAILWAY PUBLISHING HOUSE CO., LTD.

内 容 简 介

本书由资深电工高级技师精心编写，重点讲解了电工识图基础知识、电气原理图的识图方法、电气接线图识图方法、电气仪表和工具操作方法、高低压供配电系统识图方法、电动机控制识图方法、工业控制电路识图方法、建筑电气系统识图方法等。另外，还讲解了PLC控制及其组成原理和接线方法、PLC编程语言和编程方法，详细解读了PLC可编程控制器的应用实例。

本书结合实操讲解，对电工识图知识的讲解全面详细，内容由浅入深，通俗易懂。全书配备了微视频，通过扫描二维码可以下载观看教学视频，结合彩色图解，读者可以轻松掌握相关识图技术，并增加实践经验。

本书适合刚入行的电工人员扎实掌握电路原理之用，也可供中、高等职业技术教育电气等专业师生选修和从事电气技术的人员参考。

图书在版编目（CIP）数据

电工电路识图入门全图解／贺鹏编著. —北京：中国铁道出版社有限公司，2019.4（2020.10 重印）

ISBN 978-7-113-25609-8

Ⅰ.①电… Ⅱ.①贺… Ⅲ.①电路图－识图－图解
Ⅳ.①TM02-64

中国版本图书馆CIP数据核字（2019）第040358号

书　　名：电工电路识图入门全图解
DIANGONG DIANLU SHITU RUMEN QUANTUJIE

作　　者：贺　鹏

责任编辑：荆　波　　**读者热线：**（010）51873026

责任印制：赵星辰　　**封面设计：**MXK DESIGN STUDIO

出版发行：中国铁道出版社有限公司（100054，北京市西城区右安门西街8号）

印　　刷：国铁印务有限公司

版　　次：2019年4月第1版　2020年10月第3次印刷

开　　本：787 mm×1 092 mm　1/16　**印张：**12.5　**字数：**288千

书　　号：ISBN 978-7-113-25609-8

定　　价：49.80元

前言

一、为什么写这本书

电气图是电气技术人员和电气工人在工作中经常使用的技术资料，如何看懂并在实际工作中使用好电气图纸是一位合格的电气技术人员和电气工人的基本要求。

随着时代的发展和科技的进步，各种新型电气设备也随之增加。目前，用电脑控制的先进电气设备和自动生产线的大量出现，使得电气线路越来越复杂。同时，在生产实践中，广大电工人员都要接触到各种各样的电气图。这就需要电气技术人员和电气工人具有扎实的理论基础和丰富的实践经验。

这就需要通过学习来掌握电工识图的基本技能，而学习就需要一本好的电工识图实践的学习资料，不但有丰富的电工识图知识、还有大量的电工识图实操用于增加读者的经验。这也是作者写本书的目的。

本书围绕电工实际工作需要，以电工行业的工作要求和规范作为依据，采用全彩图解的方式，全面系统地讲解了电工识图技能。本书是专为电工用户而编写的，为电工学习人员提供师傅带徒弟式的教程，使其快速成长为专业的电工。

二、全书学习地图

本书开篇首先介绍电工识图的基本知识，然后分篇讲解了电气原理图的识图方法、电气接线图识图方法及电气仪表和工具操作方法；接着深入讲解了高低压供配电系统识图方法、电动机控制电路识图方法、工业控制电路识图方法、建筑电气系统识图方法；最后讲解了PLC控制器组成原理、接线方法、PLC编程语言及编程方法、PLC可编程控制器的应用实例等。

本书全部结合实操和图解来讲，方便初学者快速掌握电工的操作方法。

三、本书特色

- 技术实用，内容丰富

本书讲解了电工工作中涉及的各种电气图识图方法，同时还总结了电动机控制、工业控制、建筑电气系统及PLC控制器应用等重要的识图技能，内容非常丰富实用。

- 大量实训，增加经验

本书结合了大量的电工环境，配备了大量的实践操作图，总结了丰富的实践经验，读者学过这些实训内容，可以轻松掌握电工识图技能。

- 实操图解，轻松掌握

本书讲解过程使用了直观图解的同步教学方式，上手更容易，学习更轻松。读者可以一目了然地看清电工操作过程，快速掌握所学知识。

四、读者定位

本书适合刚入行的电工人员扎实掌握电路原理之用，也可供中、高等职业技术教育电气等专业师生选修和从事电气技术的人员参考。

五、扫码获取资源包

专门为本书定制了包含25段电工知识与技能讲解视频的资源包，读者可通过封底二维码或下载链接获取使用。

六、本书作者团队

本书由贺鹏编著，参加本书编写的人员还有韩海英、付新起、韩佶洋、多国华、多国明、李传波、杨辉、连俊英、孙丽萍、张军、刘继任、齐叶红、刘冲、多孟琦、王伟伟、田宏强、王红丽、高红军、马广明、丁兰凤等。

由于作者水平有限，书中难免有疏漏和不足之处，恳请业界同行及读者朋友提出宝贵意见。

七、感谢

一本书的出版，从选题到出版，要经历很多环节，在此感谢中国铁道出版社有限公司以及负责本书的荆波编辑和其他没有见过面的编辑，不辞辛苦，为本书出版所做的大量工作。

编　者

2019年3月

目录

第 1 章

电工识图基础

电工作业前，首要的事项是先看懂电路图，只有熟悉了电路图，才能知道下面的线路如何布置，才能完成后续的工作。本章将从电路图分类、符号、继电图分析等方面培养大家的识图能力。

1.1 怎样看懂电工电气图

在电工的维修作业中，电气图无论什么时候都起到至关重要的作用，可以毫不夸张地说，电路原理图是电工原理的基础。一个合格的电工，必须会看电气图。那么怎么学会看懂电气图呢？需要从如图1-1所示的五个方面进行学习。

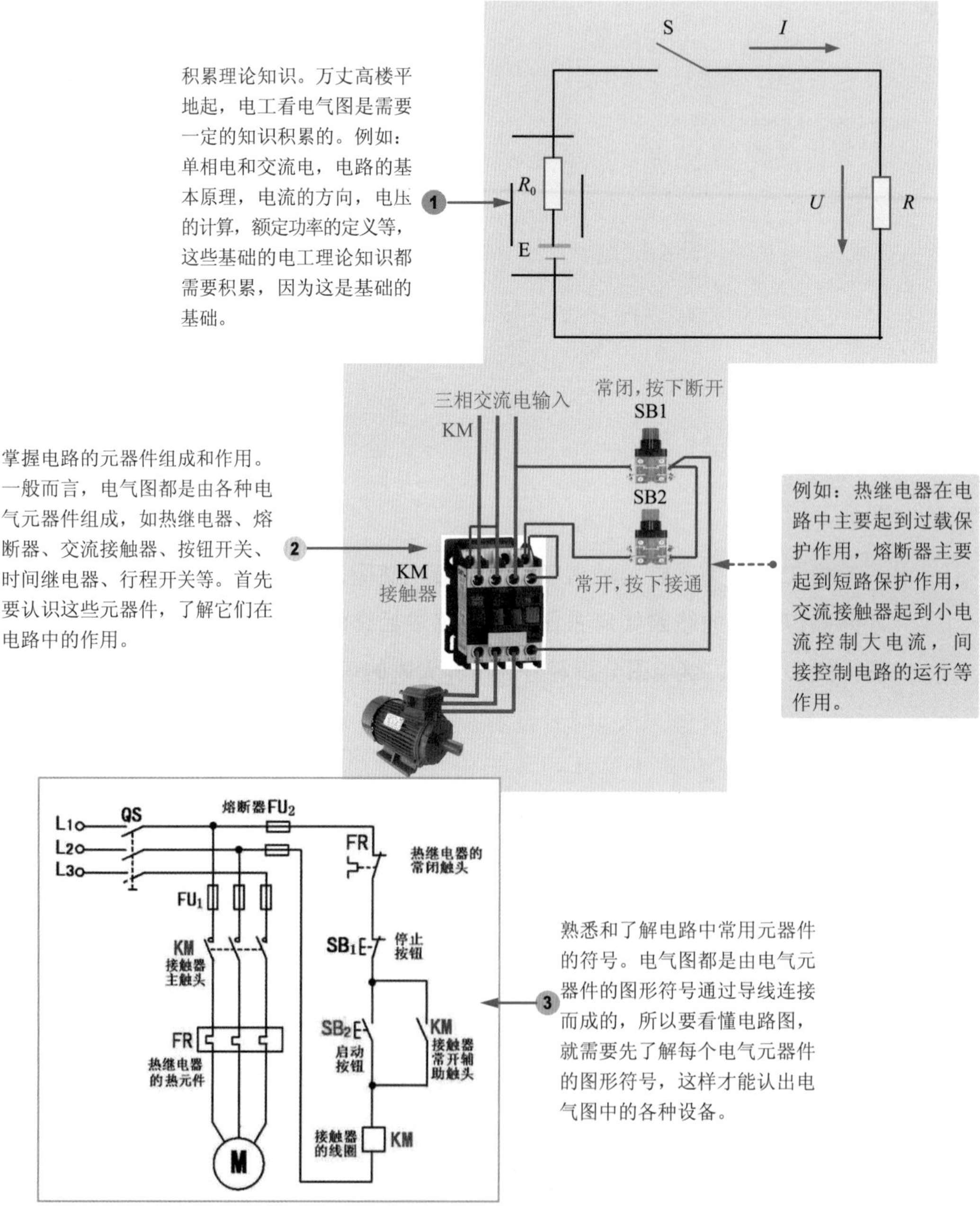
积累理论知识。万丈高楼平地起，电工看电气图是需要一定的知识积累的。例如：单相电和交流电，电路的基本原理，电流的方向，电压的计算，额定功率的定义等，这些基础的电工理论知识都需要积累，因为这是基础的基础。
1
S
I
R0
E
U
R
掌握电路的元器件组成和作用。一般而言，电气图都是由各种电气元器件组成，如热继电器、熔断器、交流接触器、按钮开关、时间继电器、行程开关等。首先要认识这些元器件，了解它们在电路中的作用。
2
三相交流电输入
KM
常闭，按下断开
SB1
SB2
KM
接触器
常开，按下接通
例如：热继电器在电路中主要起到过载保护作用，熔断器主要起到短路保护作用，交流接触器起到小电流控制大电流，间接控制电路的运行等作用。
L1
L2
L3
QS
熔断器FU2
FU1
KM
接触器主触头
FR
热继电器的热元件
M
FR
热继电器的常闭触头
SB1
停止按钮
SB2
启动按钮
KM
接触器常开辅助触头
接触器的线圈
KM
3
熟悉和了解电路中常用元器件的符号。电气图都是由电气元器件的图形符号通过导线连接而成的，所以要看懂电路图，就需要先了解每个电气元器件的图形符号，这样才能认出电气图中的各种设备。

图1-1　如何看懂电路图

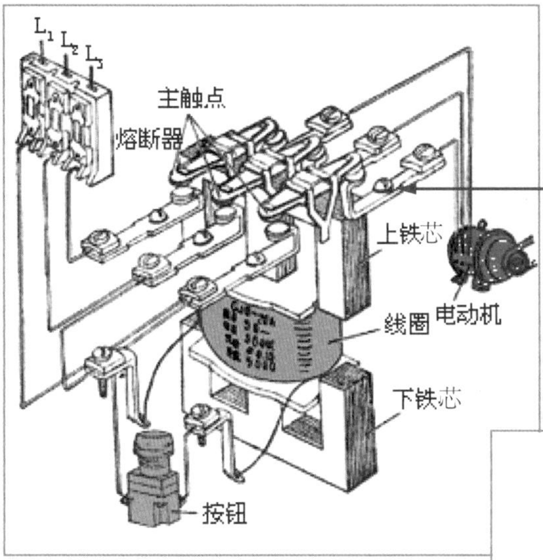

掌握电路元器件的基本动作原理和使用技巧。任何电路元器件都有其结构和动作原理，熟悉和掌握元器件的使用方法十分必要。

4 例如：交流接触器动作吸合时，相应的主触点由常开变为闭合，辅助触电常开点变为闭合，辅助触电常闭点变为断开。

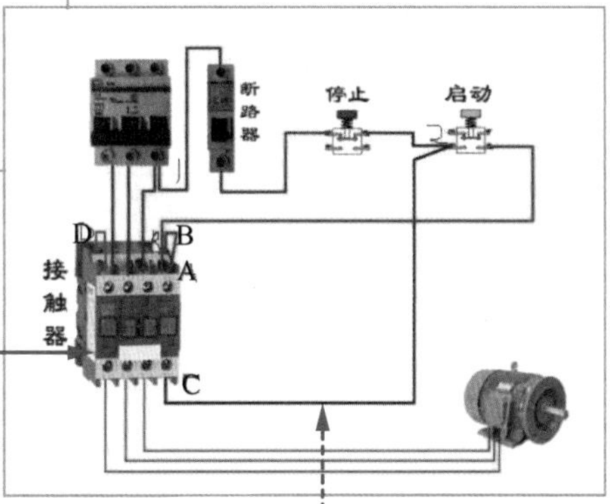

电工电路图需要“动态”分析。在分析电路图时，不能“静止”分析，电路是一个动态的分析过程，需要采用动态的思维来分析。 5

例如：当合上空开后，按下启动按钮，A点得电，B点得电，由于合上空开，所以D点也有电，D点和B点都有电，所以电磁铁吸合，接触器动作，电动机得电转动，启动按钮按下再松开后，接触器还能吸合，是因为在刚按下启动的一刹那，常开辅助触点C点接通A点，B点即得电。即使启动按钮断开，电流从1到2到C到A再到B点，所以启动按钮松开后接触器仍然吸合，直到按下停止按钮后，B点失电，所以计数器断开。

图1–1　如何看懂电路图（续）

1.2　掌握电工识图基础知识

电气图是用来阐述电气工作原理，描述电气产品的构造和功能，并提供产品安装和使用方法的一种简图，主要以图形符号、线框或简化外表来表示电气设备或系统中各有关组成部分的连接方式。下面详细分析如何掌握电气图识图技巧。

1.2.1　常用电气图有哪几种

电工中常用的电气图主要有：电气原理图、电气安装接线图、电气系统图、方框图等，如图1–2所示。

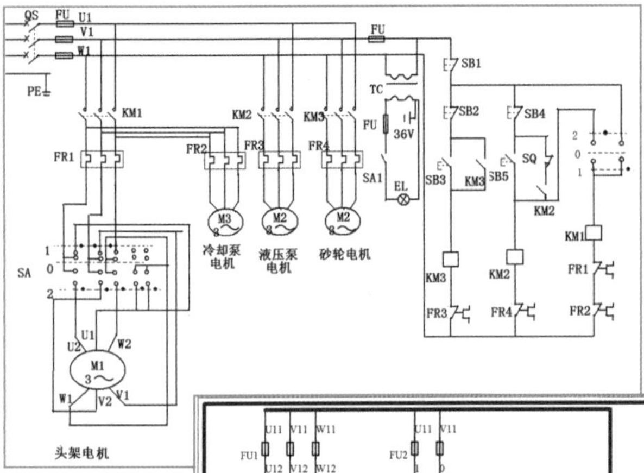

（1）电气原理图是用电气符号、按工作顺序排画的。详细表示了电路中电气元件、设备、线路的组成以及电路的工作原理和连接关系。而不考虑电气元件、设备的实际位置和尺寸的一种简图。其作用是便于详细理解电路原理、分析和计算电路特性。

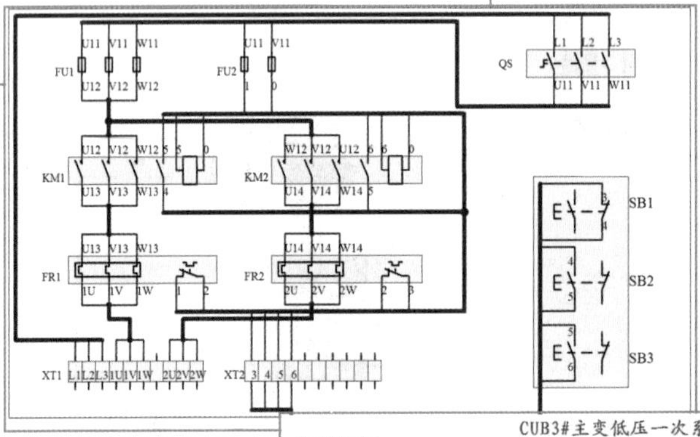

（2）电气安装接线图是根据电气设备和电器元件的实际位置和安装情况绘制的，只用来表示电气设备和电器元件的位置、配线方式和接线方式，而不明显表示电气动作原理。主要用于安装接线、线路的检查维修和故障处理的指导。

（3）电气系统图即电气系统控制图。是用来表明供电线路与各设备工作原理及其作用，相互间关系的一种表达方式。

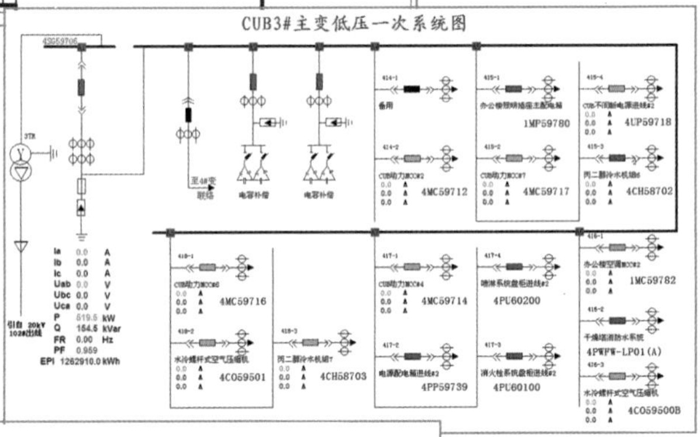

（4）方框图表示电路、程序、工艺流程等内在联系的图形。方框内表示各独立部分的性能、作用等，方框之间用线连接起来，表示各部分之间的相互关系。

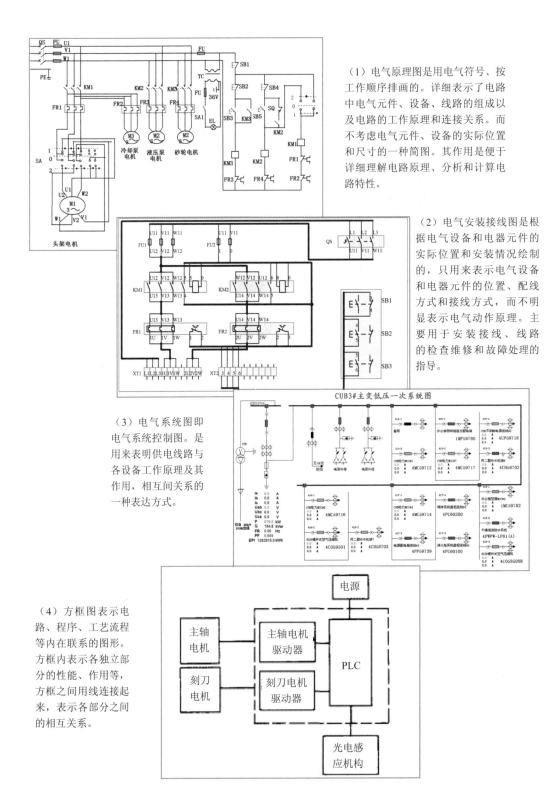

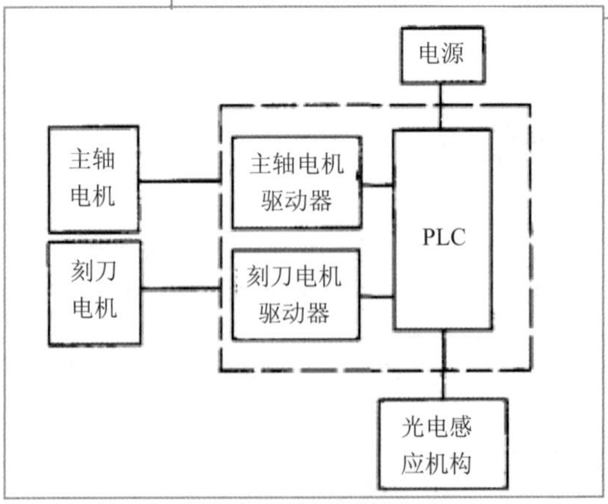

图1-2　电工中常用的电气图

1.2.2　电气图中区域如何划分

标准的电气图（电气原理图）对图纸的大小（图幅）、图框尺寸和图区编号均有一定的要求。如图1–3所示为电气图构成。

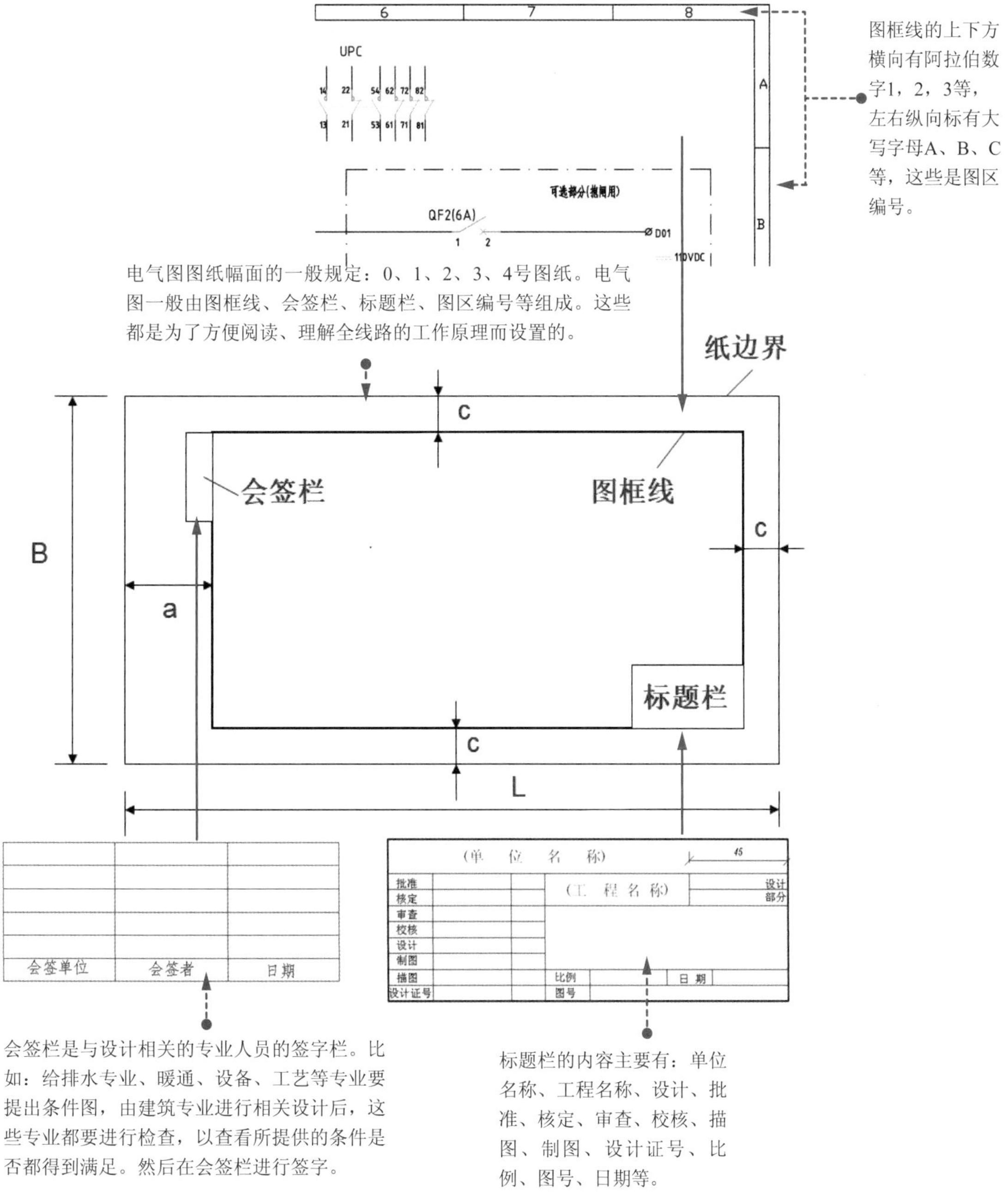

6
7
8
A
B
UPC
QF2(6A)
D01
110VDC
图框线的上下方横向有阿拉伯数字1，2，3等，左右纵向标有大写字母A、B、C等，这些是图区编号。
电气图图纸幅面的一般规定：0、1、2、3、4号图纸。电气图一般由图框线、会签栏、标题栏、图区编号等组成。这些都是为了方便阅读、理解全线路的工作原理而设置的。
纸边界
c
会签栏
图框线
B
a
标题栏
L
会签单位
会签者
日期
（单　位　名　称）
（工　程　名　称）
批准
核定
审查
校核
设计
制图
描图
设计证号
比例
图号
日期
设计部分
会签栏是与设计相关的专业人员的签字栏。比如：给排水专业、暖通、设备、工艺等专业要提出条件图，由建筑专业进行相关设计后，这些专业都要进行检查，以查看所提供的条件是否都得到满足。然后在会签栏进行签字。
标题栏的内容主要有：单位名称、工程名称、设计、批准、核定、审查、校核、描图、制图、设计证号、比例、图号、日期等。

图1–3　电气图中区域如何划分

1.3 电气图中常用的电气符号

电路图中电气符号是必不可少的，要读懂电路图就必须正确、熟练地掌握、理解各种电气符号所表示的意义，否则就不知所措。电气符号包括图形符号、文字符号、项目代号等。

1.3.1 电气图中常用文字符号有哪些

电气设备常用的基本文字符号、辅助文字符号、照明电气图符号及常用电缆规格符号如表1-1、表1-2、表1-3、表1-4所示。

表1-1 基本文字符号

名　称	符　号	名　称	符　号	名　称	符　号
调节器	A	电度表	PJ	调压器	TVR
隔离开关	AS	有功电度表	PJ	变频器	UF
频率调节器	AFR	无功电度表	PJR	逆变器	UI
变换器	B	转速表	PR	整流器	UR
电容器	C	电压表	PV	二极管	VD
集成块	D	记录仪	PZ	稳压管	VS
热元件	EH	功率表	PW	晶闸管	VT
照明灯	EL	无功功率表	PWR	母线	W
空气调节器	EV	开关	Q	直流母线	WB
避雷器	F	接地开关	QE	控制小母线	WC
热继电器	FR	断路器	QF	合闸小母线	WCL
熔断器	FU	刀开关	QK	应急照明支线	WE
发电机	G	负荷开关	QL	应急照明干线	WEM
蓄电池	GB	电机保护开关	QM	闪光小母线	WF
声响器	HA	隔离开关	QS	事故音箱小母线	WFS
蓝色指示灯	HB	电阻器	R	直插式母线	WI
指示灯	HL	电位器	RP	照明分支线	WL
绿色指示灯	HG	热敏电阻	RT	照明干线	WLM
红色指示灯	HR	转换/控制开关	SA	电力分支线	WP
黄色指示灯	HY	按钮	SB	信号小母线	WS
白色指示灯	HW	带灯旋钮	SBL	电压小母线	WV
继电器	K	旋钮开关	SBT	端子/接线柱	X
中间继电器	KA	限位开关	SL	压力继电器	KP
接触器	KM	钥匙开关	SK	干簧继电器	KR

续表

名　称	符　号	名　称	符　号	名　称	符　号
信号继电器	KS	温度传感器	ST	插头	XP
时间继电器	KT	变压器	T	插座	XS
电感器	L	电流互感器	TA	端子排	XT
电动机	M	自耦变压器	TAV	日光灯	Y
测量设备	P	控制变压器	TC	电磁铁	YA
电流表	PA	照明变压器	TL	电磁制动器	YB
计数器	PC	电力变压器	TM	电磁锁	YL
功率因数表	PFR	调压变压器	TTC	电动阀	YM
压力开关	SP	电压互感器	TV	电磁阀	YV
接近开关	SQ	连接片	XB		

表1-2　辅助文字符号

名　称	符　号	名　称	符　号	名　称	符　号
电流、模拟	A	紧急	EM	保护接地与中性线共用	PEN
交流	AC	快速	F	不接地保护	PU
自动	AUT	反馈	FB	记录、右、反	R
加速	ACC	正，向前	FW	红色	RD
附加	ADD	绿	GN	复位	RST
可调	ADJ	高	H	备用	RES
辅助	AUX	输入	IN	运转	RUN
异步	ASY	增	INC	信号	S
制动	BRK	感应	IND	启动	ST
黑	BK	限制、低、左	L	置位，定位	SET
蓝	BL	闭锁	LA	饱和	SAT
向后	BW	中间线、主、中	M	步进	STE
控制	C	手动	MAN	停止	STP
顺时针	CW	中性线	N	同步	SYN
逆时针	CCW	断开	OFF	温度、时间	T
延时（延迟）、差动、数字、降	D	接通（闭合）	ON	无噪声接地	TE
直流	DC	输出	OUT	真空、速度、电压	V
减	DEC	压力、保护	P	白	WH
接地	E	保护接地	PE	黄	YE

表1-3　照明电气图符号

导线敷设方式	符　号	导线敷设部位	符　号	灯具安装方式	符　号
用绝缘子敷设	K	沿柱或跨柱敷设	CLE	吊线器式	CP
用塑料线槽敷设	XC	沿墙面敷设	WE	链吊式	Ch
用水煤气管敷设	RC	沿顶棚面或顶板面敷设	CE	管吊式	P
用焊接钢管敷设	SC	在能进入的吊顶内敷设	ACE	壁装式	W
用电线管敷设	TC	暗敷设在梁内	BC	吸顶或直附式	S
用电缆桥架敷设	CT	暗敷在柱内	CLC	嵌入式	R
用聚氯乙烯硬质管敷设	PC	暗敷设在墙内	WC	顶棚内安装	CR
用聚氯乙烯半硬质管敷设	FPC	暗敷设在地面内	FC	墙壁内安装	WR
用聚氯乙烯塑料波纹电线管敷设	KPC	暗敷设在顶板内	CC	台上安装	T
用瓷夹敷设	PL	暗敷设在不能进入的吊顶内	ACC	支架上安装	SP
用塑料夹敷设	PCL	线吊式	CP	柱上安装	CL
用金属软管敷设	SPG	自在器线吊式	CP	座装	HM
沿钢索敷设	SR	固定线吊式	CP		
沿屋架或跨屋架敷设	BE	防水线吊式	CP		

表1-4　常用电缆规格符号

电 缆 名 称	符　号	电 缆 名 称	符　号
铜芯聚氯乙烯绝缘电缆（电线）	BV	铜芯聚氯乙烯绝缘平型连接软电线	RVB
铜芯聚氯乙烯绝缘软电缆（电线）	BVR	铜芯聚氯乙烯绝缘绞型连接软电线	RVS
铜芯聚氯乙烯绝缘聚氯乙烯护套圆型电缆（电线）	BVV	铜芯聚氯乙烯绝缘聚氯乙烯护套平型连接软电缆（电线）	RVV
铜芯聚氯乙烯绝缘聚氯乙烯护套平型电缆（电线）	BVVB	实心聚乙烯绝缘射频同轴电缆	SYV
铜芯耐热105° C聚氯乙烯绝缘电线	BV-105	聚氯乙烯护套安装用软电缆	AVVR
铜芯阻燃型聚氯乙烯绝缘电线	BV-ZR	双绞线传输电话、数据及信息网	SFTP
铜芯阻燃型聚氯乙烯绝缘软电线	BVR-ZR	有线电视、宽带网专用电缆	SYWV

1.3.2　电气图中常用图形符号有哪些

电气图中常用的图形符号如表1–5所示。

表1-5　电气图中常用图形符号

图形符号	说　明	图形符号	说　明
	常开触点	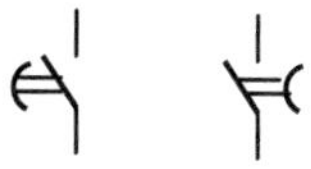	通电延时闭合的动合触点
	常闭触点	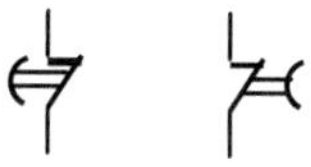	通电延时断开的动断触点
	接触器常开触点	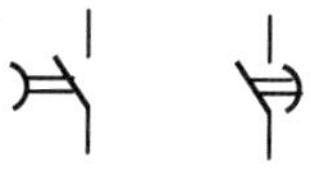	断电延时闭合的动合触点
	接触器常闭触点	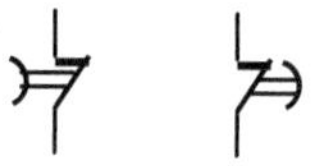	断电延时断开的动断触点
	负荷开关（隔离）	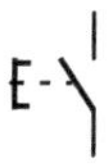	常开按钮
	具有自动释放功能的负荷开关	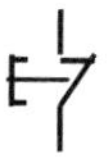	常闭按钮
	断路器		旋钮按钮（闭锁）
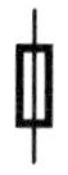	熔断器		限位常开触点
	跌落式熔断器		限位常闭触点
	熔断器式隔离开关		先断后合的转换触点
	座（内孔的）或插座的一个极		插头（凸头的）或插头的一个极
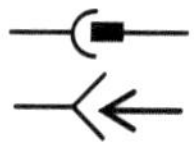	插头和插座（凸头的和内孔的）		接机壳或接底板
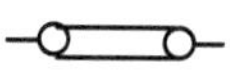	接通的连接片	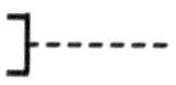	拉拔控制
	换接片		旋转控制

续表

图形符号	说明	图形符号	说明
	电抗器，扼流圈	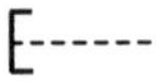	推动操作
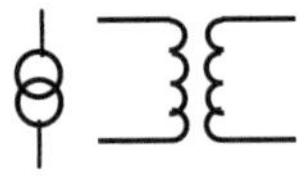	双绕组变压器	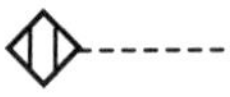	接近效应操作
	自耦变压器	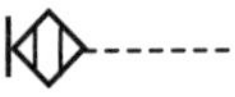	接触效应操作
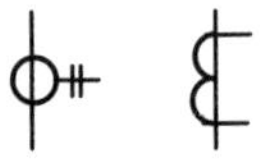	电流互感器	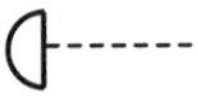	紧急开关
	三相变压器 星形-星形连接	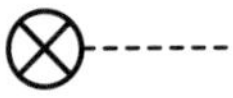	手轮操作
	三相变压器 三角-星形连接		脚踏操作
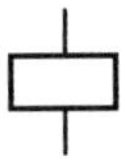	线圈的一般符号	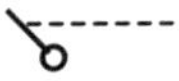	杠杆操作
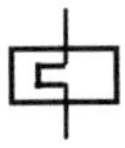	热继电器的驱动器件	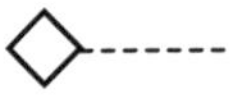	可拆卸的手柄操作
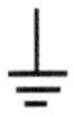	接地的一般符号	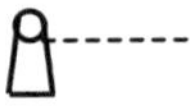	钥匙操作
	保护接地		曲柄操作
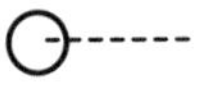	滚轮操作		可拆卸的端子电气图形符号
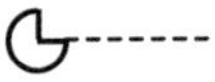	凸轮操作		连接点
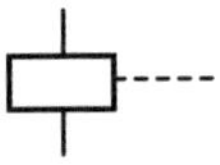	电磁执行器操作		接近传感器
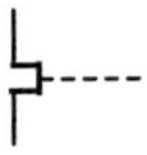	热执行器操作		接触传感器
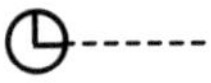	电钟操作	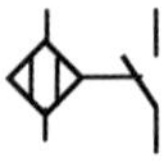	接近开关动合触点
	液位控制	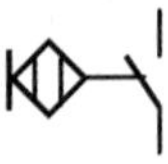	接触敏感开关动合触点

续表

图形符号	说明	图形符号	说明
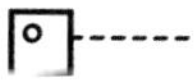	计数控制	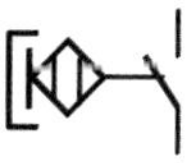	磁铁接近时动作的接近开关，动合触点
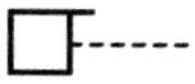	液面控制		单相插座
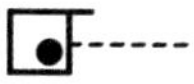	气流控制		暗装单相插座
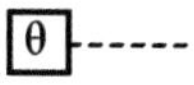	温度控制		防水单相插座
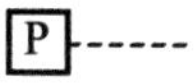	压力控制		防爆单相插座
	滑动控制		带接地插孔的单相插座
	端子		带接地插孔的暗装单相插座
	带接地插孔的防水单相插座		防水单极开关
	带接地插孔的防爆单相插座		防爆单极开关
	带接地插孔的三相插座		双极开关
	带接地插孔的暗装三相插座		暗装双极开关
	带接地插孔的防水三相插座		防水双极开关
	带接地插孔的防爆三相插座		防爆双极开关
	插座箱（板）		单极拉线开关
	多个插座		具有指示灯的开关
	具有单极开关的插座	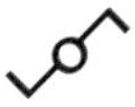	双极开关（单极三线）
	带熔断器的插座		调光器图形符号
	开关一般符号		电流表
	单极开关		电压表
	暗装单极开关		频率表

续表

图形符号	说明	图形符号	说明
	温度计、高温计		天棚灯座（裸灯头）
	转速表		墙上灯座（裸灯头）
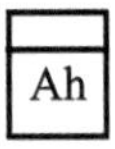	安培小时计		灯具一般符号
	电能表		花灯
	无功电能表		投光灯
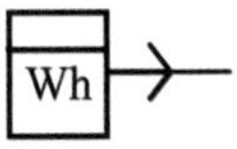	带发送器电能表		单管荧光灯
	屏、台、箱、柜的一般符号		双管荧光灯
	多种电源配电箱（盘）	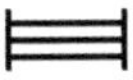	三管荧光灯
	电力配电箱（盘）		荧光灯花灯组合
	照明配电箱（盘）		电铃开关
	电源切换箱	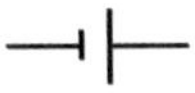	原电池或蓄电池
	事故照明配电箱（盘）	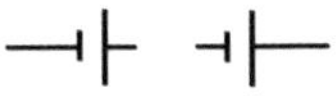	原电池组或蓄电池组
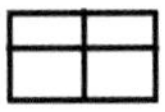	组合开关箱		电缆终端头
	壁灯		天棚灯
	等电位		气体火灾探测器
	手动报警器		火警电话机
	感烟火灾探测器		报警发声器
	感温火灾探测器		电铃

续表

图形符号	说明	图形符号	说明
	直流电动机		单相交流电动机
	三相交流电动机		发电机

1.3.3 电气图中的项目代号

项目代号是用以识别图、表图、表格中和设备上的项目种类，并提供项目的层次关系、实际位置等信息的一种特定的代码。项目代号可以用来识别、查找各种图形符号所表示的电气元件、装置和设备以及他们的隶属关系、安装位置。如图1-4所示。

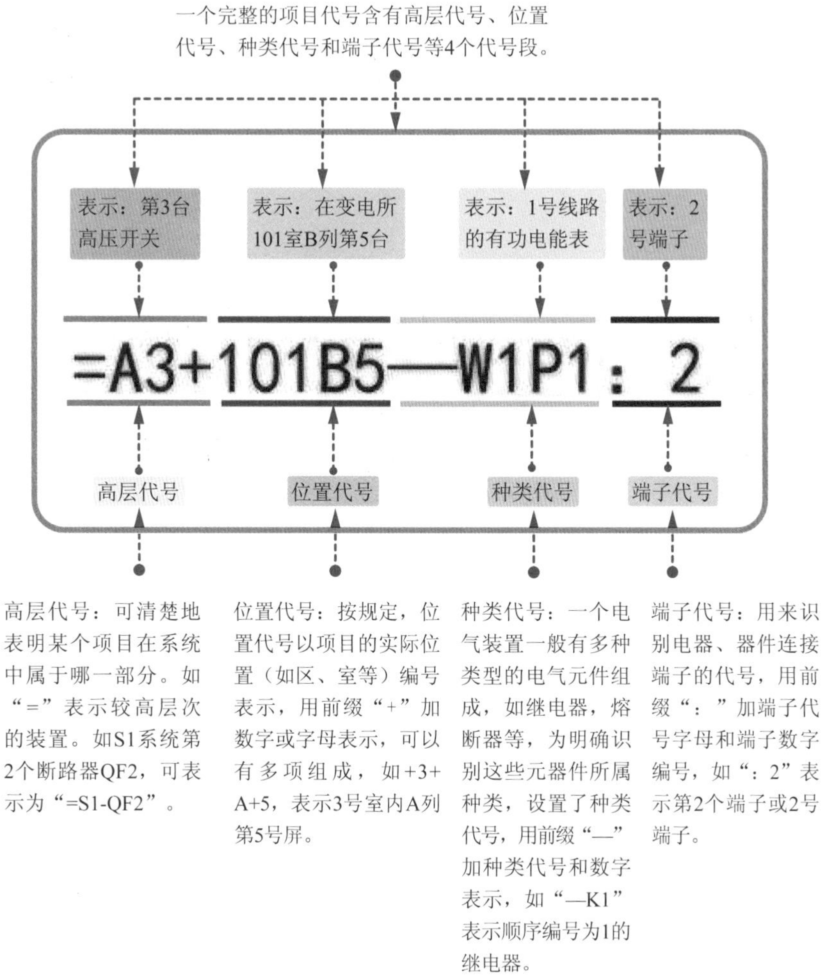

图1-4 电气图中的项目代号

1.4 电气图的表示方法

电路图是用电路元件符号表示电路连接的图，要想读懂电路图必须先了解电路图的基本表示方法。

1.4.1 电气元件的3种表示方法

电路图中电气元件的表示方法主要三种：集中表示法、半集中表示法和分开表示法。如图1–5所示。

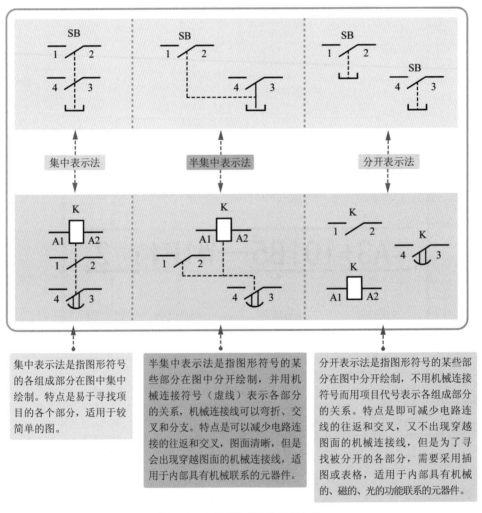

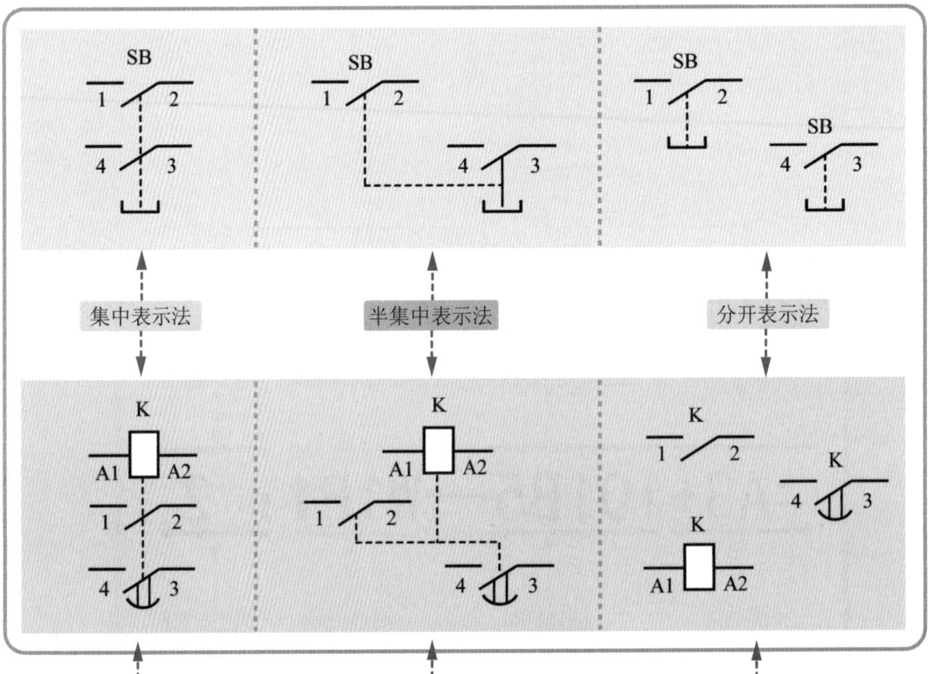

集中表示法是指图形符号的各组成部分在图中集中绘制。特点是易于寻找项目的各个部分，适用于较简单的图。

半集中表示法是指图形符号的某些部分在图中分开绘制，并用机械连接符号（虚线）表示各部分的关系，机械连接线可以弯折、交叉和分支。特点是可以减少电路连接的往返和交叉，图面清晰，但是会出现穿越图面的机械连接线，适用于内部具有机械联系的元器件。

分开表示法是指图形符号的某些部分在图中分开绘制，不用机械连接符号而用项目代号表示各组成部分的关系。特点是即可减少电路连线的往返和交叉，又不出现穿越图面的机械连接线，但是为了寻找被分开的各部分，需要采用插图或表格，适用于内部具有机械的、磁的、光的功能联系的元器件。

图1–5 电气元件的3种表示方法

1.4.2 电气图中导线的表示方法

导线是指传导电流的电线，可以有效传导电流。导线是电气图中的基本组成部分，下面详细讲解如何读识电气图中的导线。如图1-6所示。

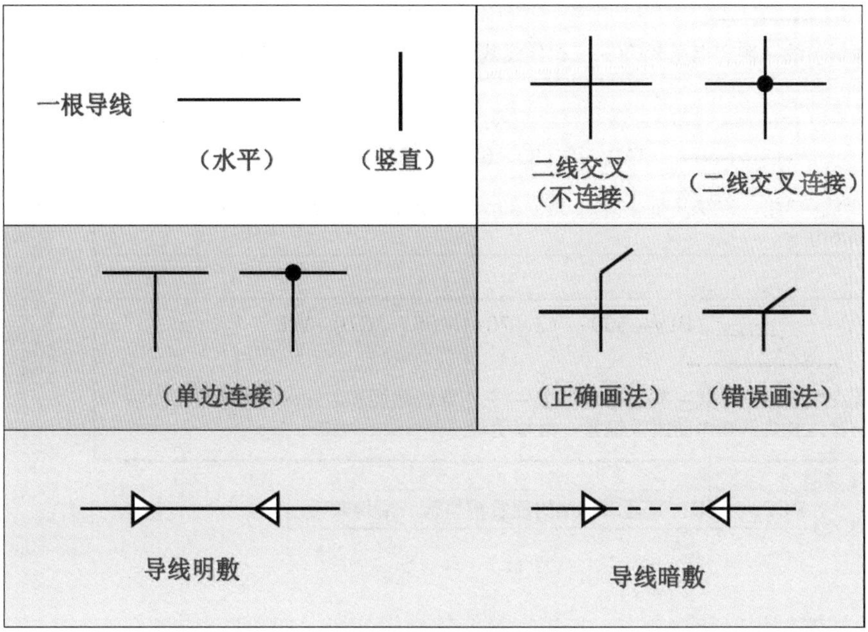

（a）单根导线的表示方法

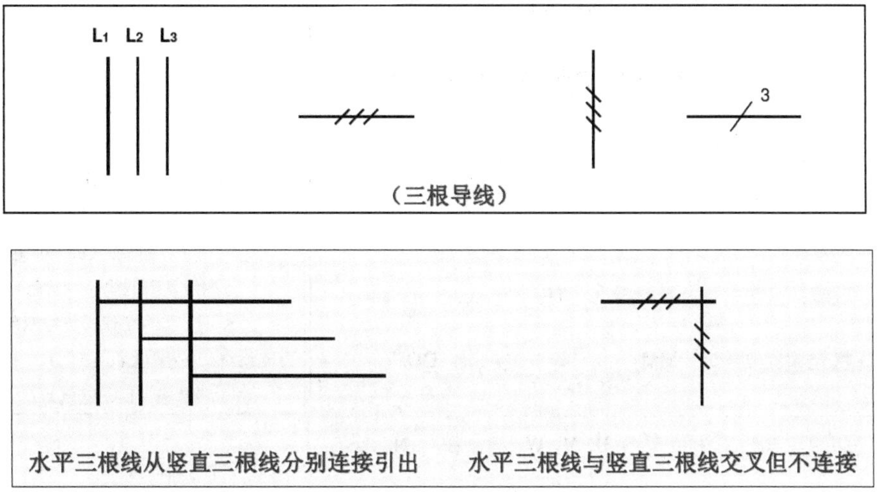

（b）多根导线的表示方法

图1-6 电气图中导线的表示方法

1.4.3 电气图中导线标识读识方法

在电气图中，导线的规格、连接方式等参数都会标注在电气图上，要正确读识电气图首先需要掌握导线的标识说明。如图1-7所示。

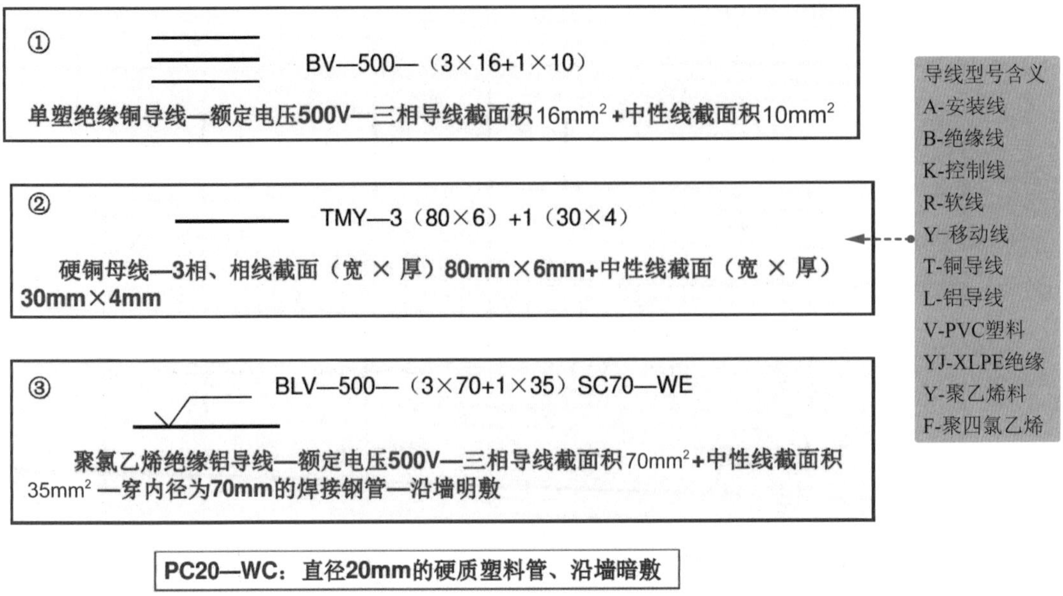

图1–7　导线标识方法

除了上述的标识方法，还有一些特定导线的标识方法，如图1–8所示。

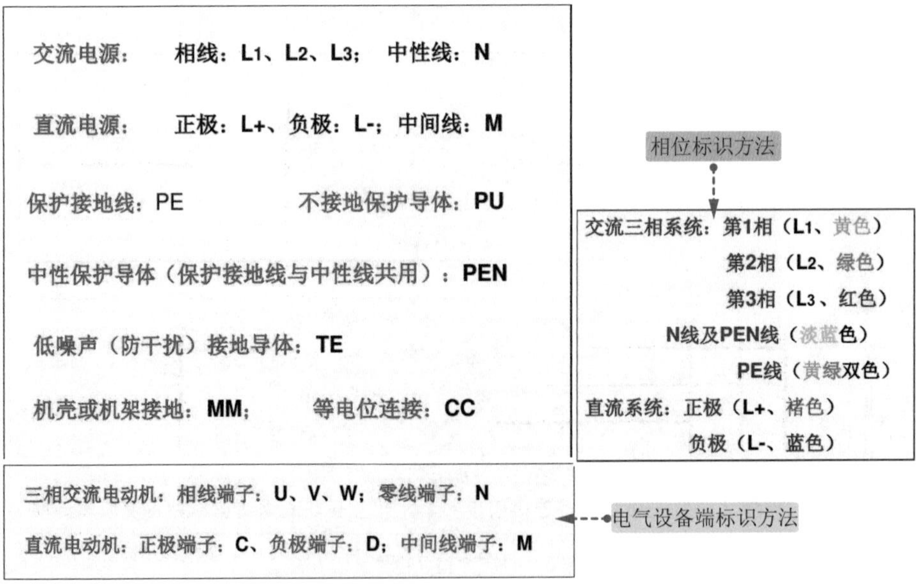

图1–8　特定导线标识方法

1.4.4　电气图单线及多线表示法

电气图单线表示法能够概括性地表达出电控系统的主要组成部分、选型等信息，便于尽快了解系统配置，一目了然，如图1–9所示。

单线表示法适用于三相或多线基本对称的情况。对于某些不对称的部分或用单线没有明确表示的部分，在图中应有另外的说明，补充些附加信息。

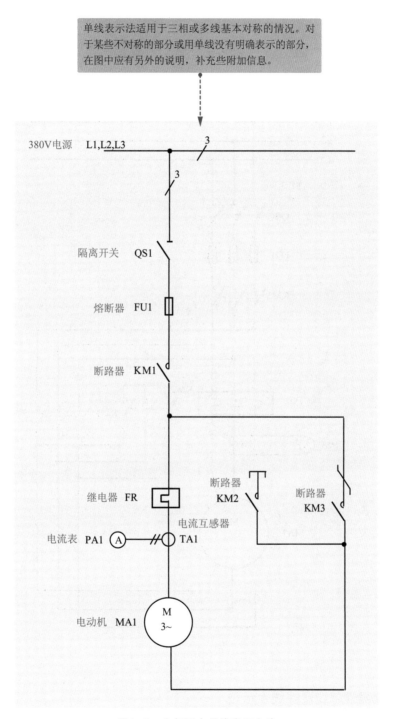

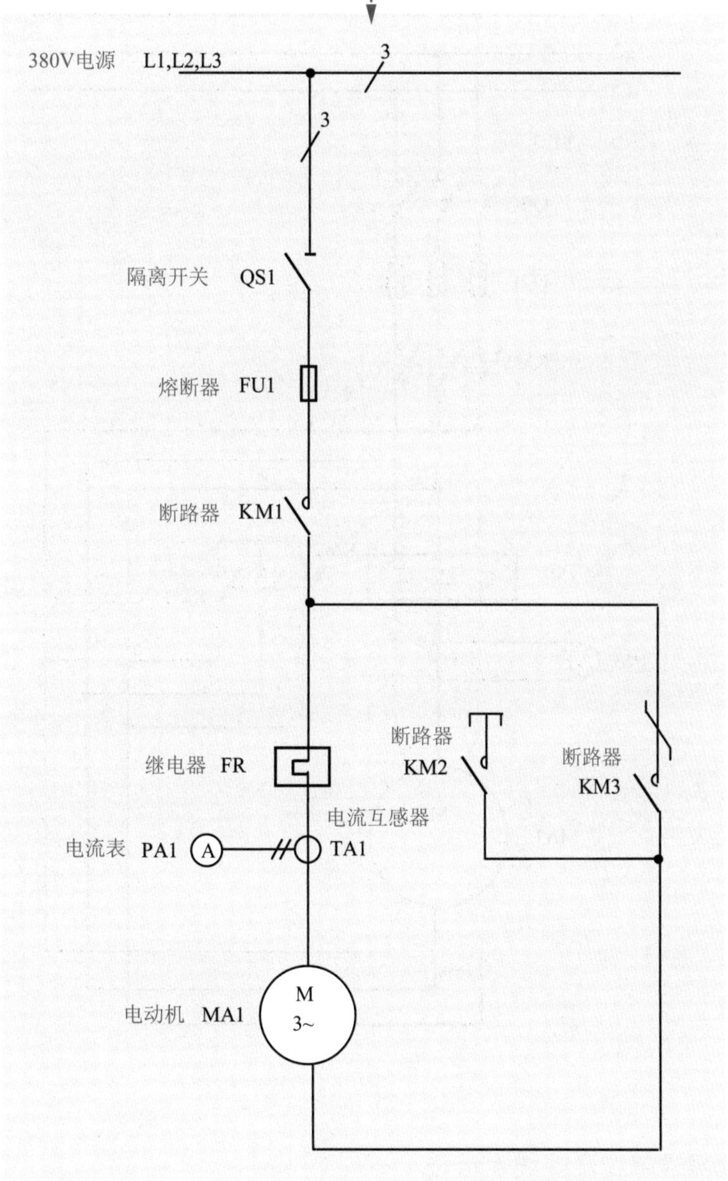

图1-9 电气图中单线表示方法

电气图多线表示法列出了电控系统中所有器件详细的连接接口、连接导线的线号、端子号、外接电缆信息、器件型号等，使用户可以更详细地了解电路的连接。如图1-10所示。

用多线表示法绘制的图，能详细地表达各相或各线的内容，尤其是在各相或各线内容不对称的情况下，宜采用这种表示法。

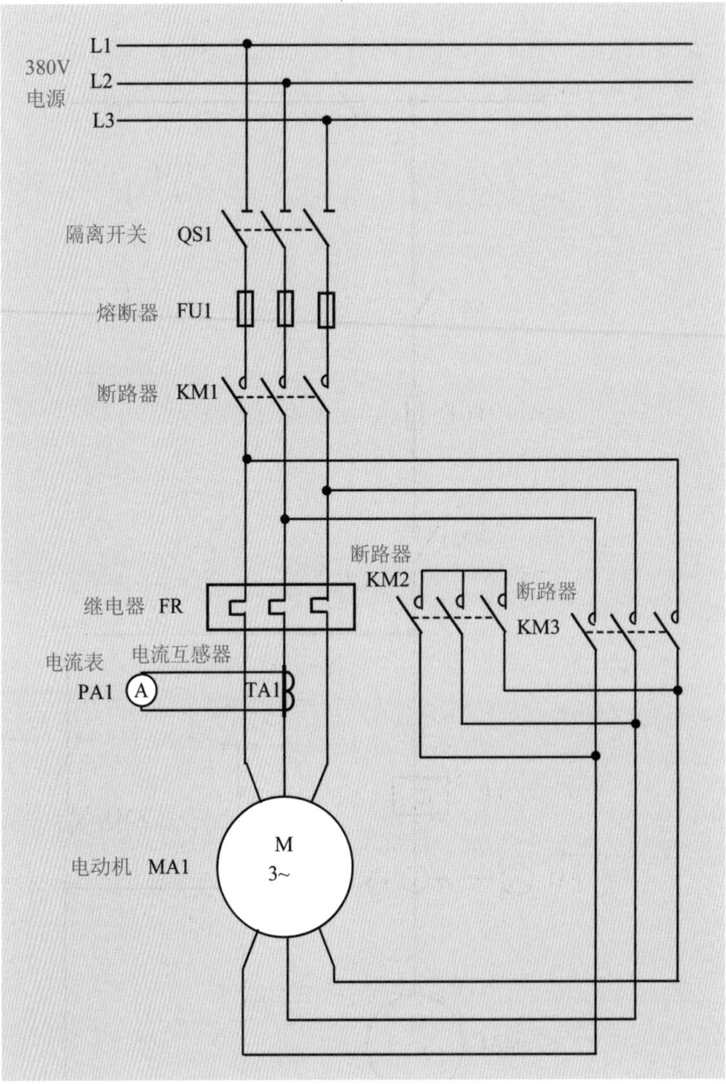

图1-10 电气图中多线表示方法

1.4.5 电子元器件单线及多线表示法

根据电路图的绘制需要，电路图中的电子元器件也经常采用单线表示法或多线表示法来绘制，如图1-11所示。

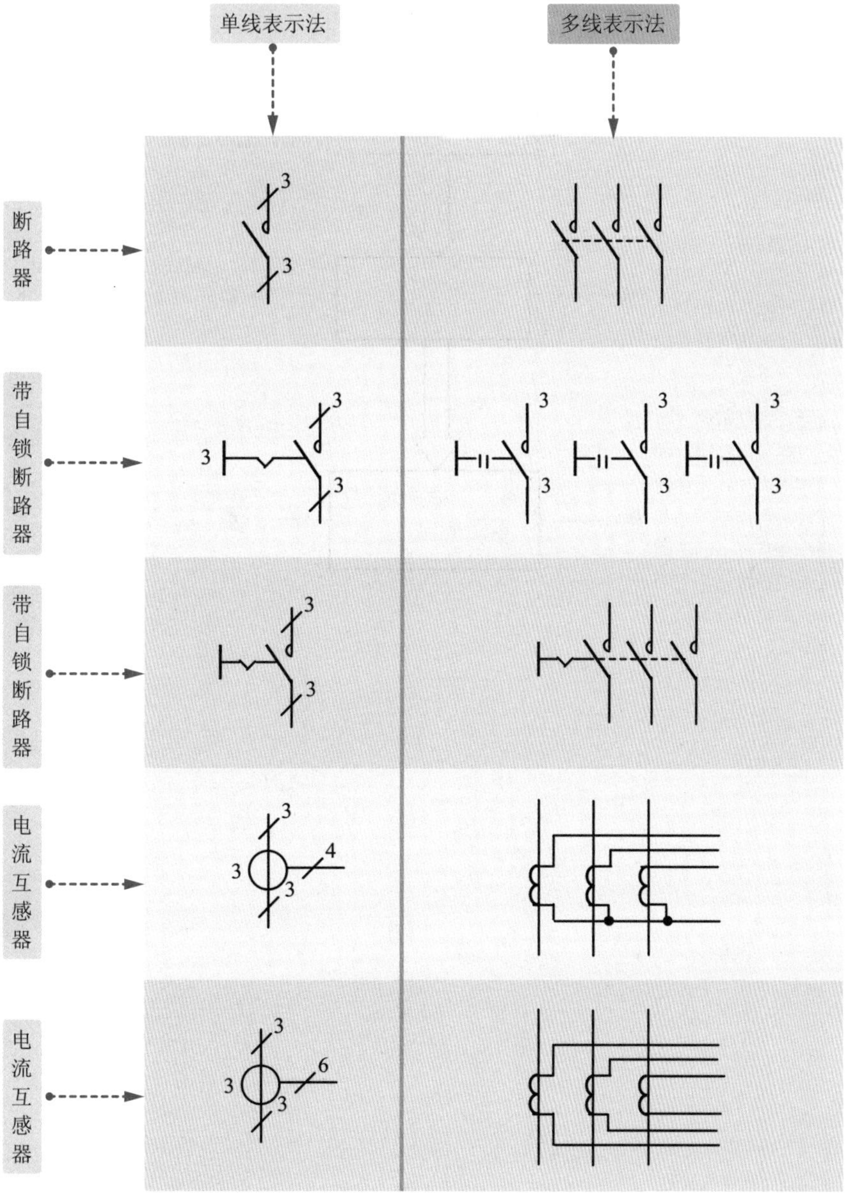

图1-11　电子元器件单线及多线表示法

1.5 电路图识图方法

电路图是电气图的核心部分，看图难度比较大。对于复杂的电路图，应先看相关的逻辑图和功能图。对于电路图的读识可以按照下面的方法进行，如图1-12所示。

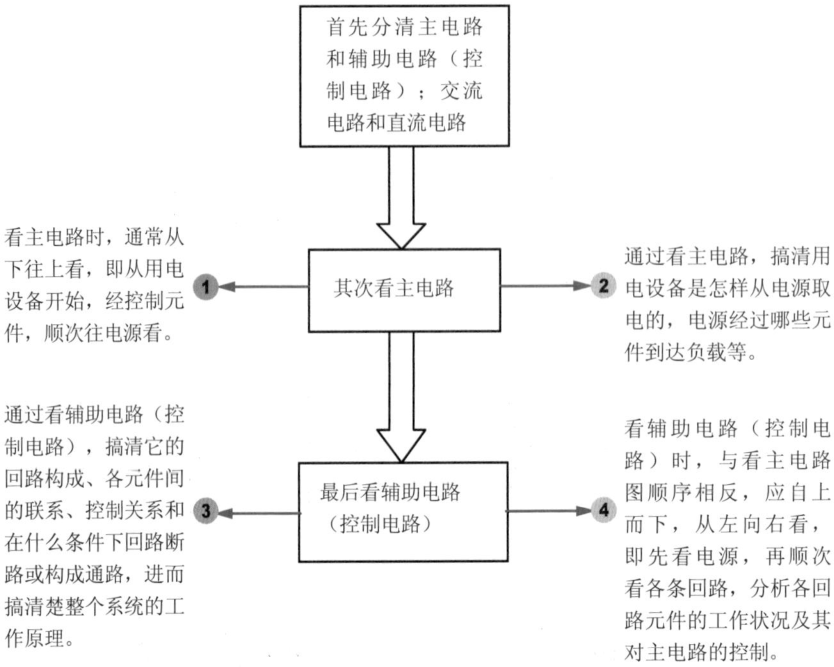

首先分清主电路和辅助电路（控制电路）；交流电路和直流电路
其次看主电路
看主电路时，通常从下往上看，即从用电设备开始，经控制元件，顺次往电源看。
1
2
通过看主电路，搞清用电设备是怎样从电源取电的，电源经过哪些元件到达负载等。
最后看辅助电路（控制电路）
3
通过看辅助电路（控制电路），搞清它的回路构成、各元件间的联系、控制关系和在什么条件下回路断路或构成通路，进而搞清楚整个系统的工作原理。
4
看辅助电路（控制电路）时，与看主电路图顺序相反，应自上而下，从左向右看，即先看电源，再顺次看各条回路，分析各回路元件的工作状况及其对主电路的控制。

图1-12　电路图识图方法

第 2 章

怎么读识电气原理图

电气原理图是电气系统图的一种。是根据控制线图工作原理绘制的，用于研究和分析电路工作原理。掌握电气原理图的识图技巧，对于分析电气线路，排除电路故障是十分有益的。本章将重点讲解电气原理图的读识方法与技巧。

2.1 电气原理图中的主电路和辅助电路

电气原理图一般由主电路和辅助电路（控制电路、保护电路等）等组成。要读识电气原理图首先要掌握主电路和辅助电路的读识技巧。

2.1.1 通过电流大小识别电气原理图中的主电路

电路图中的左侧或上部部分的电路为主电路，主电路都是大电流，如图2-1所示。

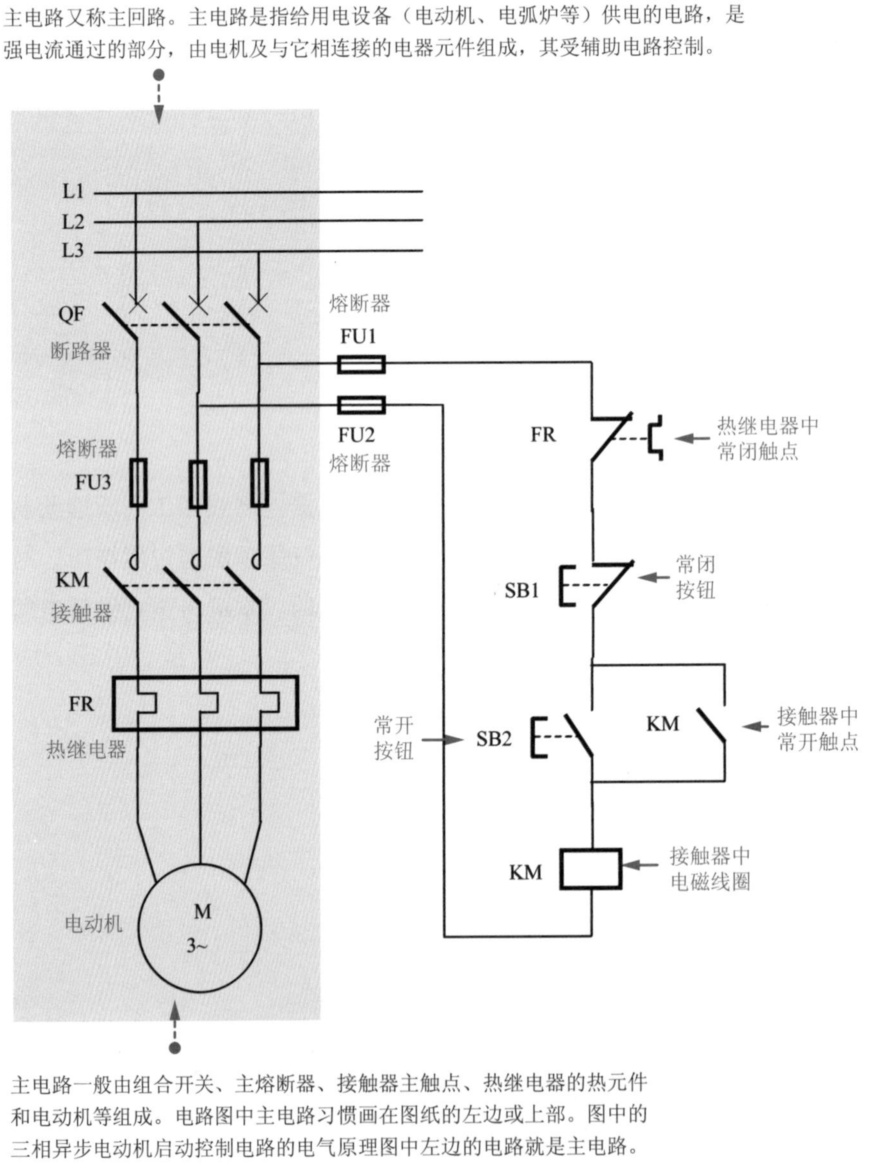
主电路又称主回路。主电路是指给用电设备（电动机、电弧炉等）供电的电路，是强电流通过的部分，由电机及与它相连接的电器元件组成，其受辅助电路控制。
L1
L2
L3
QF
断路器
熔断器
FU1
FU2
熔断器
熔断器
FU3
KM
接触器
FR
热继电器
电动机
M
3~
FR
热继电器中常闭触点
SB1
常闭按钮
常开按钮
SB2
KM
接触器中常开触点
KM
接触器中电磁线圈
主电路一般由组合开关、主熔断器、接触器主触点、热继电器的热元件和电动机等组成。电路图中主电路习惯画在图纸的左边或上部。图中的三相异步电动机启动控制电路的电气原理图中左边的电路就是主电路。

图2-1 电气原理图中的主电路

2.1.2　通过电流大小识别电气原理图中的辅助电路

电路图中的右侧或下部部分的电路为辅助电路，辅助电路都是小电流，如图2–2所示。

辅助电路是指给控制器件供电的电路，是控制主电路动作的电路，其流过的电流比较小。辅助电路习惯画在图纸的右边或下部。

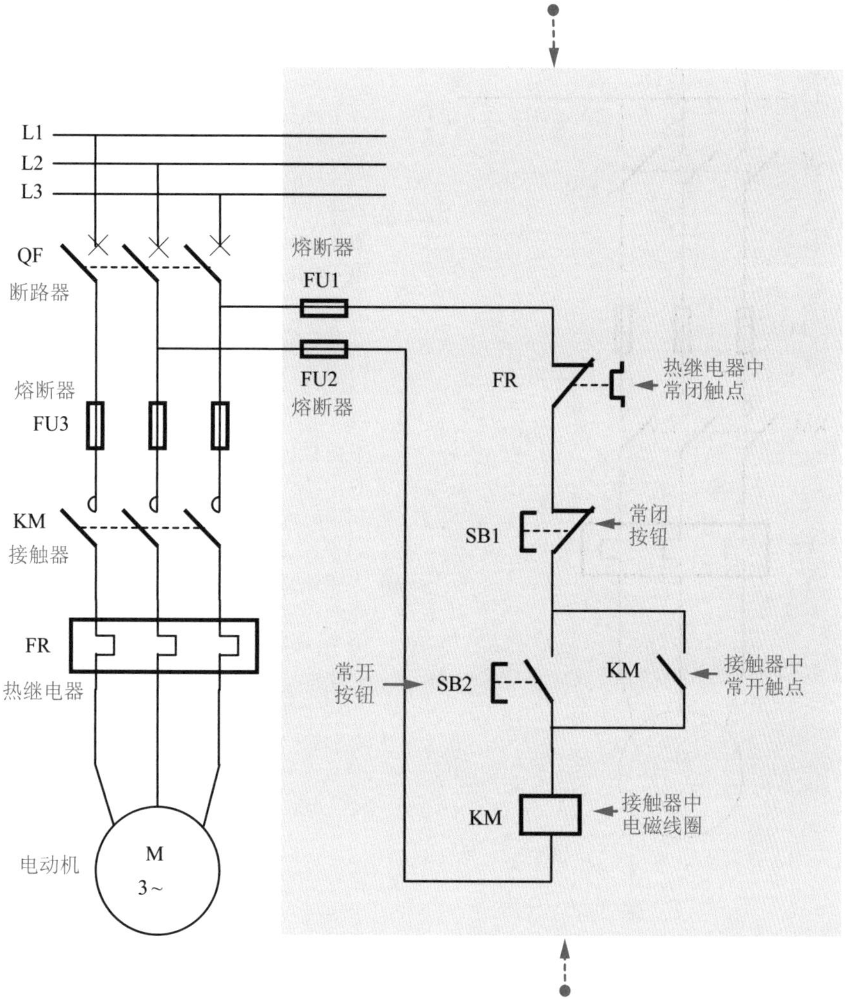

辅助电路包括控制电路、照明电路、信号电路和保护电路，如图中辅助电路主要由熔断器、热继电器的常闭触点、常开按钮、常闭按钮、接触器的常开触点和电磁线圈等组成。其中熔断器、热继电器的常闭触点起保护作用；常开按钮、常闭按钮、接触器的电磁线圈和常开触点等起控制作用。

图2–2　电气原理图中的辅助电路

2.1.3　读识主电路的基本方法和步骤

主电路的读识方法和步骤如图2–3所示。

看清主电路中用电设备的位置。用电设备所在的电路就是主电路，用电设备指消耗电能或者将电能转化为其他能量的用电器具或电气设备，如电动机、电弧炉等。看图时首先要看清楚有几个用电器，它们的类别、用途、接线方式及一些不同要求等。图中的用电设备就是一台三相异步电动机M。

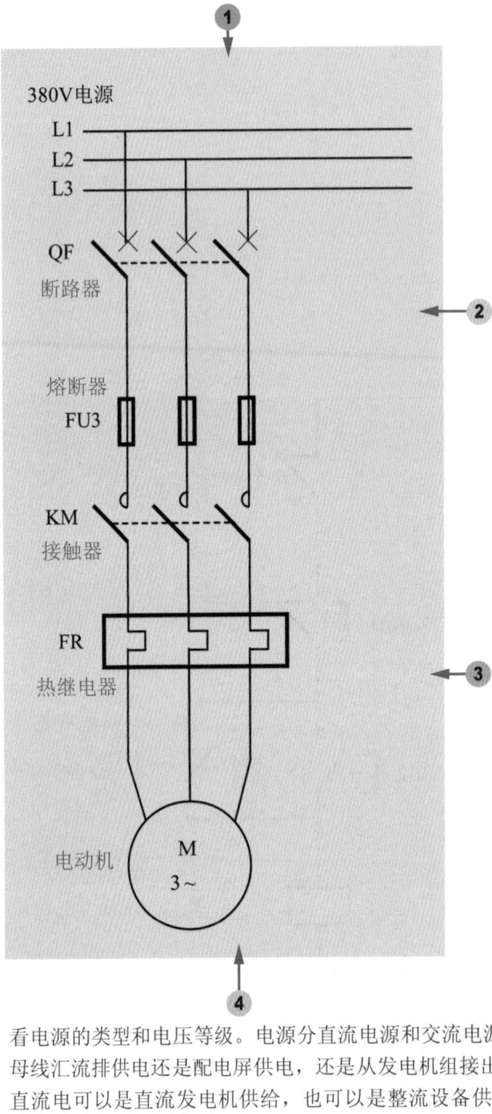

弄清楚主电路中的用电设备是由什么电器元件控制，有几个控制器件控制。控制电气设备的方法多种多样，有的直接用开关控制，有的用各种启动器控制，有的用接触器控制。因此，我们在识图时要分析清楚主电路中的用电设备与控制器件的对应关系。图中的三相异步电动机的启动与停止是受接触器KM控制的。

看清主电路中除用电器以外的其他电气元件，以及这些电气器件的规格、所起的作用。例如图中所示的电路中，主电路除用电设备三相异步电动机外还有断路器QF和熔断器FU3两个器件。断路器QF是总电源开关，使电路与电源相接通或断开的开关；熔断器FU3起到对电路短路时的保护作用，即当电路发生短路时，熔断器的熔丝立即熔断，使负载与电源断开，从而起到保护作用。

看电源的类型和电压等级。电源分直流电源和交流电源两种类型。同时要看清主电路电源是从母线汇流排供电还是配电屏供电，还是从发电机组接出来的。
直流电可以是直流发电机供给，也可以是整流设备供给。直流电源常见的电压等级为660V、220V、110V、24V、12V等。交流电通常情况下是由三相交流电网供电，有时也用交流发电机供给。交流低电压等级有380V、220V、110V、36V、24V等，其频率多为50Hz（高频交流发电机发的交流电频率不是50Hz）。图中的电路中，电源为380V交流三相电，电压频率为50Hz。

图2-3　读识主电路的基本方法

2.1.4　读识辅助电路的基本方法和步骤

分析辅助电路时要根据主电路中各电动机和执行电器的控制要求，逐一找出辅助电路中的其他控制环节，将控制线路“化整为零”，按功能不同划分成若干个局部控制线路来进行分析。如果控制线路较复杂，可先排除照明、显示等与控制关系不密切的电路，以便集中精力进行分析。辅助电路的读识方法和步骤，如图2-4所示。

看电源的类型和电压等级。辅助电路的电源也分直流电源和交流电源两种类型。同时要看清辅助电路的电源是从什么地方接来的。辅助电路所用的交流电为380V或220V，频率为50Hz。若电源引自三相电源的两根相线（火线），电压则为380V；若引自三相电源的一根相线和一根零线，电压则为220V。辅助电源所用的直流电源的电压等级有110V、24V、12V等三种。辅助电路的电源为直流电源，一般通过整流装置（整流环节）供电。辅助电路中的一切电器元件所需的电源种类和电压等级必须与辅助电路电源种类和电压等级一致。否则，电压低时，电路元件不能正常动作；电压高时，则会把电器元件线圈烧坏。

了解控制电路中所采用的每个控制器件的用途，如采用了一些特殊结构的继电器，还应了解它们的动作原理。弄清辅助电路中的控制器件对主电路用电设备的控制关系是识读电路图最重要的环节。弄清辅助电路中的控制器件对主电路用电设备的控制关系，也就是基本上读懂了电气原理图。

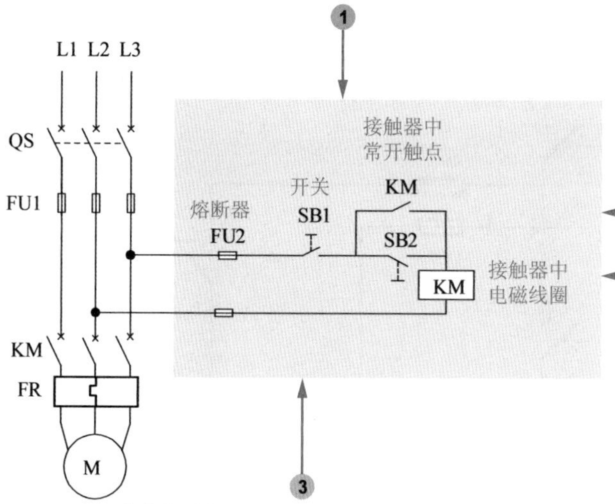

按从左到右或从上到下顺序分析。在分析辅助电路是可以按从左到右或从上到下的顺序。对复杂的辅助电路，在电路中整个辅助电路构成一条大回路，而在大回路中又包含了若干条都独立的小回路，每条小回路控制一个用电器或一个动作。当某条小回路形成闭合回路有电流流过时，在回路中的电器元件(接触器或继电器)则动作，把用电设备接入或切除电源。在辅助电路中一般是靠按钮或转换开关把电路接通的。在分析控制电路时必须随时结合主电路的动作要求，只有全面了解主电路对控制电路的要求以后，才能真正掌握控制电路的动作原理，不可孤立地看待各部分的动作原理，而应注意各个动作之间是否有互相制约的关系，如电动机正、反转之间应设有联锁等。

研究辅助电路中电器元件之间的相互关系。电路中的一切电器元件都不是孤立存在而是相互联系、相互制约的。这种互相控制的关系有时表现在一条回路中，有时表现在几条回路中。如图中的辅助电路中按钮开关SB1和SB2就是控制交流接触器KM线圈通电或断电的器件。最后分析其他电气设备和电器元件，如整流设备、照明灯等。

图2-4 识读辅助电路的基本方法

2.2 识别电气原理图中的元器件

电气控制电路的作用是实现对被控对象的控制和保护。电气控制电路多种多样，千差万别。但都是由基本控制电路有机组合而成，因此要读懂电气电路图首先要掌握基本的控制电路的读识方法。

2.2.1 识别电气元件符号及其实物

在读识电气控制电路图之前首先要认识每个电气元件的文字符号、图形符号和实物形状。建立它们之间的对应关系，对读识电气电路十分重要。如图2-5所示。

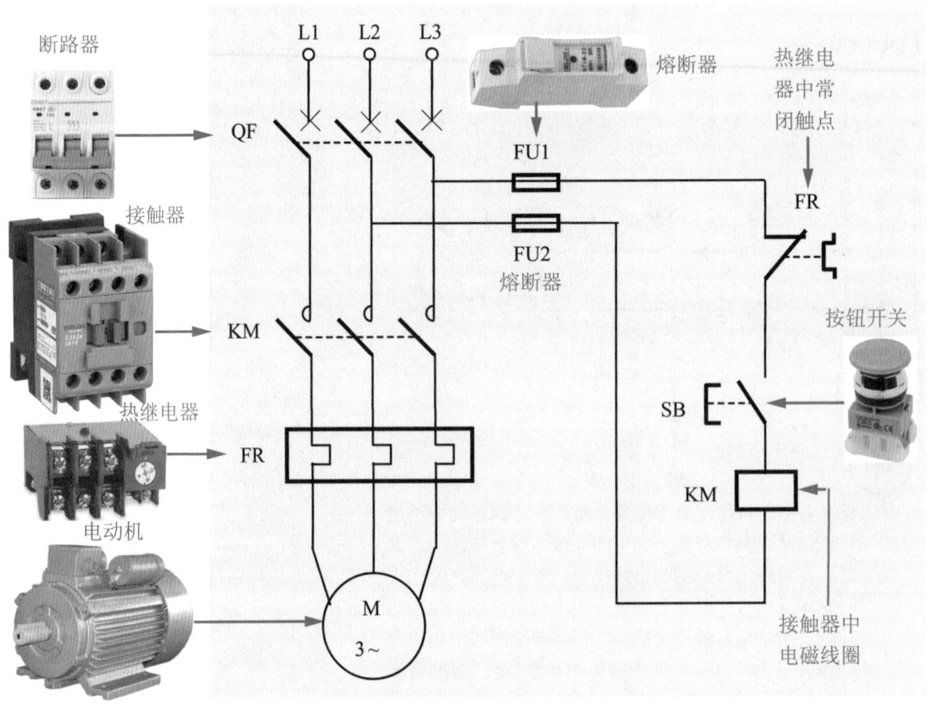

图2-5 建立元件符号和实物的关系

2.2.2 识别电气元件的不同部分

在电气控制图中，一些电气元件的不同部分，分别画在不同的地方。如接触器中的主触点、电磁线圈、常开触点、常闭触点等分别画在不同电路。继电器中的电磁线圈、常开触点、常闭触点等分别画在不同电路，如图2-6所示。

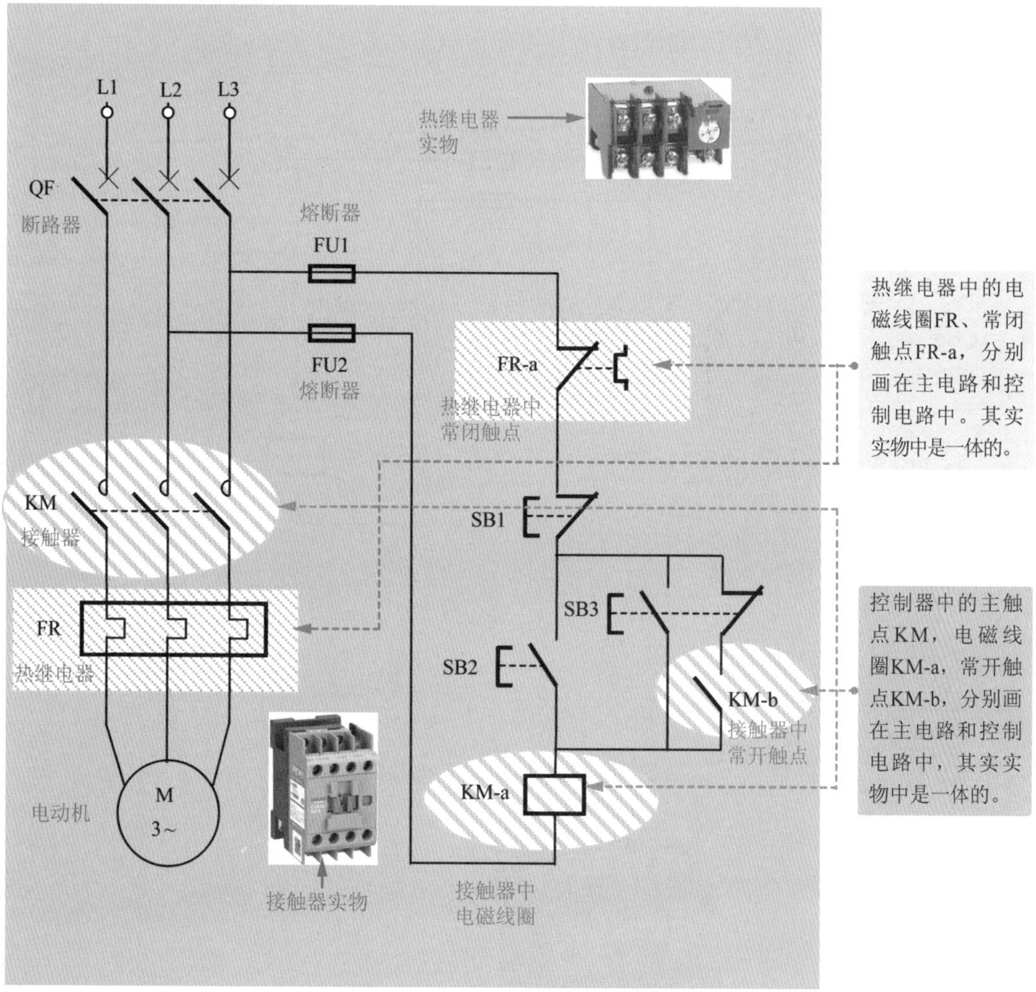

图2-6 识别电气元件的不同部分

2.3 电气图中自锁环节、互锁环节及保护环节

在电气图中，自锁电路、互锁电路和保护电路是常见的三种控制电路，下面将重点讲解这三种控制电路的读识方法。

2.3.1 电路中的自锁环节

自锁环节是指利用接触器本身附带的辅助常开触点来实现保持接触器线圈通电的现象。接触器线圈保持通电其主触点就可以一直接触，电气设备就可以持续获得供电。如图2-7所示的电路图中，辅助电路中并联于启动按钮开关SB旁边的KM-b常开触点就是自锁环节（此触点称为自锁触点）。

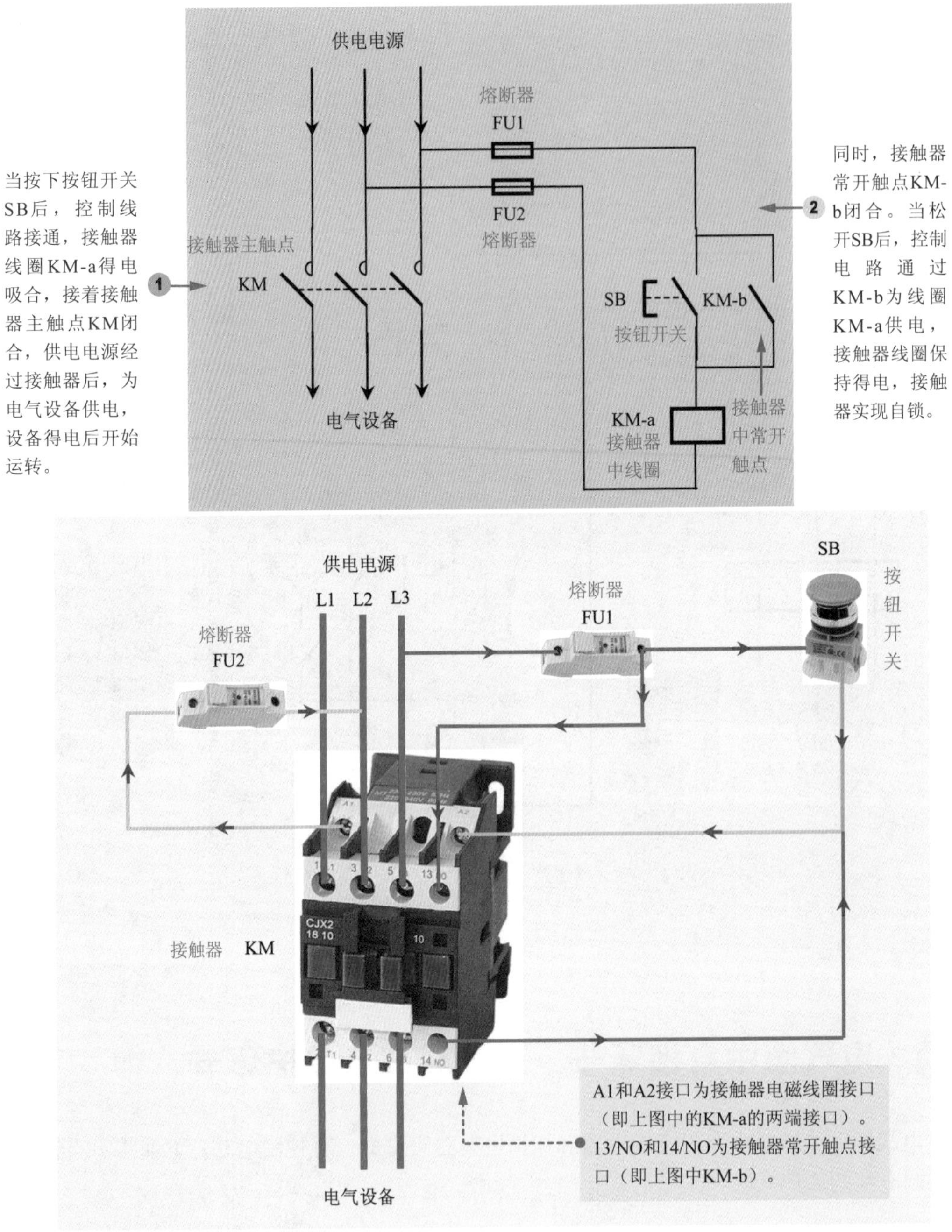
供电电源
熔断器
FU1
FU2
熔断器
接触器主触点
KM
SB
KM-b
按钮开关
电气设备
KM-a
接触器
中线圈
接触器
中常开
触点
当按下按钮开关SB后，控制线路接通，接触器线圈KM-a得电吸合，接着接触器主触点KM闭合，供电电源经过接触器后，为电气设备供电，设备得电后开始运转。
同时，接触器常开触点KM-b闭合。当松开SB后，控制电路通过KM-b为线圈KM-a供电，接触器线圈保持得电，接触器实现自锁。
供电电源
L1 L2 L3
熔断器
FU2
熔断器
FU1
SB
按钮开关
接触器 KM
电气设备
A1和A2接口为接触器电磁线圈接口（即上图中的KM-a的两端接口）。13/NO和14/NO为接触器常开触点接口（即上图中KM-b）。

图2-7 电路中的自锁环节

2.3.2 电路中的互锁环节

互锁环节是指将两个控制按钮的常闭与常开接点相互联锁接线，从而达到接通一个电路而断开另一个电路的控制目的，电路中的互锁环节可以有效地防止操作人员的误操作。如图2-8（a）所示的电路中SB1-a和SB1-b就是按钮互锁环节；如图2-8（b）所示的电路中KM1-b和KM2-b是接触器辅助触点互锁环节。

当要启动KM2接触器，按下控制按钮SB1时，按钮SB1的常闭接点SB1-a先断开，SB1-b闭合。供电从SB2-a、SB1-b和KM2-b为KM1-a电磁线圈供电，KM1-a吸合，KM1主触点闭合，供电电源通过KM1接触器为电气设备供电。

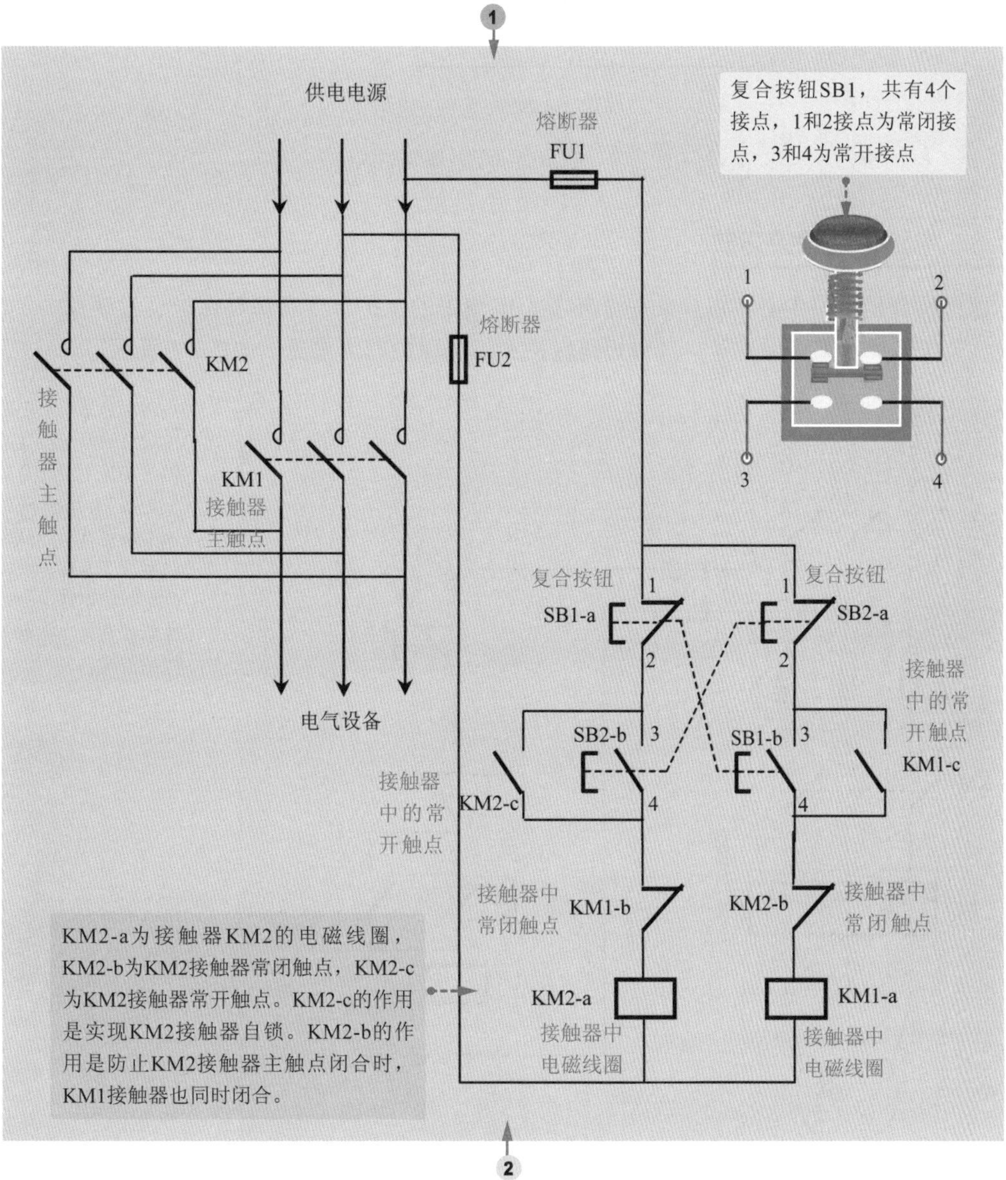

与此同时，KM1-c闭合，为电磁线圈KM1-a供电，KM1接触器实现自锁；在松开SB1按钮后，接触器KM1主触点依旧可以持续闭合。

（a）按钮互锁环节

图2-8　电路中的互锁环节

当接触器KM1电磁线圈KM1-a吸合后，接触器常闭触点KM1-b分离，确保KM2-a线圈不会得电吸合，防止KM1和KM2同时动作造成电源短路。

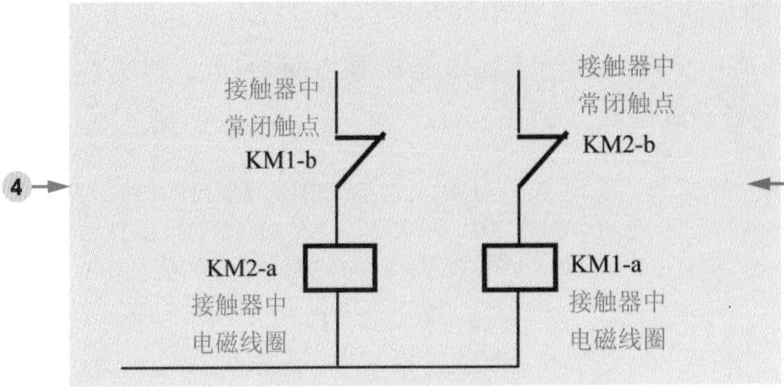

接触器互锁是将两台接触器的辅助常闭触点与另一个接触器的线圈相互接线。

（b）接触器辅助触点互锁环节

图2-8　电路中的互锁环节（续）

2.3.3　电路中的保护环节

保护环节是电路中必不可少的一个环节。电路中的保护环节有短路保护、过载保护、缺相保护、欠压保护、零点保护等，其中短路保护和过载保护较为常见。如图2-9所示。

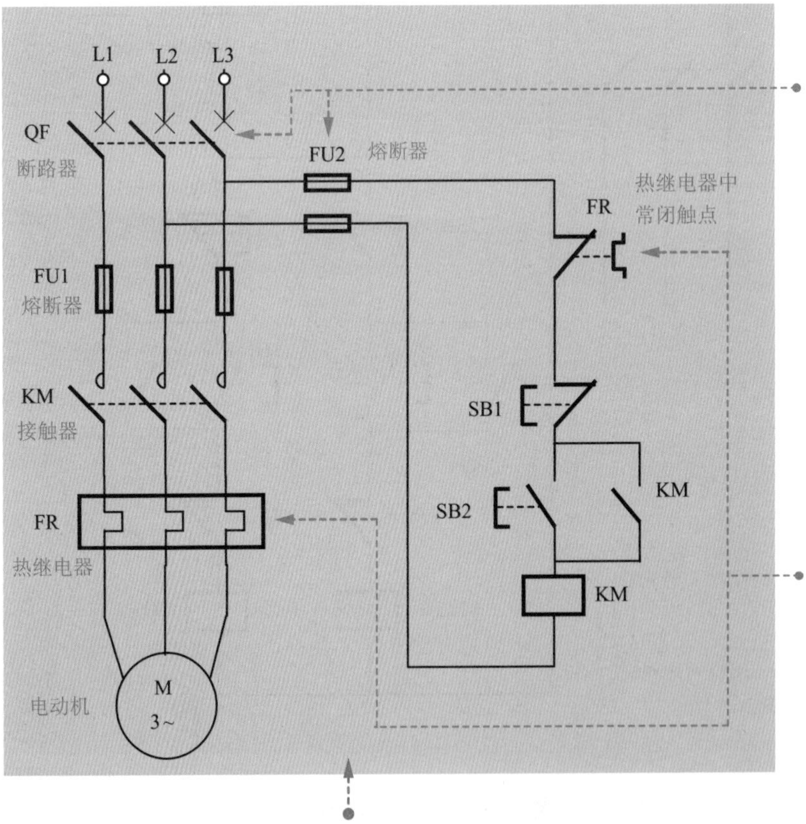

短路保护是电路中发生短路故障时能使故障电路与电源断开的保护环节。短路保护通常采用熔断器或断路器等元器件，在实际电路中短路保护熔断器都设置在靠近电源的位置。

电路中常用的过载保护元件是热继电器。注意热继电器不能兼作短路保护。

图中，主电路中的熔断器FU1起到全部电路的短路保护作用，辅助短路中熔断器FU2起到对辅助电路的短路保护作用。电路中的热继电器FR起到过载保护作用。

图2-9　保护控制电路读识

2.4 电气原理图识图实战

接下来本节将通过两个案例来讲解电气原理图的识图方法。

2.4.1　三相鼠笼式异步电动机直接启动控制电路

三相鼠笼式异步电动机的启动电路有多种，如降压启动电路、直接启动电路等。

降压启动方式的采用是有条件的：当负载对电动机启动力矩无严格要求，又要限制电动机启动电流，且电动机正常运行时为三角形（△）插线的电动机，才能采用降压启动。

直接启动方式启动存在着电流大、电压降较大，但该简单，不需要附加设备。因此在变压器容量允许的情况下，鼠笼式异步电动机应该尽可能采用直接启动，既可以提高控制线路的可靠性，又可以减少电器的维修工作量。

直接启动电路主要有手动正转启动电路和点动正转启动电路两种。

1. 手动正转启动电路

最简单的手动单向启动电路用瓷底胶盖闸刀开关、转换开关或铁壳开关控制电动机的启动或停止，用熔断器做短路保护（实践中不推荐该接法，此处只作为原理讲解）。如图2-10所示。

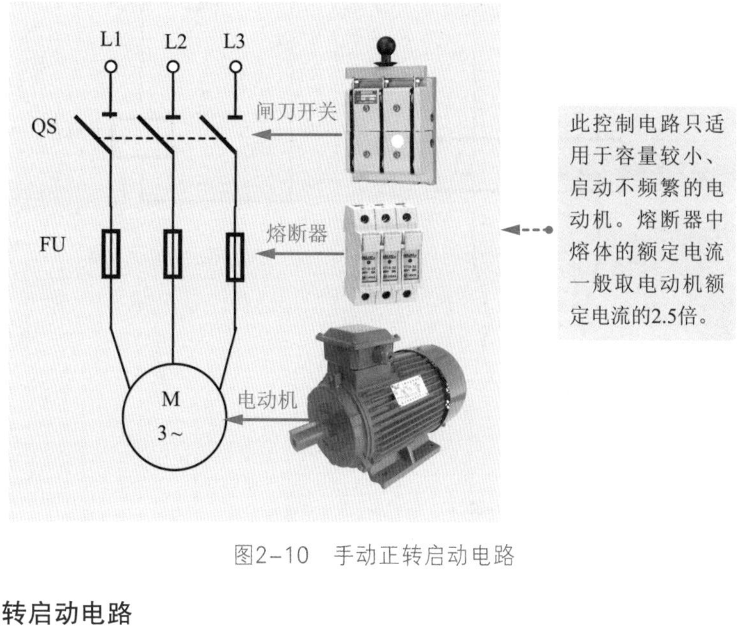

图2-10　手动正转启动电路

2. 点动正转启动电路

点动正转启动电路是用按钮开关控制电动机启动和停止的电路。当按下开关时，电动机通电运转，松开按钮时，电动机则停止运转。点动控制电路多用于起吊设备的上下左右控制，及机床的步进、步退等控制。图2-11所示为点动正转启动电路图。

图中，熔断器FU1做主电路的短路保护；熔断器FU2和FU3做控制电路的短路保护；FR做电动机过载保护。

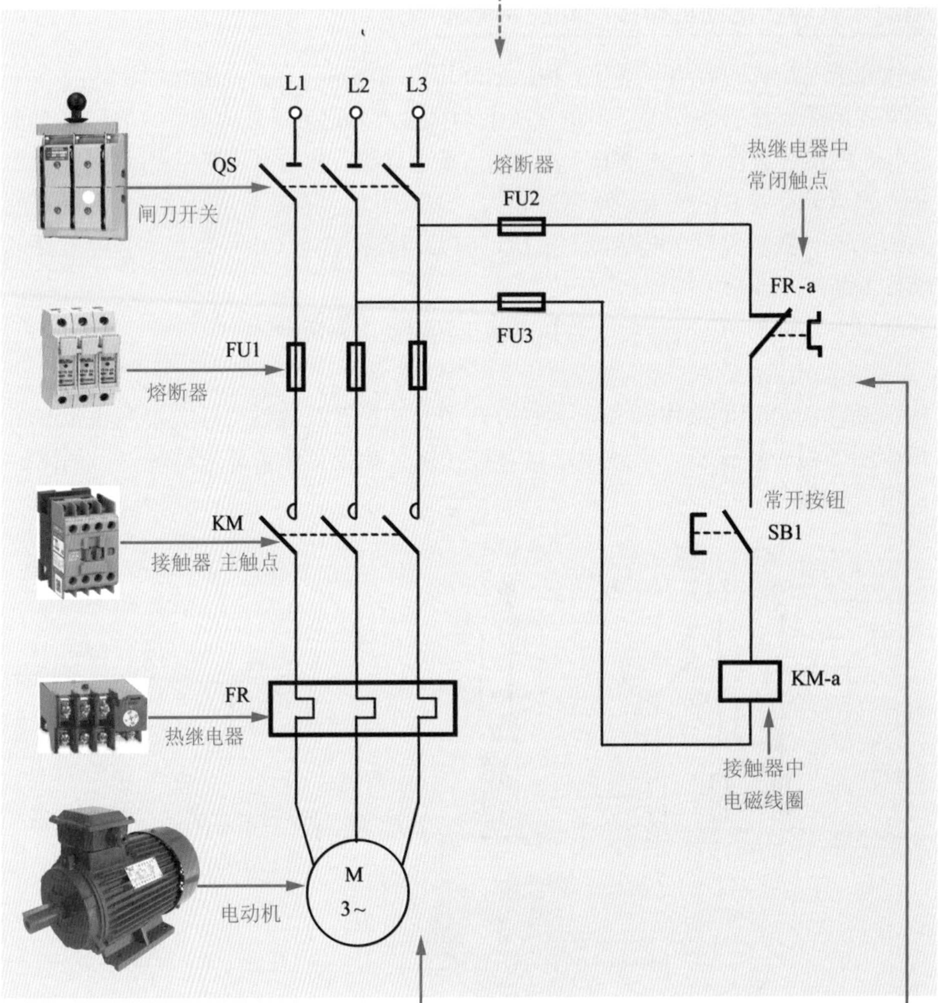

❷ 当松开按钮开关SB1后，控制线路断开，接触器线圈KM-a失电分离，接触器主触点KM分开，供电电源被断开，电动机停止运转。

❶ 首先合上QS，当按下按钮开关SB1后，控制线路接通，接触器线圈KM-a得电吸合，接着接触器主触点KM闭合，供电电源经过QS、FU1、KM、FR后，为电动机供电，电动机开始运转。

（a）点动正转启动电路

图2-11　点动正转启动电路

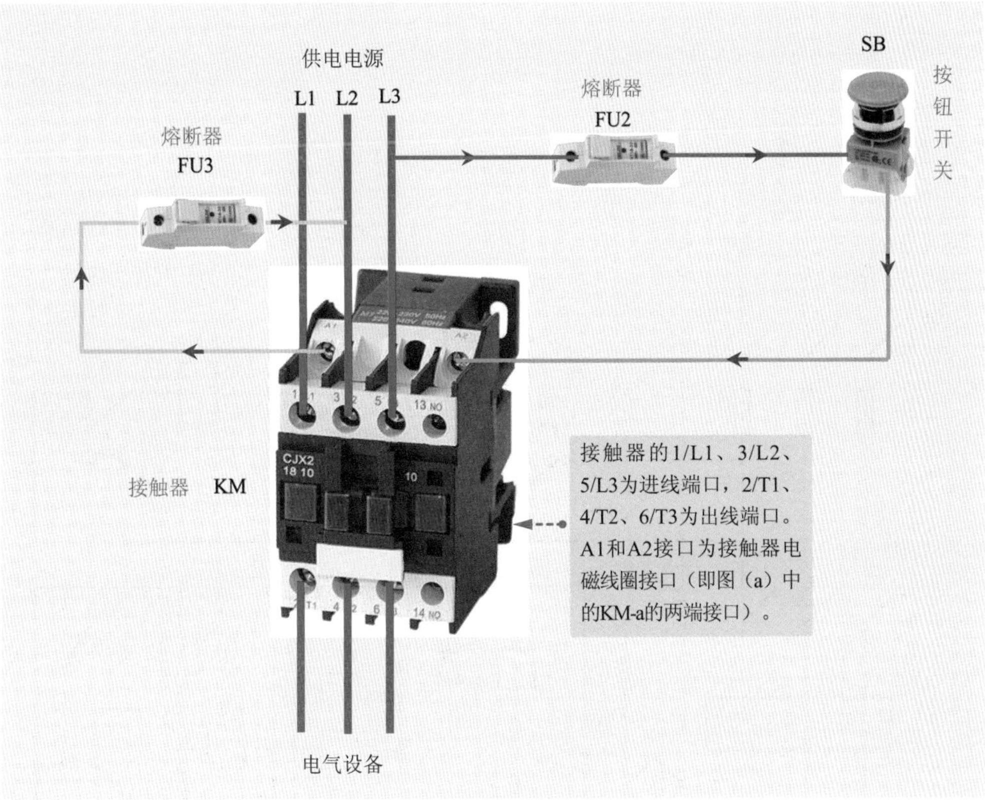
供电电源
L1　L2　L3
熔断器
FU2
SB
按钮开关
熔断器
FU3
接触器　KM
接触器的1/L1、3/L2、5/L3为进线端口，2/T1、4/T2、6/T3为出线端口。A1和A2接口为接触器电磁线圈接口（即图（a）中的KM-a的两端接口）。
电气设备

（b）接触器实物接线图

图2-11　点动正转启动电路（续）

2.4.2　水塔水位自动控制电路

如图2-12所示，该水位自动控制器电路由电源电路、起动控制电路和水位检测控制指示电路（即主电路、辅助电路和信号控制电路）组成。

（1）首先按下启动开关SB1，220V交流电压经变压器T降压、整流堆UR整流和电容C滤波后，为控制电路电路提供12V直流电压。

（2）电极a为公共电极（接地电极），电极b为低水位电极，电极c为高水位电极。当水池内水位高于电极c时，D6因输入端为低电平而输出高电平（D6为非门），D5输出低电平，VL发出绿色光（其内部的绿色发光二极管点亮），Dl~D4均输出高电平，继电器K不吸合，其常闭触头K-b接通，常开触头K-a断开，交流接触器KM不吸合，水泵电动机M不工作。

（3）当水池内水位降至电极b以下时，D6输出低电平，D5输出高电平，Dl~D4均输出低电平，VL发出红色光（其内部的红色发光二极管点亮），同时继电器K通电吸合，其常闭触头K-b断开，常开触头K-a接通，接触器电磁线圈KM-a吸合，接触器主触点KM接通，使电动机M通电工作，水泵开始向水池中抽水。

主电路由闸刀开关QS、熔断器FU、接触器KM、热继电器FR、电动机、电源变压器T、整流桥堆UR和滤波电容器C组成。

辅助电路由电源开关按钮SB4、手动/自动控制开关SB2、停止按钮SB3、启动按钮SB1、继电器常开触点K-a、交流接触器电磁线圈KM-a、常开触点KM-b和热继电器常闭触点KR-a组成。

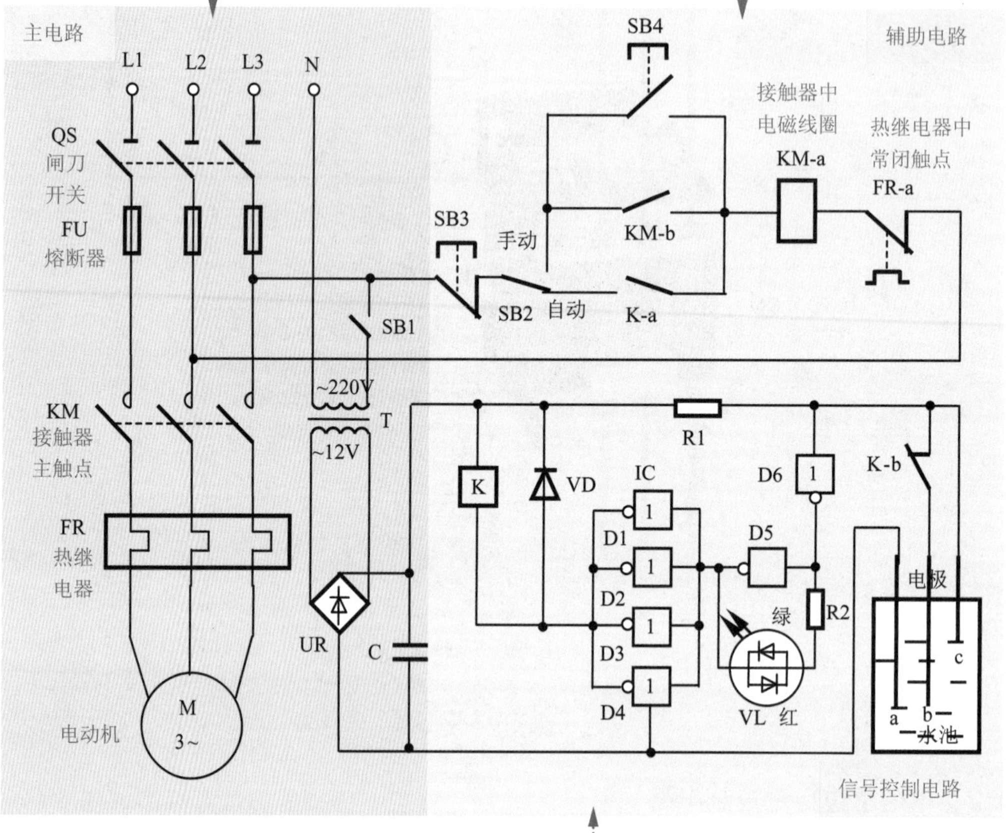

信号控制电路由水位检测电极a~c、六非门集成电路IC（D1～D6）、电阻器Rl、电阻器R2、继电器K、三端变色发光二极管VL和二极管VD组成。

图2-12　水塔水位自动控制电路

（4）当水池内水位上升至电极c时，D6和D1~D4又输出高电平，继电器K和接触器电磁线圈KM-a释放，接触器主触点KM断开，电动机M停止工作。

（5）当水位降至电极c以下时，由a、b触头接通，D6仍输出高电平，电动机M仍不工作，只有在水位降至电极b以下时，电动机M才能通电工作。如此周而复始，使水池内水位维持在电极b与电极c之间。

（6）需要手动控制时，将SB2置于“手动”位置，按一下起动按钮引，就能使水泵电动机M连续工作；需要停止供水时，按一下停止按钮SB3即可。

（7）若水泵电动机M因某种原因而出现过流时，则热继电器FR将立即工作，其常闭触头FR-a断开，使接触器电磁线圈KM-a释放，其主触点断开，将M的工作电源切断。

第 3 章

怎么阅读电气接线图

接线图是以电路原理为依据绘制而成，表达电气设备和元器件的相对位置、文字符号、端子号、导线号、导线类型、导线截面等。接线图的目的是指导我们接线安装，方便日后维护和快速查找故障。接线图是现场维修中不可缺少的重要资料。本章将重点讲解电气接线图的读识方法。

3.1 电气接线图基本知识

电气接线图是表示电气设备、元器件或装置等项目之间的连接关系，用来进行安装接线、线路检查、线路检修和故障处理的一种简图。

要读识电气接线图首先要掌握电气接线图的基本知识，包括电气接线图与原理图的关系、电气接线图中各元器件的接线方法、配电盘布线方法等。

3.1.1 电气接线图与电气原理图之间的关系

在绘制电气接线图时必须依据相应电气原理图，电路接线后必须达到对应电气原理图所能实现的功能，这也是检验电路接线是否正确的惟一标准。

电气接线图与电气原理图在绘图上还是有很大区别的。图3-1所示为三相异步电动机启动控制电路的电气原理图和电气接线图，从图中可以看出电气原理图与电气接线图的区别。

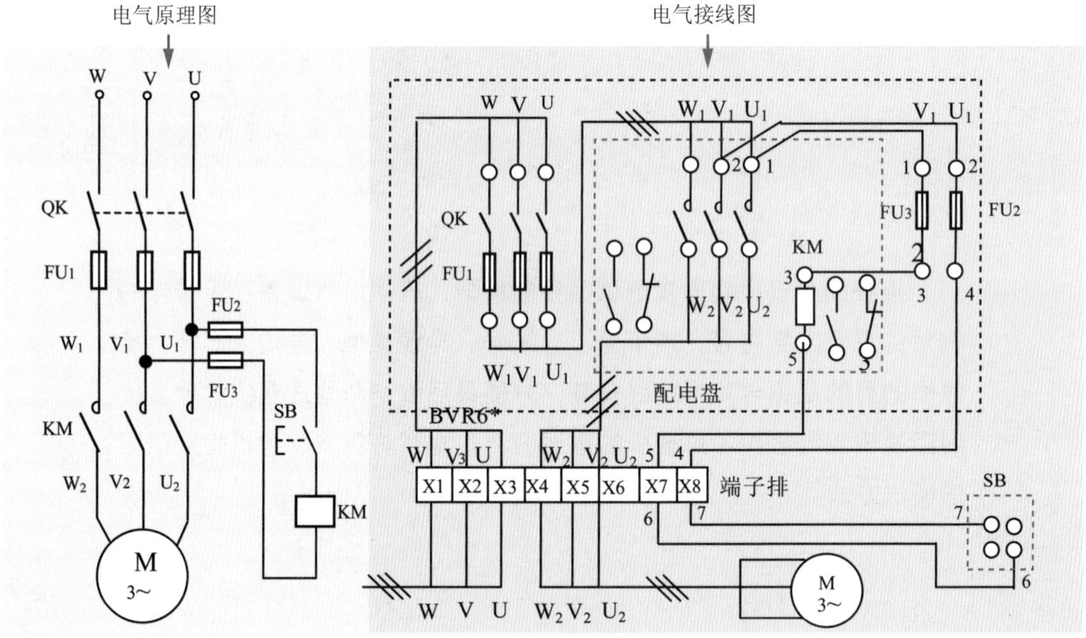

图3-1 电路接线图与电气原理图之间的关系

1. 出发点

（1）电气原理图的出发点是表明电气设备、装置和控制元件之间的相互控制关系，其目标是明确分析出电路工作过程。

（2）电气接线图的出发点表明电气设备，装置和控制元件的具体接线，其目标是接线方便、布线合理。

2. 具体位置

（1）在电气接线图中必须标明每条线所接的具体位置，每条线都有具体明确的线号。每个电气设备、装置和控制元件都有明确的位置，而且将每个控制元件的不同部件都画在一起，并且常用虚线框起来，如一个接触器是将其线圈、主触点、辅助触点都绘制于一起用并用虚线框起来。

（2）在电气原理图中对同一个控制元件的不同部件是根据其作用绘制于不同的位置，如接触器的线圈和辅助触点绘制于辅助电路，而其主触点则绘制于主电路中。

3.1.2　电气接线图中电气设备、装置和控制器件的画法与位置安排

1. 电气接线图中电气设备、装置和控制器件的画法

电气接线图中的电气设备、装置和控制元件都是按照国家规定的电气图形符号画出的，并不考虑其真实结构。如图3-2所示。

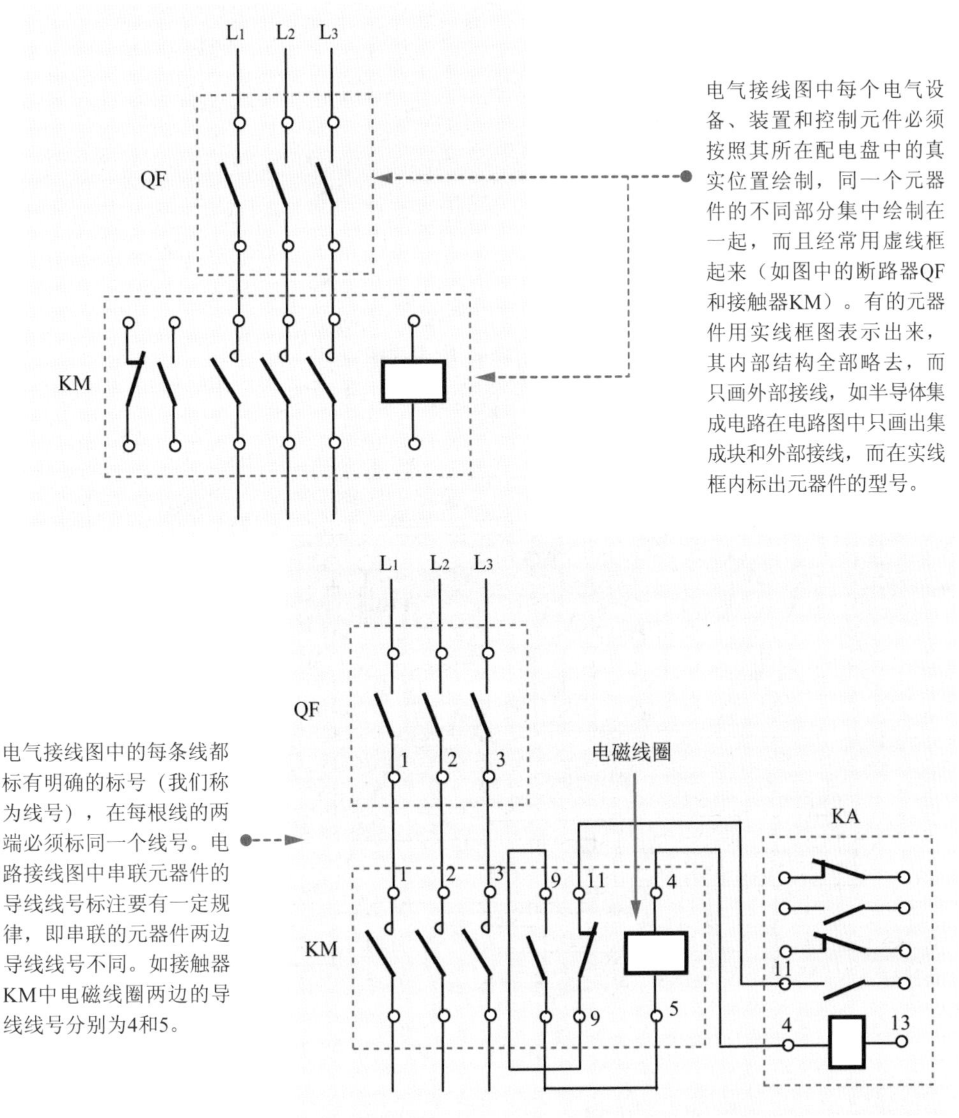
L1　L2　L3
QF
KM
电气接线图中每个电气设备、装置和控制元件必须按照其所在配电盘中的真实位置绘制，同一个元器件的不同部分集中绘制在一起，而且经常用虚线框起来（如图中的断路器QF和接触器KM）。有的元器件用实线框图表示出来，其内部结构全部略去，而只画外部接线，如半导体集成电路在电路图中只画出集成块和外部接线，而在实线框内标出元器件的型号。
L1　L2　L3
QF
1　2　3
电磁线圈
KA
电气接线图中的每条线都标有明确的标号（我们称为线号），在每根线的两端必须标同一个线号。电路接线图中串联元器件的导线线号标注要有一定规律，即串联的元器件两边导线线号不同。如接触器KM中电磁线圈两边的导线线号分别为4和5。
1　2　3　9　11　4
KM
11
9　5
4　13

图3-2　电路接线图中电气设备、装置和控制器件的画法

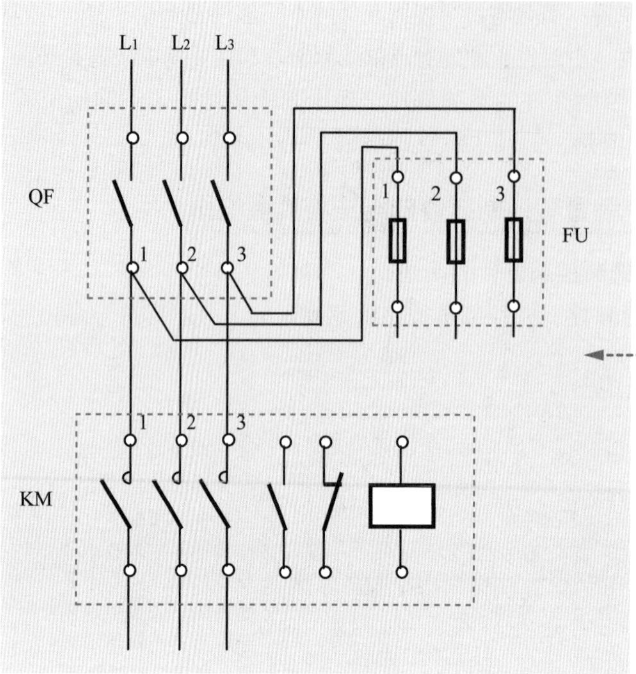

电气接线图中，凡是标有同线号的导线可以并接于一起。如图中的连接熔断器FU的3根线和连接接触器KM主触点的3根线号均为1、2、3，则说明这6根线都是来自断路器QF下端的1、2和3处。也就是说从断路器QF的出线端可各引出3根线分别接于KM主触点和熔断器FU的进入端。

图3-2　电气接线图中电气设备、装置和控制器件的画法（续）

2. 电气接线图中电气设备、装置和控制器件位置安排

电气接线图中电气设备、装置和控制器件位置安排如图3-3所示。

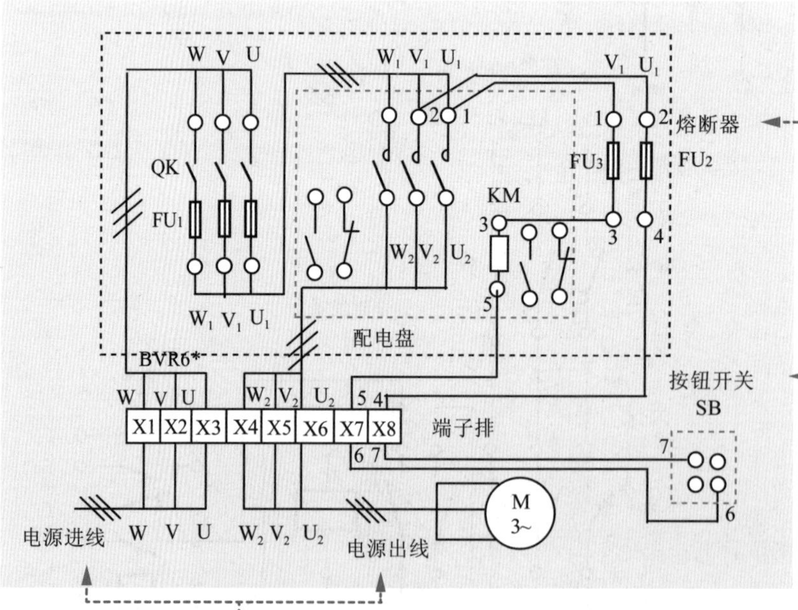

配电盘中有熔断器时，熔断器也安装在配电盘的上方位置。

电路中的各种开关（如按钮开关等）通常安装于容易操作的面板上，而不安装在配电盘上。开关与配电盘上控制元件之间的连接线通常通过端子来连接。

电源进入线端子和配电盘引出线端子通常安排在配电盘的下方或左侧。

图3-3　电气接线图中电气设备、装置和控制器件位置安排

配电盘总电源控制开关(刀闸开关或断路器)一般安排在配电盘的上方位置（右上方）。

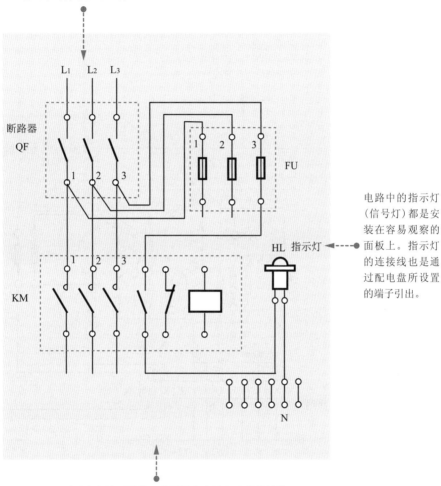

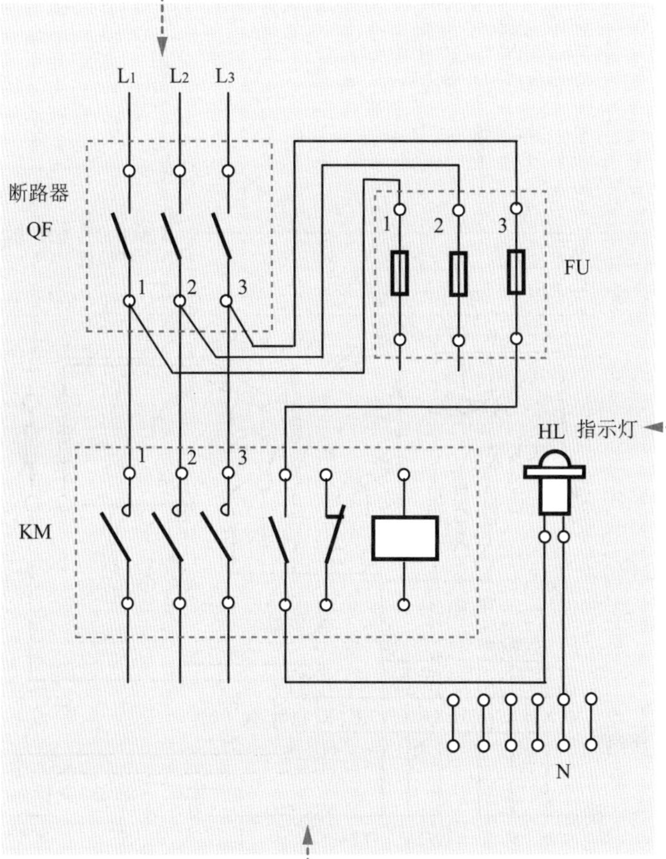

电路中的指示灯(信号灯)都是安装在容易观察的面板上。指示灯的连接线也是通过配电盘所设置的端子引出。

对于交直流元器件，为了避免交流与直流连接线搞错，电路中采用直流控制的元器件与采用交流控制的元器件分开区域安装。

图3-3　电气接线图中电气设备、装置和控制器件位置安排（续）

3.2　读识电气接线图的方法和步骤

3.2.1　读识电气接线图的方法与步骤

读懂电气接线图的最好方法是结合电气原理图来看电路接线图，因此在识读电气接线图时，首先要读懂电气原理图。

读识电气接线图的步骤和方法如图3-4所示。

了解电气原理图和电气接线图中元器件的对应关系。绘制电气原理图的根据是电气工作原理，电气接线图是按电路的实际接线绘制的，因此在绘制同一个控制器件时绘制方法可能不一样。例如接触器、继电器、热继电器及时间继电器等控制器件，在电气原理图中将它们的线圈和触点画在不同的位置，在电气接线图中则是将一个控制器件的线圈和触点画在一起。

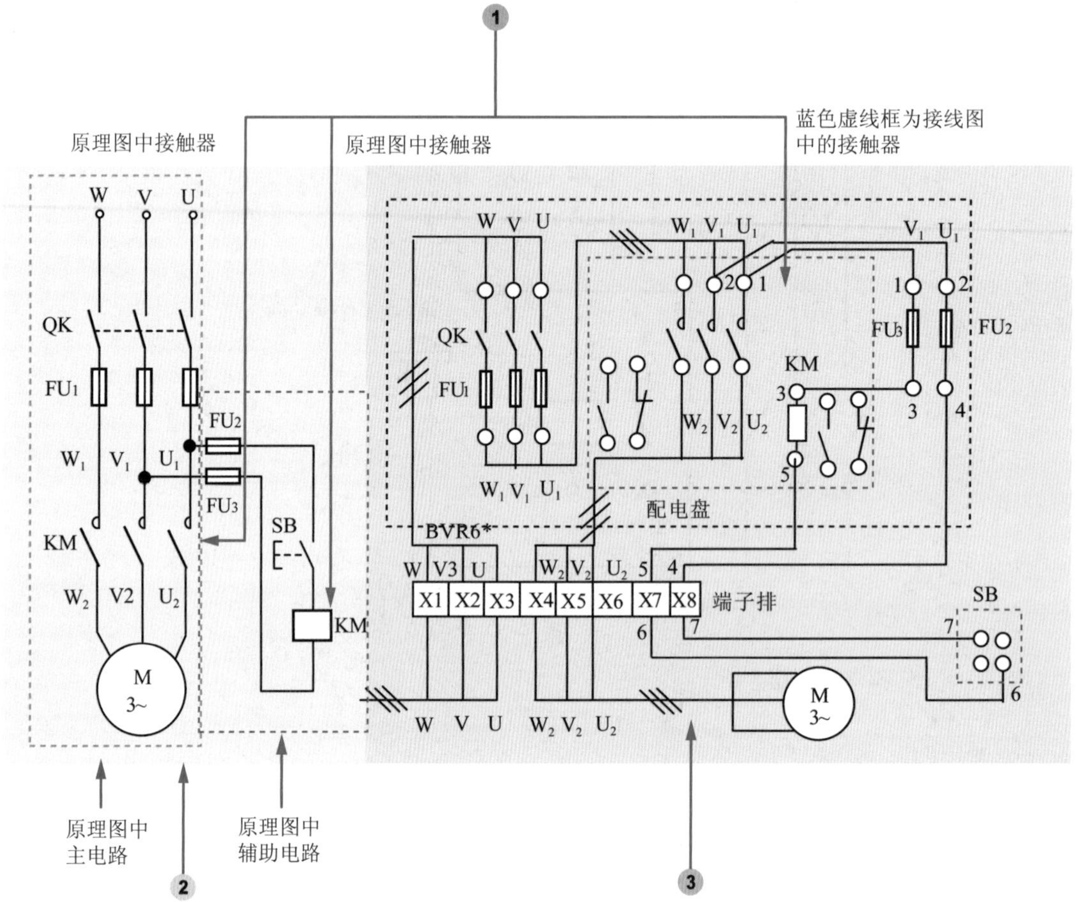

分析电气原理图中主电路和辅助电路所含有的元器件，了解每个元器件的工作原理，了解辅助电路中控制器件之间的关系，清楚辅助电路中有哪些控制器件与主电路有关系。

了解电气接线图中连接导线的根数和所用导线的具体规格。电气接线图中每两个接线柱之间就需要一根导线。多数的电气接线图中并不标明导线的具体规格，而是将电路中的所有元器件和导线的型号规格列入元器件明细列表中。

图3-4　读识电气接线图的步骤和方法

根据线号研究辅助电路的线路走向。在实际电路接线过程中，为了避免主、辅电路线混杂，主电路和辅助电路要按先后顺序接线。辅助电路所用导线的型号规格与主电路的有所差别。辅助电路线路走向的分析要从电源引入端开始，顺次研究每条支路的线路走向。

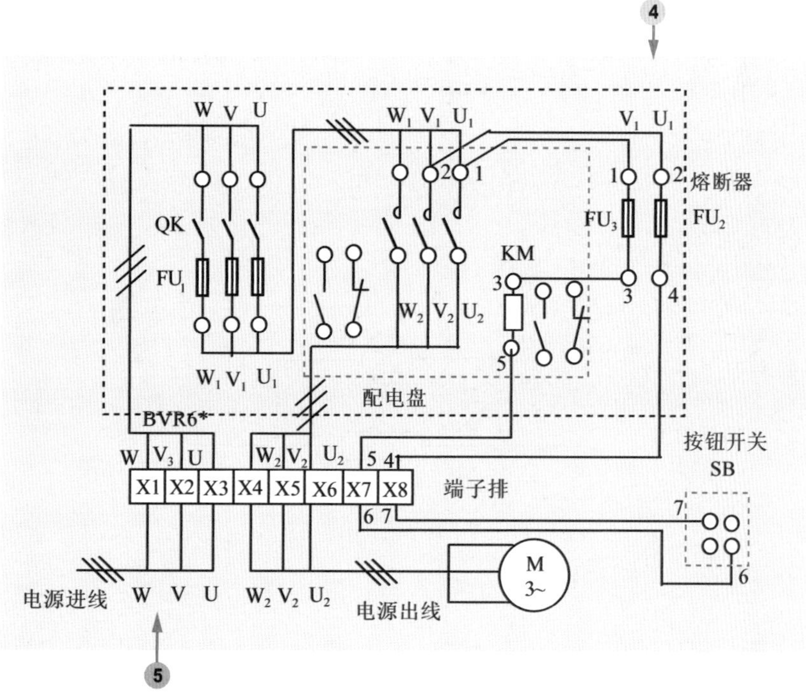

根据电气接线图中导线的型号研究主电路的线路走向。主电路线路走向的分析要从电源引入线开始，依次找出主电路的用电设备所经过的电气器件。电路图中规定电源引入线用文字符号L1、L2、L3或U、V、W、N表示三相交流电源的三根相线（火线）和零线（中性线）。

图3-4　读识电气接线图的步骤和方法（续）

3.2.2　电路接线的方法和步骤

电路的正确连接是电路中各电气器件和电气设备、装置正常工作的保证。下面重点讲解电路的接线形式和接线方法。

1. 电路接线形式

电路接线可分为串联接线、并联接线和混合接线等3种基本形式，如图3-5所示。

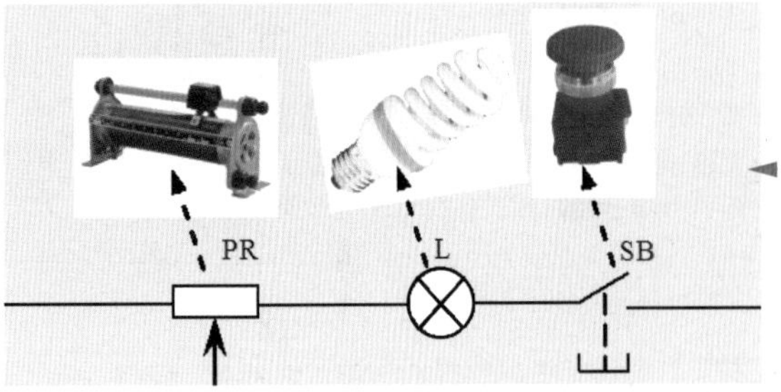

电路串联接线。用导线将电路中的电气器件或用电设备依次连接起来，没有三根导线汇接于一起的接线方式就是电路串联接线。左图为电路串联接线示意图，图中变阻器PR、照明灯L、按钮SB依次串联相接。

电路并连接线。将可以同时得电且额定电压值相同的电气器件或用电设备的接线柱用短线接后，再公用一根导线接出引线的接线方式称为电路并连接线。右图中电阻器R和信号灯HL两个用电器的接线柱短接后再接出引线。

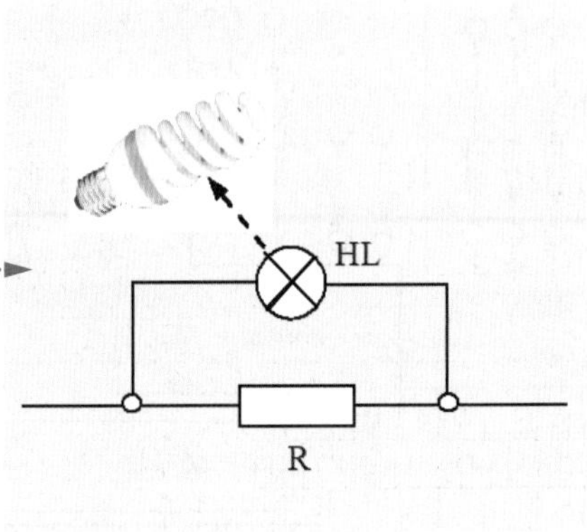

电路混合接线。电路中既有串联接线，又有并连接线的接线方式称为电路混合接线。图中电阻器R和信号灯HL两个用电器并联后，又与按钮开关SB串联。

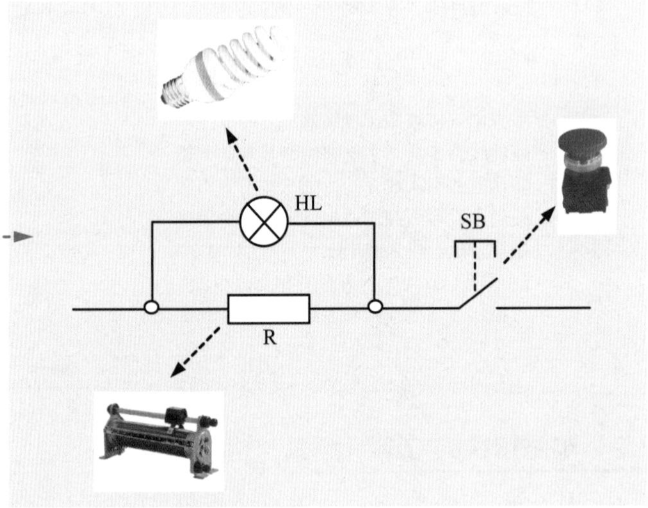

图3-5　电路接线示意图

2. 电路接线的方法和步骤

实际电路接线方法步骤如图3-6所示。

1 安装电气设备和电路控制器件。电路中的控制器件是按照电气器件布置图的要求安装在配置盘(板)上、操作台或操作柜的面板上。

2 按照电气接线图，选择合适的绝缘导线连接主电路。

3 按照电气接线图，选择合适的绝缘导线连接辅助电路。

4 按照电路图检查接线是否正确。在电源通电前一定要检测所有的线路电源引入线间是否有短路故障，这一步是必不可少的。而且每根线的两端必须有线号套管。

5 整理电路接线，使接线尽量清晰美观。

6 通电试验。在电路通电试验时，最好先断开负载，要对辅助电路各控制器件的动作进行试验，观察其动作是否正确。在对辅助电路进行通电试验时，也要对线路负载端的引入线进行测试，即判断辅助电路是否对负载进行正确控制。测试完负载电路后再接上负载进行带负载试验。

图3-6 实际电路接线方法步骤

电路接线时要注意的问题如图3-7所示。

（1）要严格按照电气接线图所示的线号接线，每根接线两端都要套上相同的线号后再接线。其目的是便于检查和维修。

（2）所有导线要连接牢固，不允许有虚接现象。原因是导线虚接会使电路不能正常工作，容易引起导线松脱，引起局部电路短路。

（3）同一接线电路中，如果有不同的电源时，应尽量分开布线。电路中同时有交流电源接线和直流电源接线时，一定要分开布线。

（5）若要穿管布线时，注意不要拉断导线，在套管内所部的导线要多于实际要用的导线，即留有备用导线。

（6）电路接线完毕后，要进行电路空载（不带负载）试验，以便检验辅助电路接线是否正确。

（4）主电路和辅助电路接线尽量分开布线。电路电源引入线应与其他接线分开布线。若电路可以分成几个单元电路，接线时最好也分成几个单元电路布线。

（7）若进行电路空载试验后，辅助电路控制器件运动正常，则应接上负载进行调试，电路正常运行后，才能交给操作者进行。

图3-7 电路接线时要注意的问题

3.3 电气接线图识图示例及方法总结

电路接线图的种类用途繁多，比较常用的有照明电路、电力拖动电路、变配电电路等三种，其中电力拖动电路最为复杂。下面主要介绍前两种电路接线图，变配电电路接线图将会在第4、5两章讲解。

3.3.1 照明电路接线图识图

要看懂照明接线图，应该先了解照明电路中灯具、开关和配电箱的电气图形符号，以及电气配线的标注方式，熟悉照明电路连接图的画法。下面我们以某公寓照明接线图为例，讲解照明电路接线图的识读方法，如图3-8所示。

（1）由图中所示的电气接线图可知，总共有11盏40W的白炽灯、2盏15W防水防尘灯、2盏荧光灯、2个带接地插孔单相插座，同时每盏灯都有板式开关控制。

（2）图中所示的电路中的所有电气器件都有具体位置的规定。图中的灯具、开关、分线盒等都标明了距地面高度，却没有标明器件立体坐标，主要是因为照明线路接线电路还有建筑布线总图，每个器件所在的平面位置都在总图中明确标明了，因此每层照明电路图只要标明灯具的类型、功率、距地面的高度就可以。

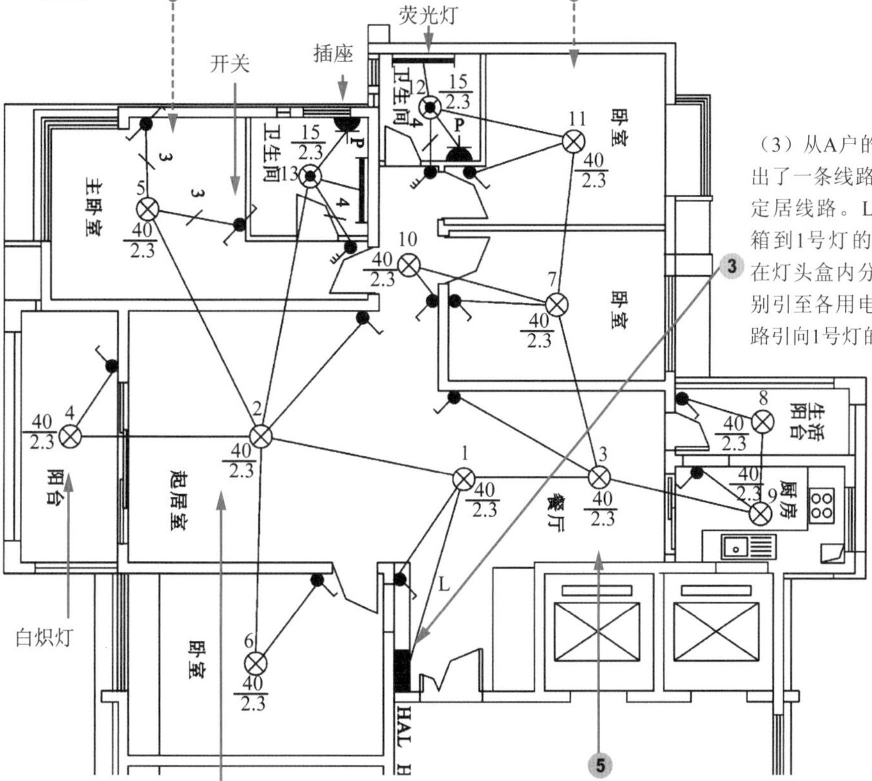

（3）从A户的配电箱中引出了一条线路L。L为照明定居线路。L线路从配电箱到1号灯的开关线，并在灯头盒内分为三路，分别引至各用电设备。第一路引向1号灯的开关线。

（4）第二路从1号灯引向起居室的2号灯。在2号灯的灯头盒内又分为五路。第1路接2号灯的开关线；第2路接卧室的6号灯，并从6号灯的灯头盒引出开关线；第3路接阳台的4号灯，并从4号灯的灯头盒内引出开关线；第4路接主卧室的5号灯，并从5号灯的灯头盒内引出开关线；第5路接卫生间的1号防水防尘灯，并在1号防水防尘灯的灯头盒内分为3路，一路接1号防水防尘灯的开关线，一路接荧光灯，一路接单相插座。

（5）第三路从1号灯引向餐厅的3号灯。在3号灯的灯头盒内又分为三路。第1路引向3号灯的开关线。第2路接厨房的9号灯，并从9号灯的灯头盒引出两路，一路接9号灯的开关线；一路接生活阳台的8号灯，并从8号灯的灯头盒内引出开关线。第3路接卧室的7号灯，并从7号灯的灯头盒引出三路，一路接7号灯的开关线；一路接10号灯，并从10号灯的灯头盒引出开关线；一路接11号灯，在11号灯的灯头盒处又引出两路，一路接11号灯的开关线，一路接卫生间的2号防水防尘灯，并在2号防水防尘灯的灯头盒内分为3路，一路接2号防水防尘灯的开关线，一路接荧光灯，一路接单相插座。

图3-8 照明电路接线图的识读方法

3.3.2 电力拖动电路接线图识图

电力拖动系统是由电动机作原动机，拖动生产机械运转，能完成生产任务的系统的统称。由此画出的电气接线图称为电力拖动电路接线图。

电力拖动电路接线图是电路图中最复杂、种类最多的电路，因此较容易出现接线错误。下面我们以最常见的电力拖动电路三相异步电动机直接起动控制电路为例进行讲解，如图3–9所示。表3–1所为电路中电气器件明细情况。

（2）由图中的电气接线图可以清楚地看清配电盘上各控制器件与电源、电动机、按钮开关的连接关系，以及配电盘内各控制器件之间的关系。分析电路接线图的主电路时从电源端开始分析。从图中可知，电源线通过端子排的W、V、U引入→QF下端→FU1熔断器上端→FU1下端→KM主触点→FR热继电器→端子X4、X5、X6→电动机M。

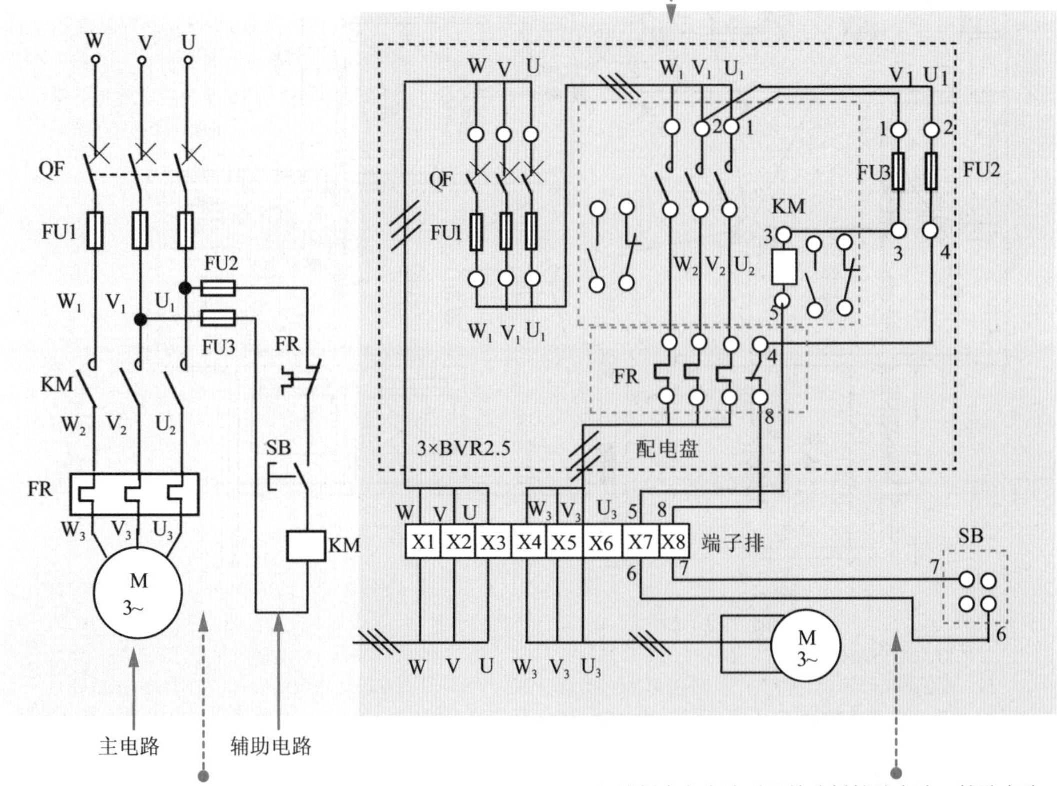

（1）由图中的电气原理图可知，主电路和辅助电路的控制与被控制的关系较为明确，可以很清楚地看清电路的工作过程。顺着线路观察可以看出，若闭合QF断路器，则KM交流接触器工作，主电路中的KM主触点闭合，电动机M接通电源启动运行。

（3）分析完主电路后开始分析辅助电路，辅助电路的分析是从电路电源开始的。从FU1熔断器中的两个熔断器的下端引入380V电源→FU2上端→FU2下端→FR热继电器→端子X8→SB触点→端子X7→KM辅助触点→FU3下端→FU3上端。

图3–9 电机拖动电路接线图识图

表3-1　电路中电气器件明细

符　号	器 件 名 称	型　号	数　量
M	三相笼式异步电动机	Y132S-4(5.5kW)	1
QF	三极断路器	DZ10-100	1
FU1	熔断器	RL1-15	3
FU2、FU3	熔断器	RL1-15	2
FR	热继电器	JR16B-20/3	1
SB	按钮开关	LAY-11	1
KM	交流接触器	3TB40	1

总结：在电路图中，同一元器件的各个部件分散在不同位置，而实际接线图又在同一处，按电路图来连接控制电路将会十分复杂。

接线图中一般会标示出：电气设备和电器元件的相对位置、文字符号、端子号、导线号、导线类型、导线截面积、屏蔽和导线绞合等。接线图中标号的原则是：上为进线下为出；平行接点从右进，垂直接点从上进。读识接线图时也按照此原则读图。

实际所用的电路接线图中主电路比较简单，辅助电路则比较复杂，因此分析电路接线图时主要分析辅助电路。

第 4 章

电气仪表接线方法及工具使用实战

日常供电电路中，电工测量仪表随处可见，最常用的电工仪表有电流表、电压表、单相电度表、三相电度表、钳形表、兆欧表、万用表等。本章主要介绍上述几种电工测量仪表的使用和接线方法。

4.1 电气电路中常用仪表接线方法

电气电路中常用仪表包括直流电流表、交流电流表、直流电压表、交流电压表、单相电度表和三相电度表等。下面将主要讲解这些仪表的接线方法。

4.1.1 直流电流表接线方法

电流表是电工用来测量电路中电流大小的仪表。图4–1所示为直流电流表。

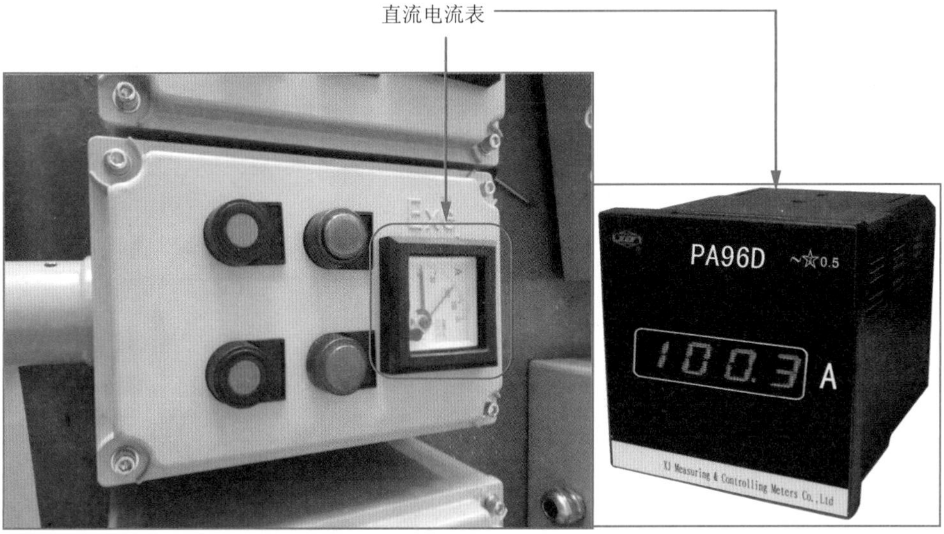
直流电流表
PA96D
100.3 A

图4–1　直流电流表

直流电流表有两种接入方式：直接接入法和间接接入法。如图4–2所示为直流电流表的接线方法。

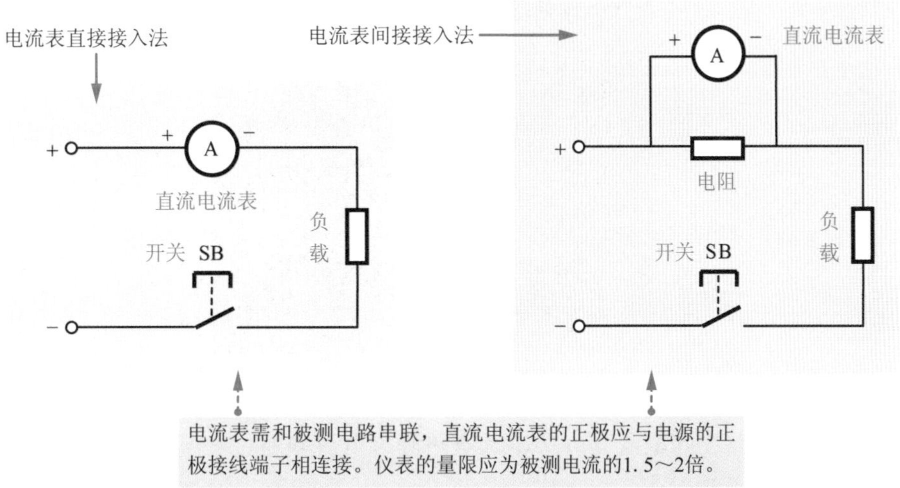
电流表直接接入法
电流表间接接入法
直流电流表
A
电阻
负载
开关 SB
电流表需和被测电路串联，直流电流表的正极应与电源的正极接线端子相连接。仪表的量限应为被测电流的1.5～2倍。

图4–2　直流电流表接线方法

4.1.2 交流电流表接线方法

交流电流表也是一种测电流的电工测量仪表，如图4-3所示。

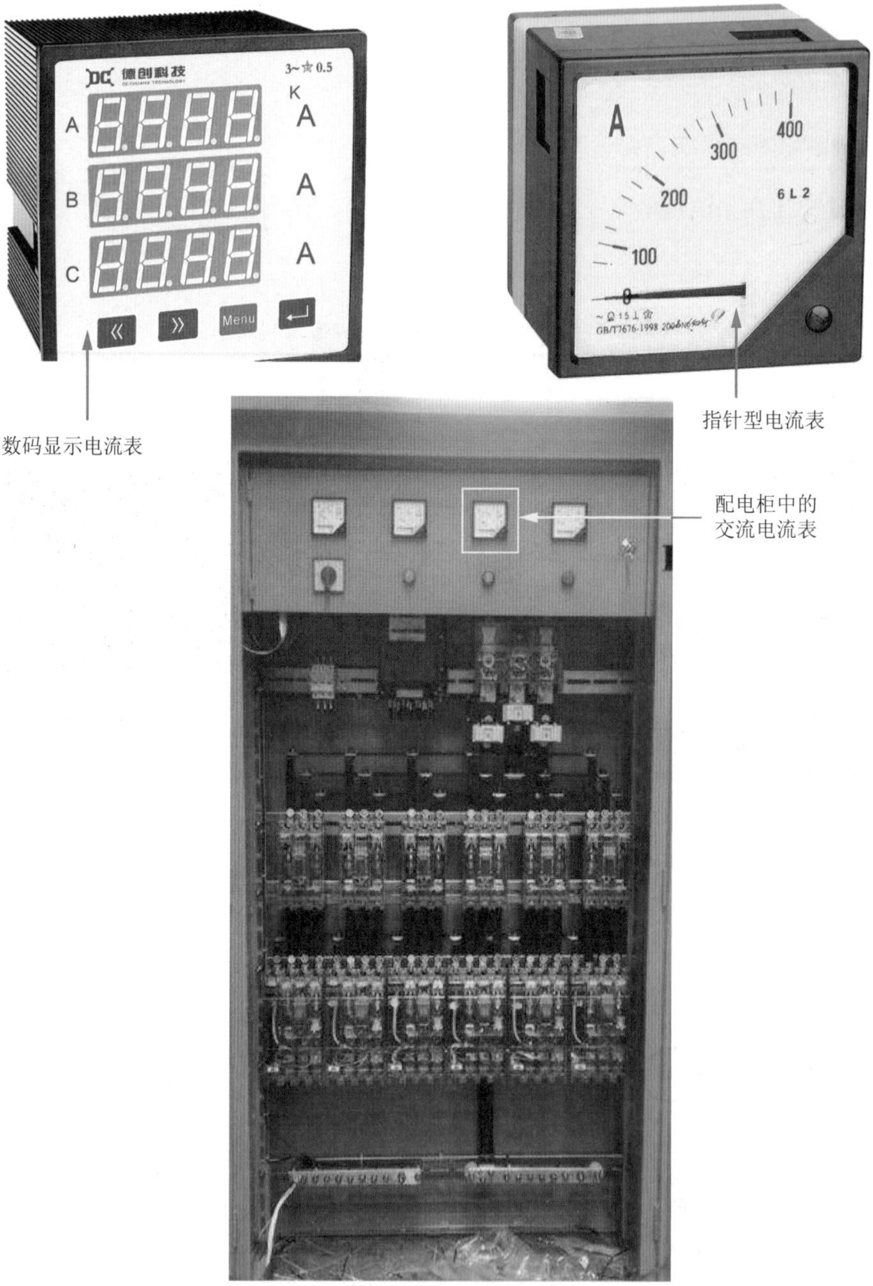

图4-3 交流电流表

交流电流表测电路中的电流有直接串入电路测量电流和通过电流互感器测量电流两种方法。如图4-4所示为交流电流表接线方法。

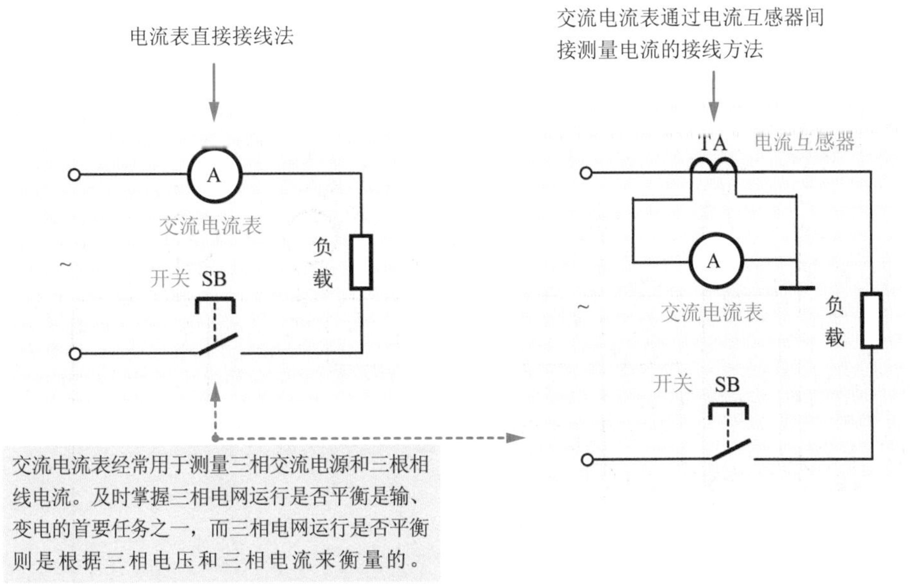
电流表直接接线法
A
交流电流表
~
负
载
开关 SB
交流电流表通过电流互感器间
接测量电流的接线方法
TA 电流互感器
A
交流电流表
~
负
载
开关 SB
交流电流表经常用于测量三相交流电源和三根相线电流。及时掌握三相电网运行是否平衡是输、变电的首要任务之一，而三相电网运行是否平衡则是根据三相电压和三相电流来衡量的。

图4-4 交流电流表接线方法

通过电流互感器间接测量电流所采用的是用小量程的电流表测量大电流的方法。电流互感器的特点是：原边绕线组匝数很少，导线截面积大。副边绕线组很多，导线截面积小。如图4-5所示为电流互感器。

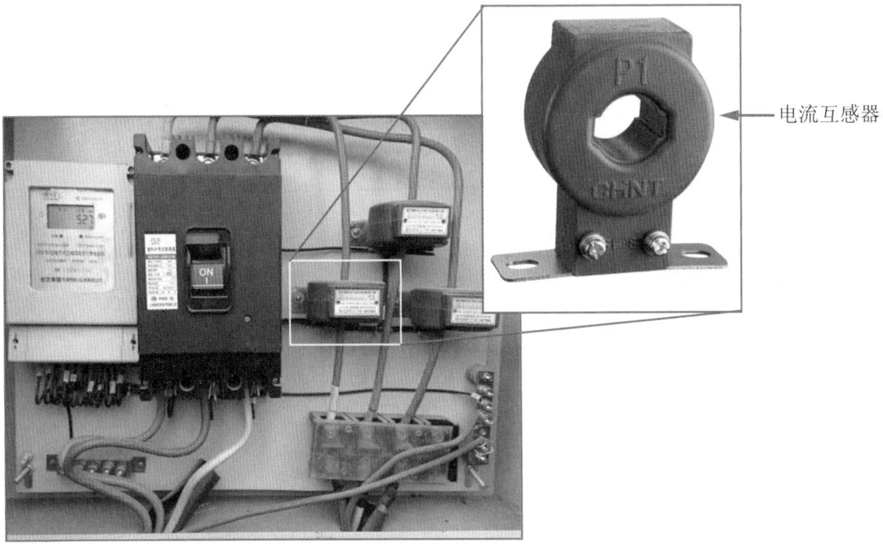
电流互感器
P1
ON

图4-5 电流互感器

在实际应用过程中，测量三相电源线电流的方法通常有4种：

（1）用3个电流互感器接3块电流表测量三相电流。

（2）用2个电流互感器接3块电流表测量三相电流。

（3）用2个电流互感器和1个电流换向器接1块电流表测量三相电流。

（4）用3个电流互感器和1个电流换向器接1块电流表测量三相电流。

具体接线方法如图4-6~图4-9所示。

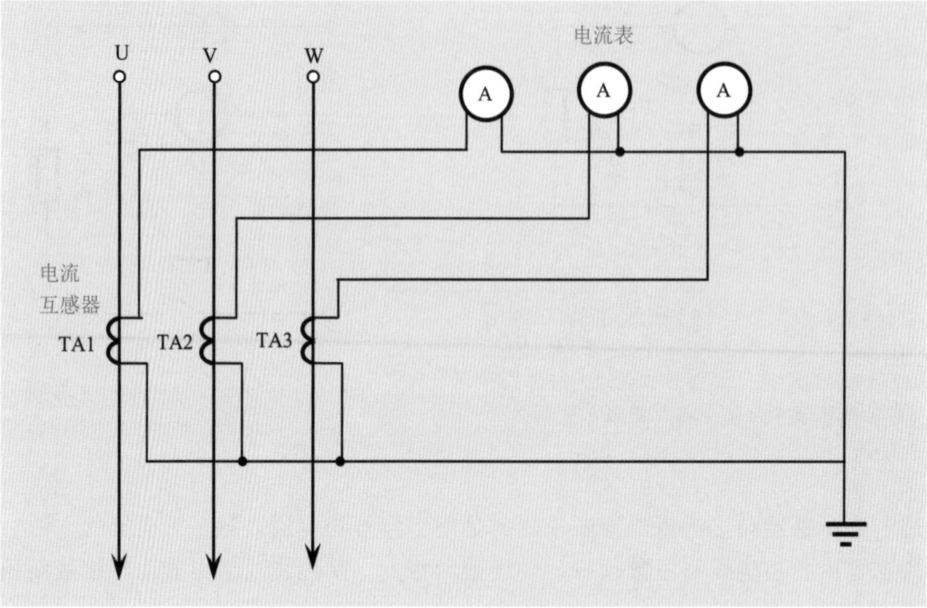

图4-6　用3个电流互感器接3块电流表测三相电流接线方法

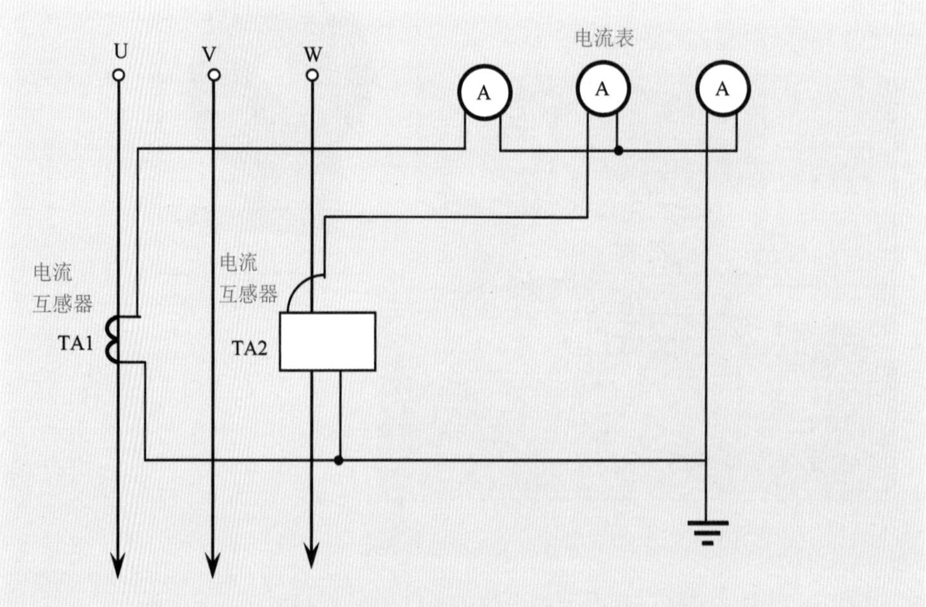

图4-7　用2个电流互感器接3块电流表测量三相电流接线方法

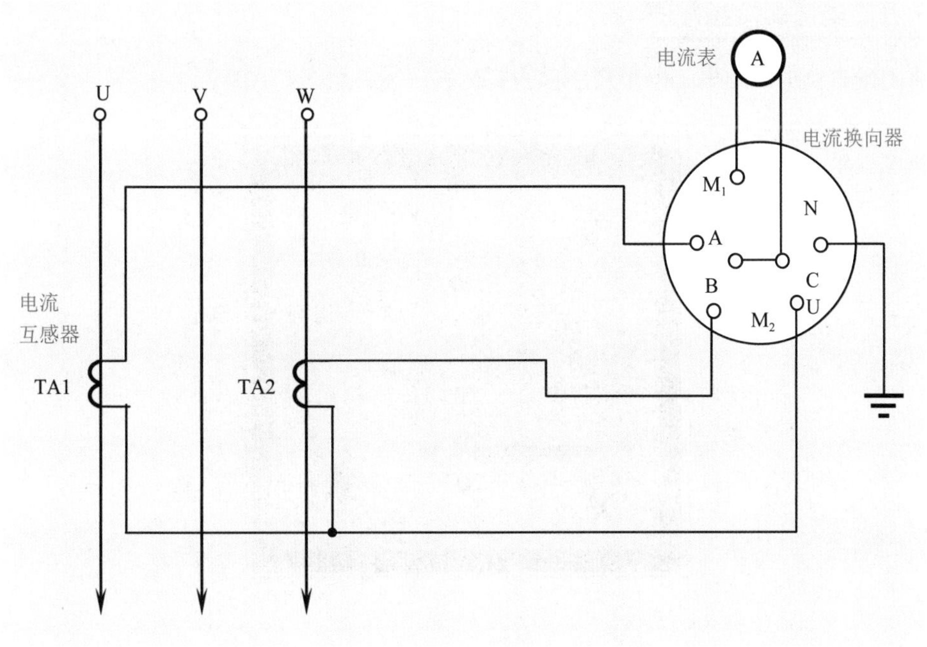

图4-8　用2个电流互感器和1个电流换向器接1块电流表测量三相电流接线方法

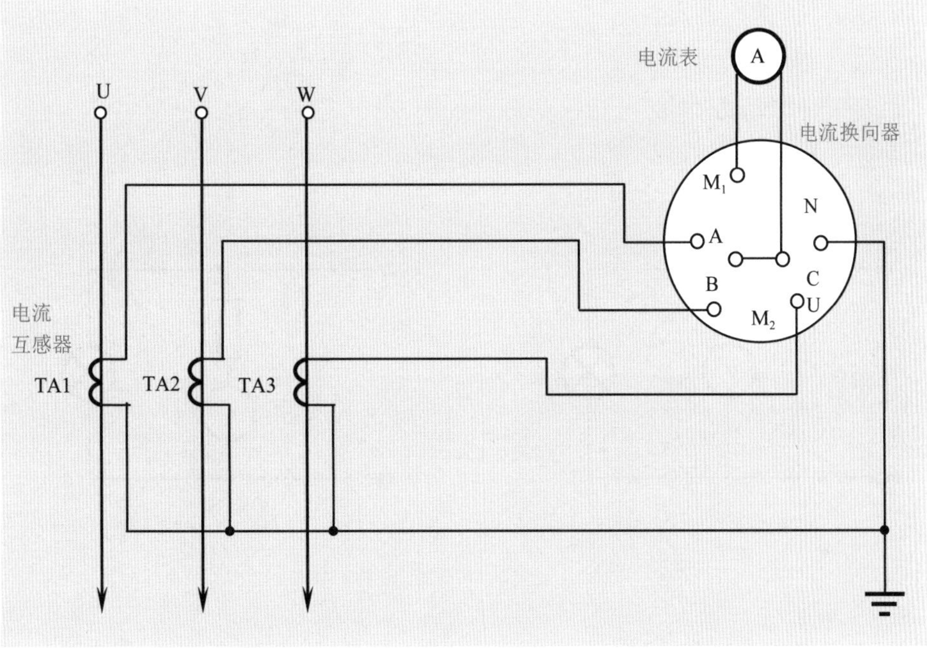

图4-9　用3个电流互感器和1个电流换向器接1块电流表测量三相电流接线方法

4.1.3 直流电压表接线方法

用来测量直流电压的电工测量仪表称为直流电压表，如图4-10所示。

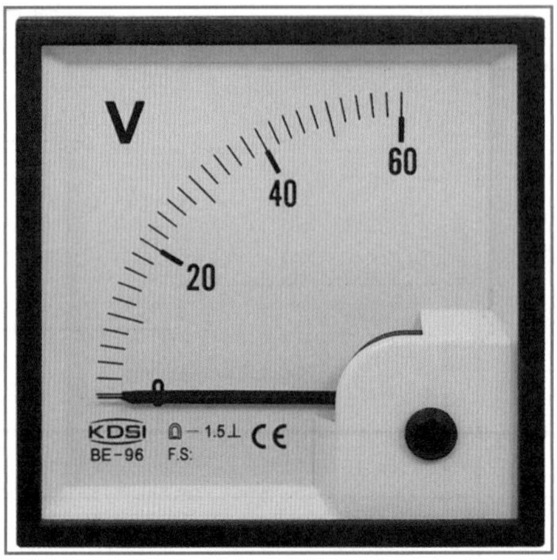

图4-10 直流电压表

直流电压表的接线方法有两种：一种是采用并联的方式接入电路直接测量直流电压；另一种是电压表与倍压电阻器串联后再并联接入电路测量直流电压。其接线方法如图4-11所示。

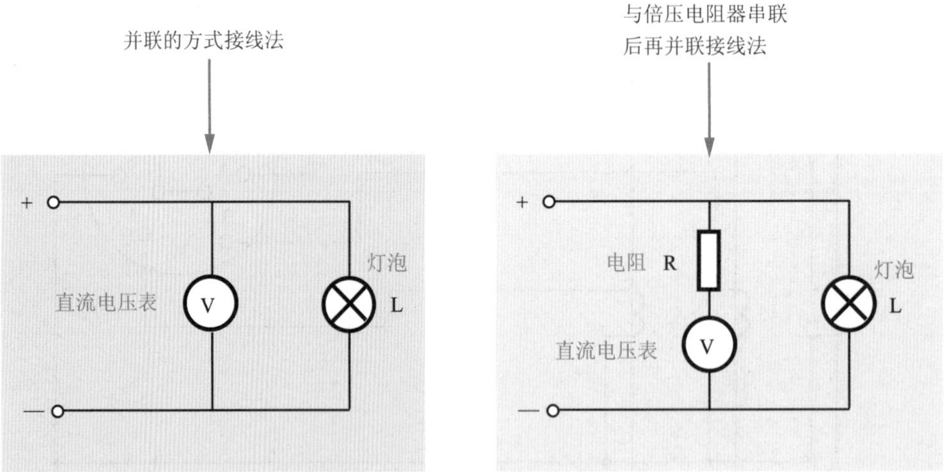

图4-11 直流电压表接线方法

4.1.4 交流电压表的接线方法

交流电压表是一种用来测量交流电压有效值的仪表。在强电领域，交流电压表常用来测量监视线路的电压大小。如图4-12所示为电路中的交流电压表。

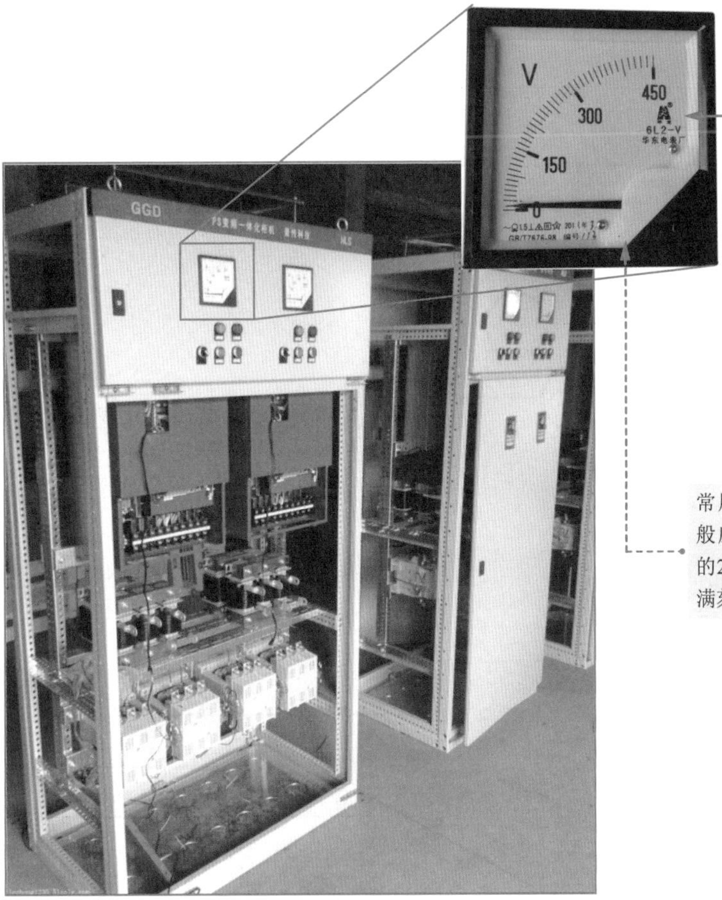

图4-12 交流电压表

用交流电压表测量交流电压的方法与用交流电流表测量交流电流的方法类似，也分直接接入法和通过电压互感器间接接入法两种，如图4-13和图4-14所示。

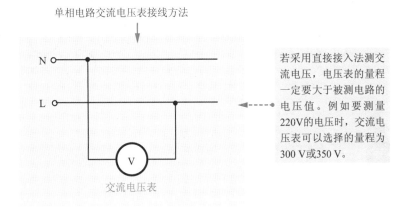

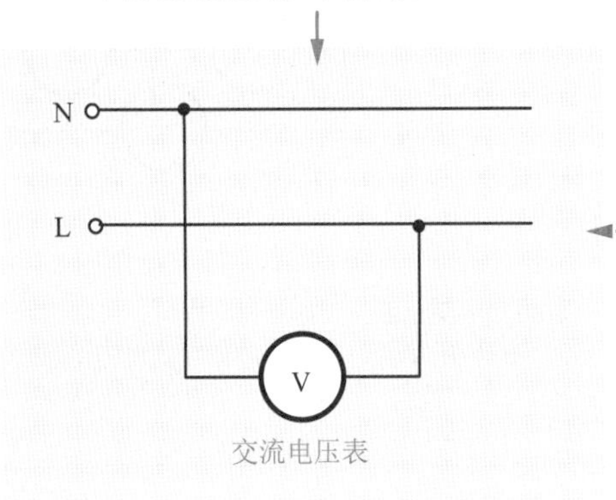

单相电路交流电压表接线方法
N
L
V
交流电压表
常用交流电压表的选用一般应使示值在表盘满刻度的2/3左右，如380V应选用满刻度为500V的电压表。
若采用直接接入法测交流电压，电压表的量程一定要大于被测电路的电压值。例如要测量220V的电压时，交流电压表可以选择的量程为300 V或350 V。

图4-13 用交流电压表测交流电压的直接接入方法

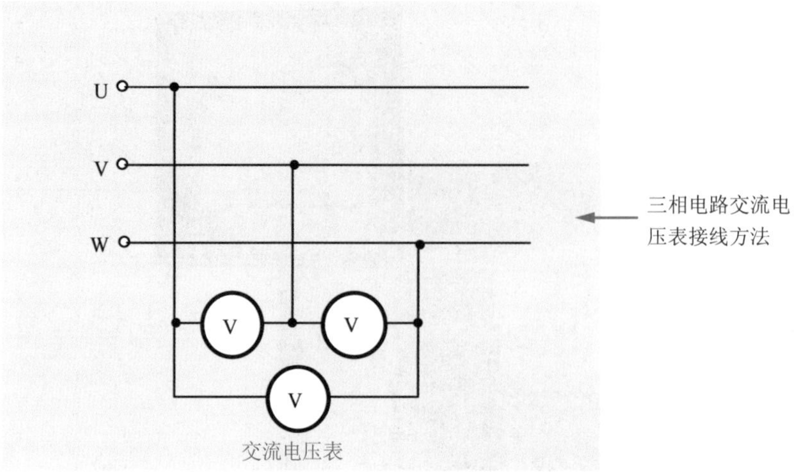

图4-13　用交流电压表测交流电压的直接接入方法（续）

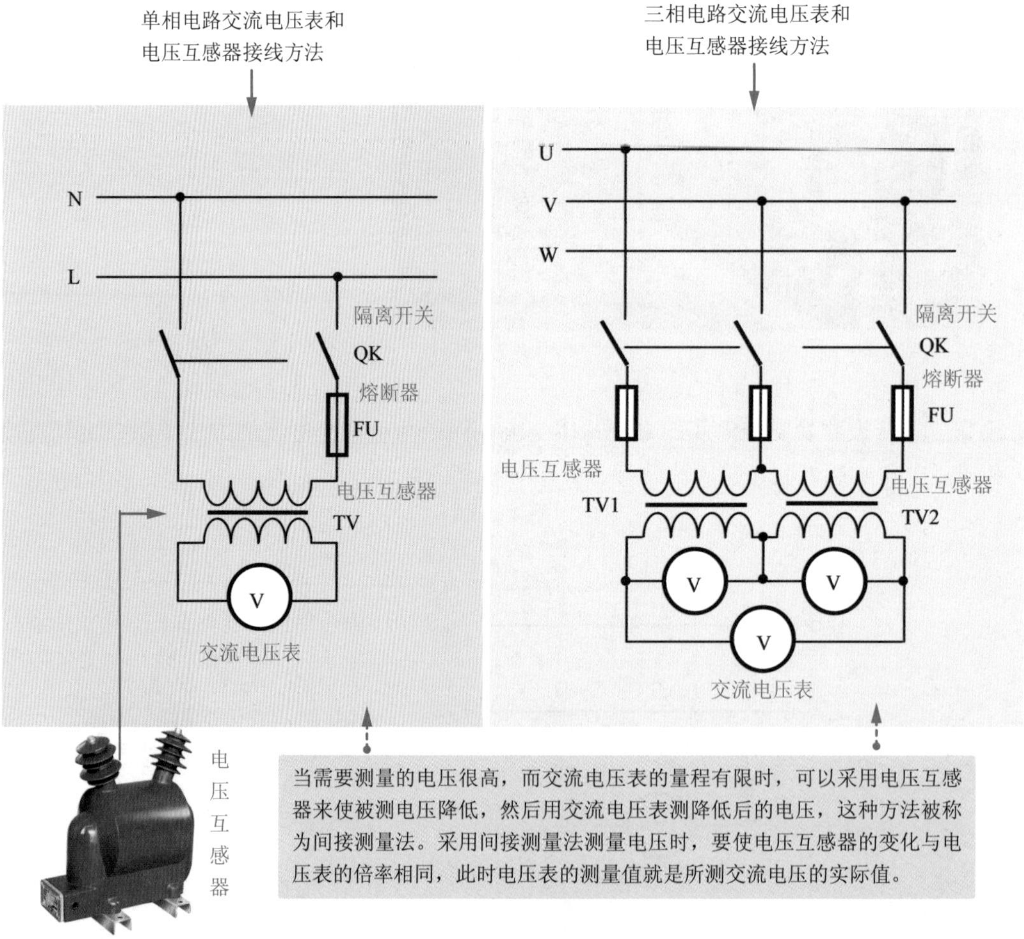

当需要测量的电压很高，而交流电压表的量程有限时，可以采用电压互感器来使被测电压降低，然后用交流电压表测降低后的电压，这种方法被称为间接测量法。采用间接测量法测量电压时，要使电压互感器的变化与电压表的倍率相同，此时电压表的测量值就是所测交流电压的实际值。

图4-14　用互感器和交流电压表测交流电压的接线方法

电压互感器是用来变换线路上的电压的仪器，其工作原理与单相变压器的工作原理相同。电压互感器变换电压的目的，主要是用来给测量仪表和继电保护装置提供供电，电压互感器的容量很小，一般都只有几伏安、几十伏安，最大也不超过一千伏安，如图4-15所示。

电压互感器的特点是：原边绕线组匝数很多；副边绕线组很少。交流电压表接在电压互感器的副边。副边电路不允许短路，否则会使电压互感器烧毁。

图4-15　电压互感器

4.1.5　单相电度表接线方法

电表是电能表的简称，它是用来测量电能的仪表，又称电度表。单相电表是只有一条火线和一条零线，即家用的电表，如图4-16所示。

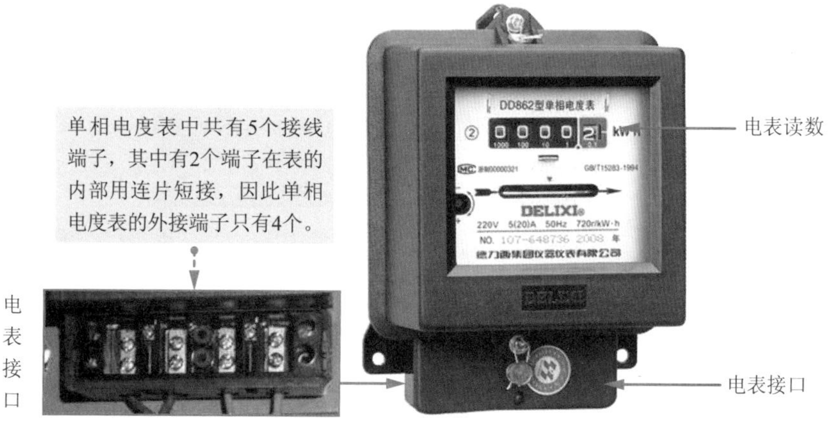
单相电度表中共有5个接线端子，其中有2个端子在表的内部用连片短接，因此单相电度表的外接端子只有4个。
电表接口
DD862型单相电度表
DELIXI
电表读数
电表接口

图4-16　单相电度表

由于电度表型号不同，电度表的外部接线有两种方法：直接接线法和经过电流互感器间接接线法。

1. **电度表直接接线方法**

直接接线法是将电度表直接串联到电路中的接线方法，如图4-17所示。

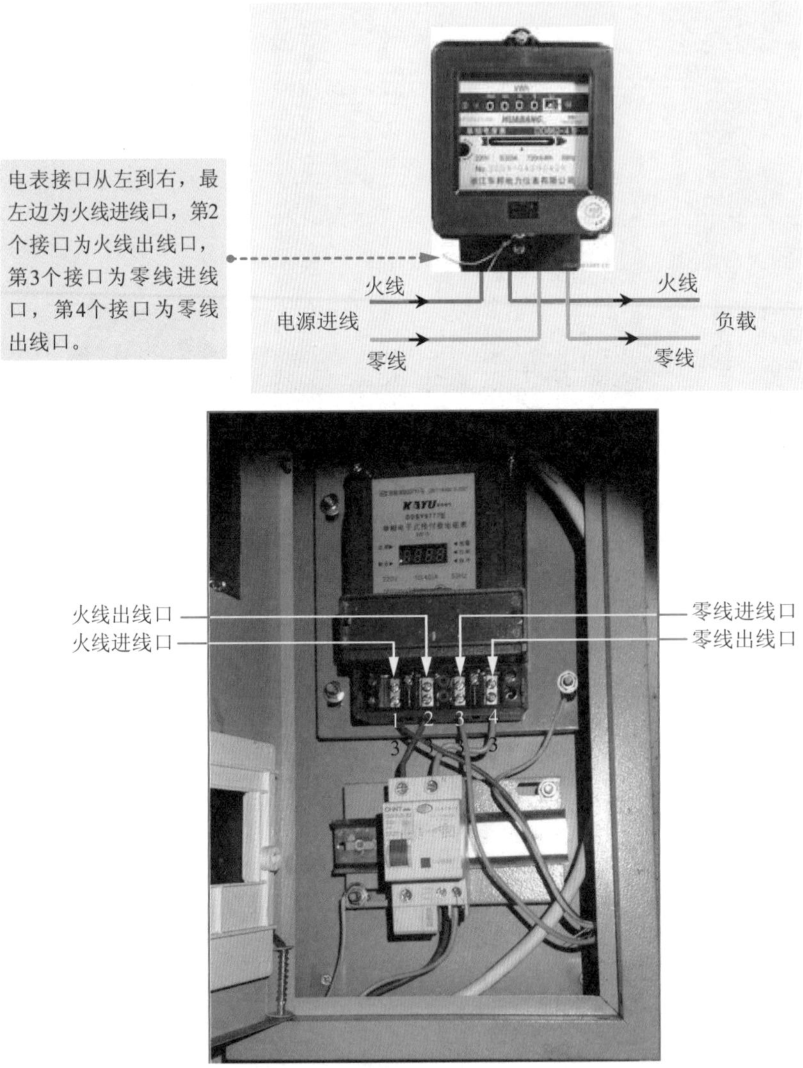
电表接口从左到右，最左边为火线进线口，第2个接口为火线出线口，第3个接口为零线进线口，第4个接口为零线出线口。
火线
电源进线
零线
火线
负载
零线
火线出线口
火线进线口
零线进线口
零线出线口
1
2
3
4

图4-17　单相电度表直接接线方法

在直接接入法中，表内的短接连片不可以拆下来，否则会使电压线圈中无电压，电度表则不会运转。在接线时，电度表一定不能并联于电源上，否则会烧毁电流线圈。

单相电度表直接测量法适用于测量电流不大的单相电路的用电量。

2. **单相电度表经电流互感器的接线方法**

单相电度表经电流互感器的接线方法适用于测量大电流单相电路的用电量。其接线方法如图4-18所示。

图中，单相电度表内5和1端短接连片没有断开，因此K_2禁止接地。图中电流互感器的L_1、L_2和K_1、K_2分别为原边和副边线圈的首段和尾端，连接时不要接错，以防电度表反转。

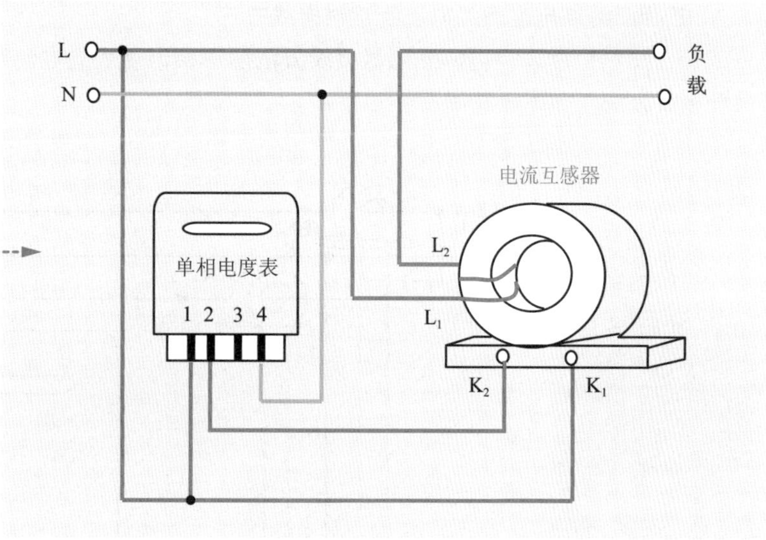

图4-18　单相电度表经电流互感器接线方法

4.1.6　三相电度表接线方法

三相电度表的接线方法分为两种类型，四种接线方法。即三相三线制接线和三相四线制接线两种类型，每类又分为直接接入和通过电流互感器接入法两种。下面对以上四种接线方法做一一介绍。

1. 三相三线制电度表直接接入方法

图4-19所示为三相三线制电度表直接接入方法。

图中，电度表共有8个接线端子，其中1和2短接，6和7短接，因此只有6个端子需要焊接线。其中1、4、6号端子接电源三根火线，3、5、8号端子引出三根线接负载。用此方法接线时，一定不要使进线和出线接错，1和2、6和7之间的短接线不能拆开。

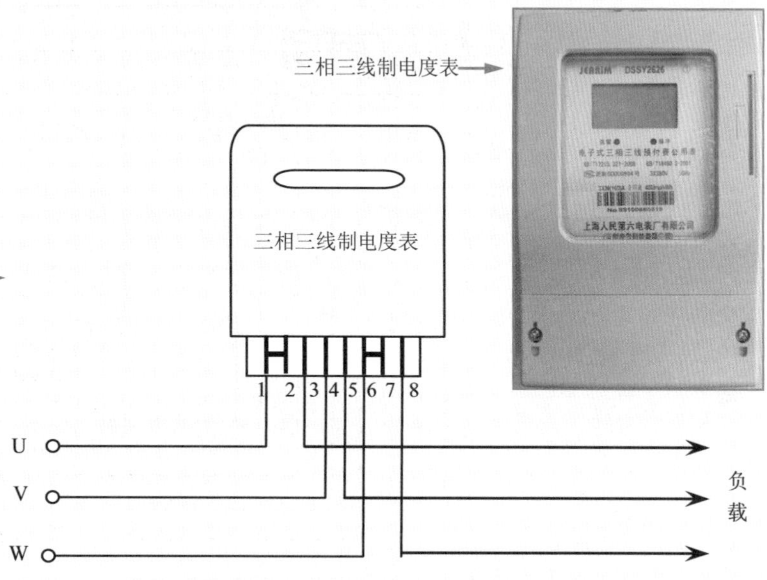

图4-19　三相三线制电度表直接接入方法

2. 三相三线制电度表经电流互感器接线方法

三相三线制电度表经电流互感器接线方法同单相电度表经电流互感器接线方法一样，也是有两种接线方法，如图4-20和图4-21所示。

在图中，电度表1、2和6、7之间短接线没有拆开，因此电流互感器副边线圈的K_1禁止接地，否则会烧毁电度表。同时两只电流互感器的副边既不能接反也不能接错，原边的L_1与副边的K1要可靠连接。

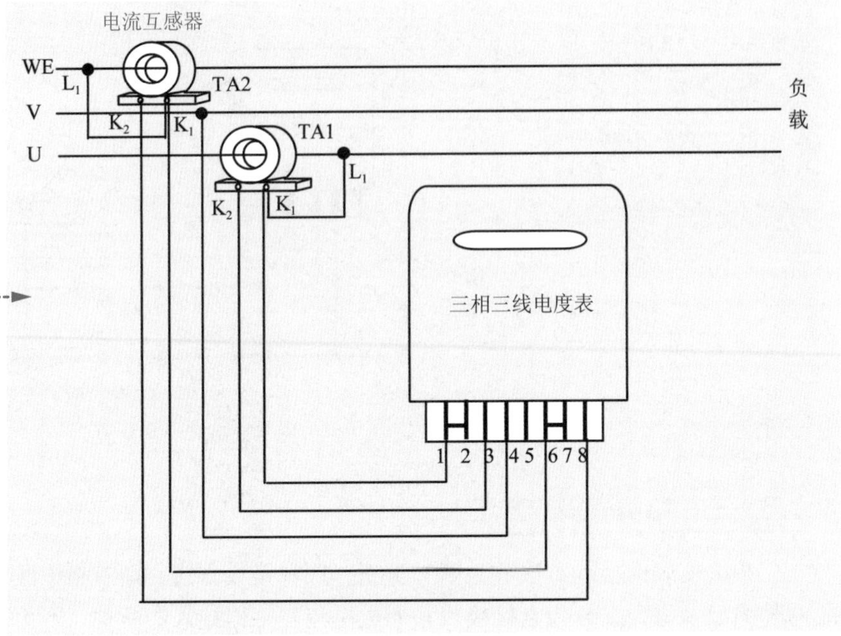

图4-20　三相三线制电度表经电流互感器接线方法一

在图中，电度表的1、2和6、7之间的短接线都已经拆开，因此电度表的2和7两个端子必须分别接在电源线的两根不同的火线上，4号端子则接在另外的一根火线上。同时电流互感器副边的K2必须接地。电流互感器的副边既不能接反也不能接错。

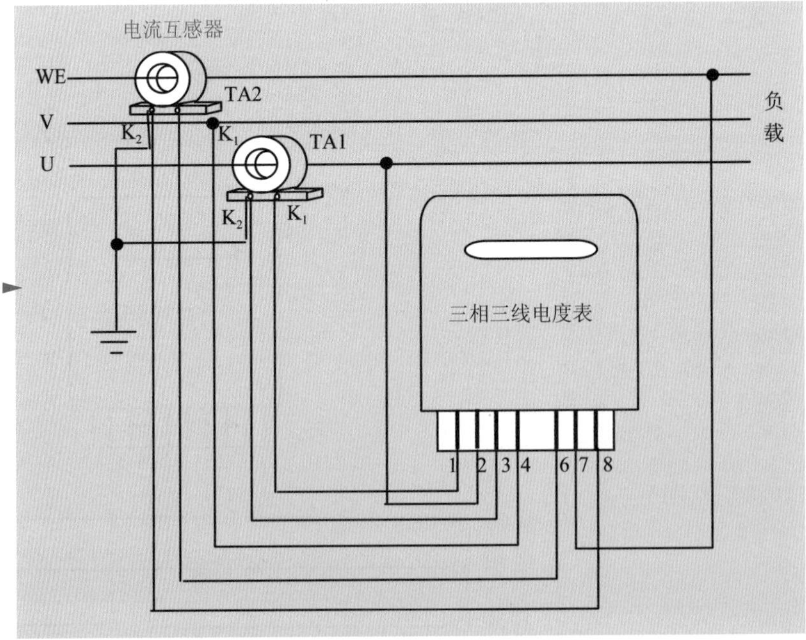

图4-21　三相三线制电度表经电流互感器接线方法二

3. 三相四线制有功电度表直接接线方法

三相四线制有功电度表直接接线方法如图4-22所示。

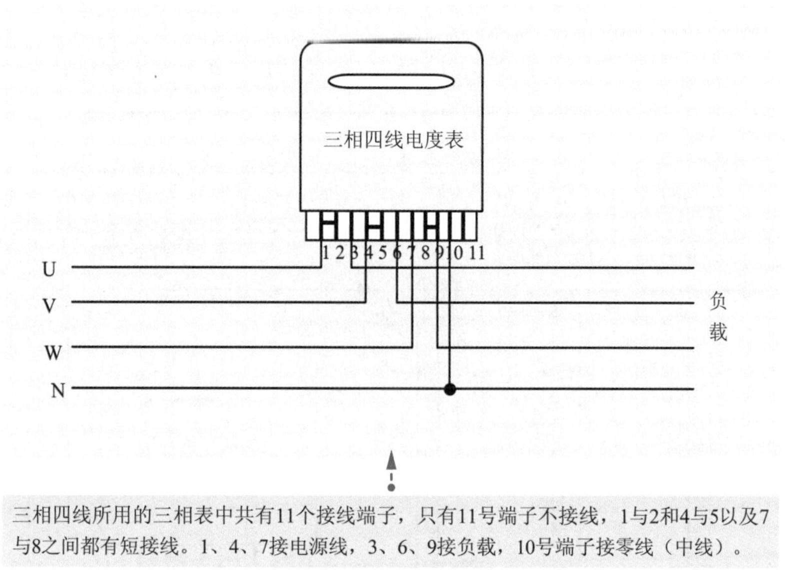
三相四线电度表
1 2 3 4 5 6 7 8 9 10 11
U
V
W
N
负
载
三相四线所用的三相表中共有11个接线端子，只有11号端子不接线，1与2和4与5以及7与8之间都有短接线。1、4、7接电源线，3、6、9接负载，10号端子接零线（中线）。

（a）DT8型40~80A直接接入式三相电度表接线方法一

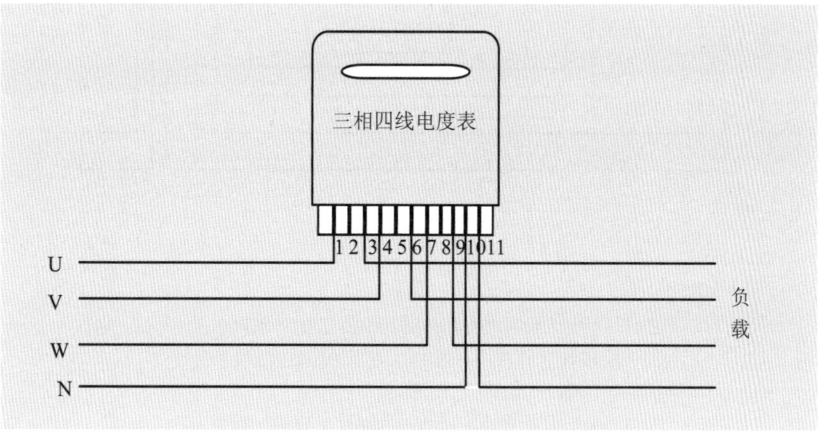
三相四线电度表
1 2 3 4 5 6 7 8 9 10 11
U
V
W
N
负
载

（b）DT8型5~10A、25A直接接入式三相电度表接线方法二

图4-22　三相四线制有功电度表直接接线方法

4. 三相四线制有功电度表经3个电流互感器接线方法

三相四线制有功电度表经3个电流互感器接线的方法，如图4-23和图4-24所示。

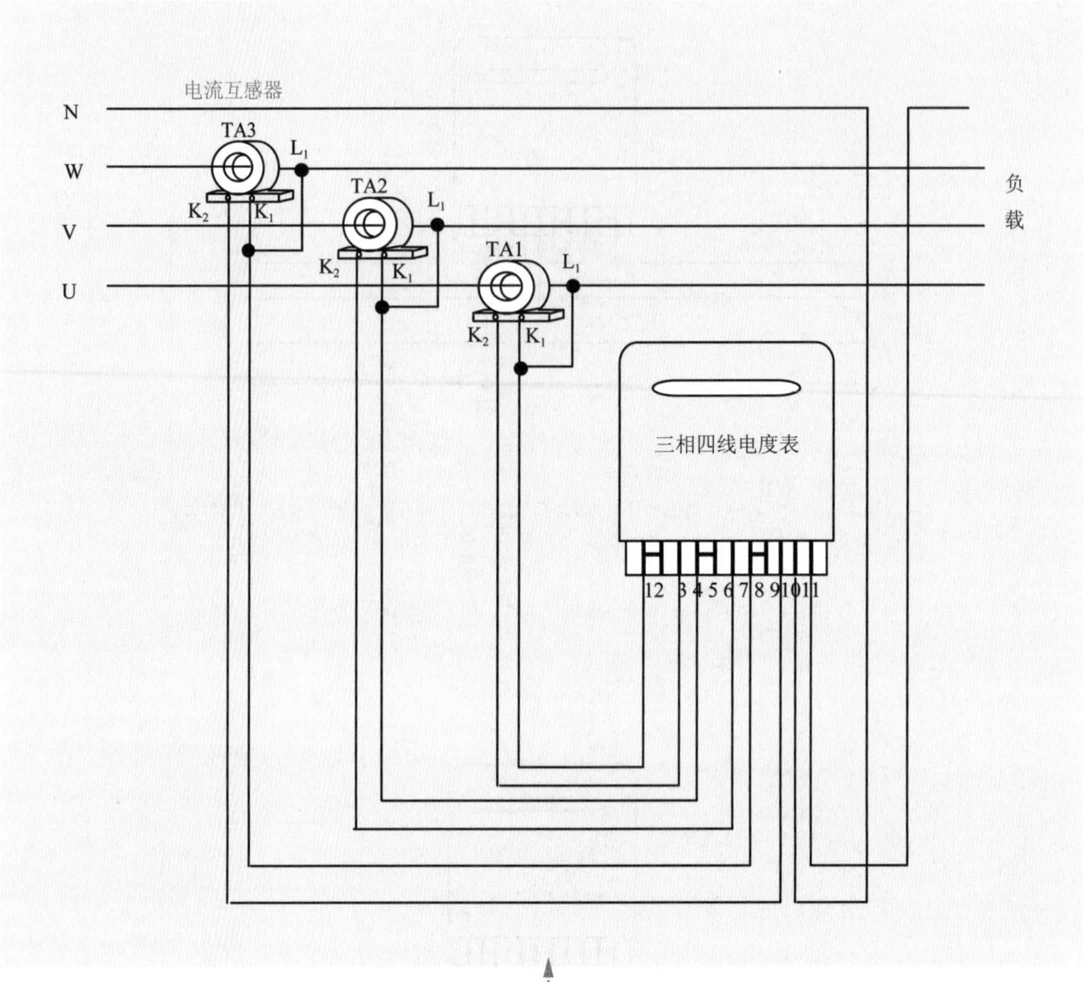

（1）将电度表1与2和4与5以及7与8短接。电度表的三个短接线没有拆开，电流互感器的副边K_2段禁止接地，以免烧毁电度表。

（2）3只电流互感器的副边不能接反，也不能接错。

（3）3只电流互感器的副边的K_1与原边的L_1都要与电源的三根火线接牢。

（4）10号接线必须良好地接零线。

图4-23 三相四线制有功电度表经3电流互感器接线的方法一

由于电度表的3个短接线已经拆开，因此3个电流互感器副边的“K_2”端必须接地。

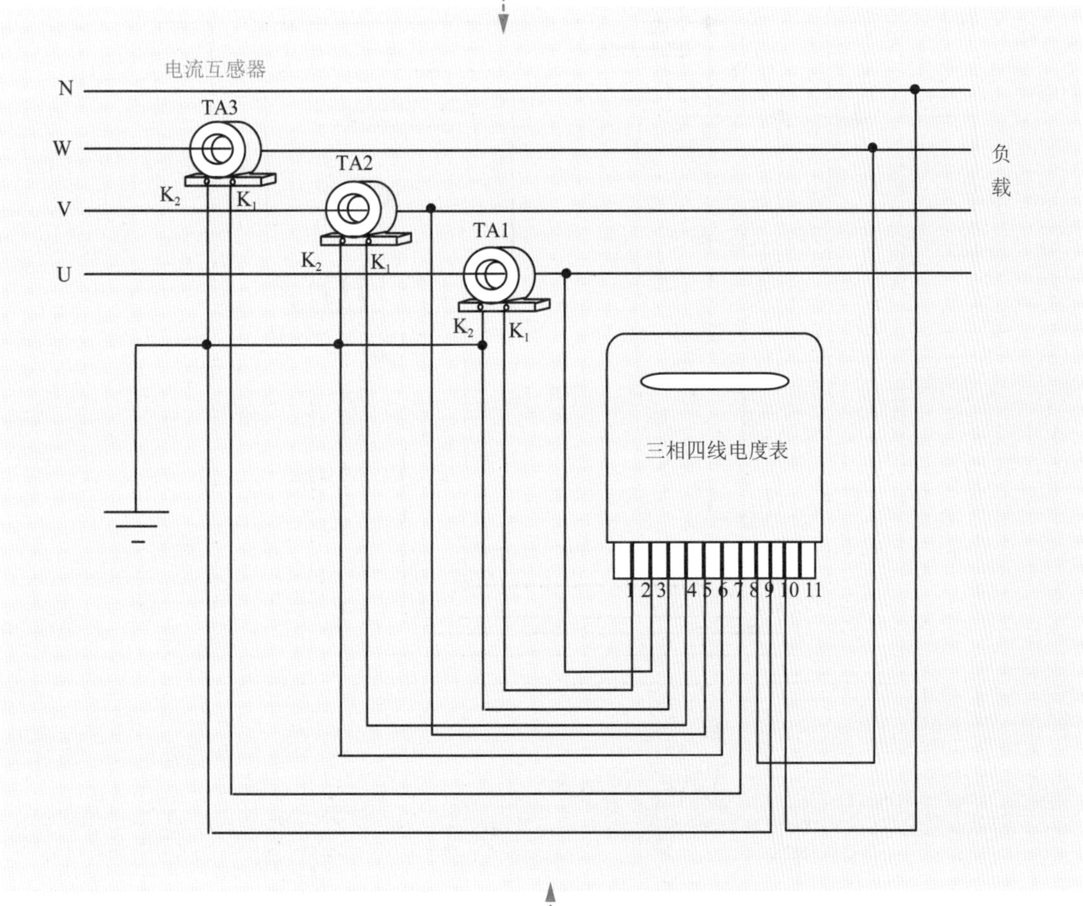

由图可知，电度表的2、5、8号是3个电压线圈的一端，应接在电源的火线上；3个电压线圈的另一端在表内已经短接，由10号端子引出接到零线上。电度表的1与3、4与6、7与9号端子则分别对应与3个电流互感器副边的K_1、K_2相接。电度表的11号与10号端子都对外连线。

图4-24　三相四线制有功电度表经3电流互感器接线的方法二

5. 三相四线制有功电度表经2个电流互感器接线方法

在实际安装电路的过程中，有时会遇到只有2个电流互感器和1块电度表的情况。可以根据图4-25所示的电路图进行接线（电度表为DT8型5A三相电度表）。

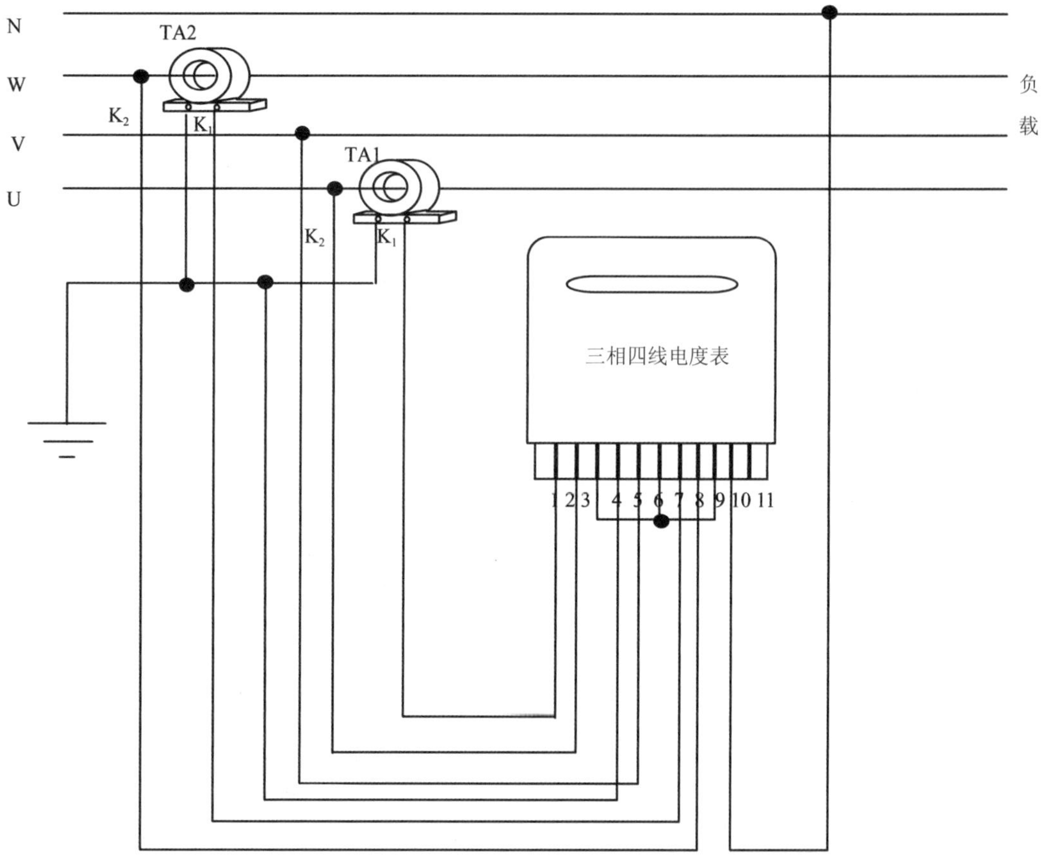

图中的电度表的端子连片已经拆除，因此2个电流互感器副边的K_2端必须接地。3、6、9号端子之间相互短接；2、5、8号端子分别接三根火线；1号端子与第一个电流互感器的副边K_1相接；第一个电流互感器K_2与第二个电流互感器的副边K_2短接后接到电度表4号端子上，且要接地；电度表的7号端子接到第二个电流互感器的副边K_1上；电度表的10号端子接电源的零线。

图4-25　三相四线制有功电度表经2个电流互感器接线方法

4.2 常用电工检测工具与仪表使用操作实战

4.2.1　两种验电笔使用操作实战

验电笔是检验低压电气设备是否带电，判断照明电路中的火线和零线的常用工具。验电笔也叫试电笔或测电笔，简称“电笔”，按照接触方式分为：接触式验电笔和感应式验电笔。如图4-26所示。

接触式验电笔

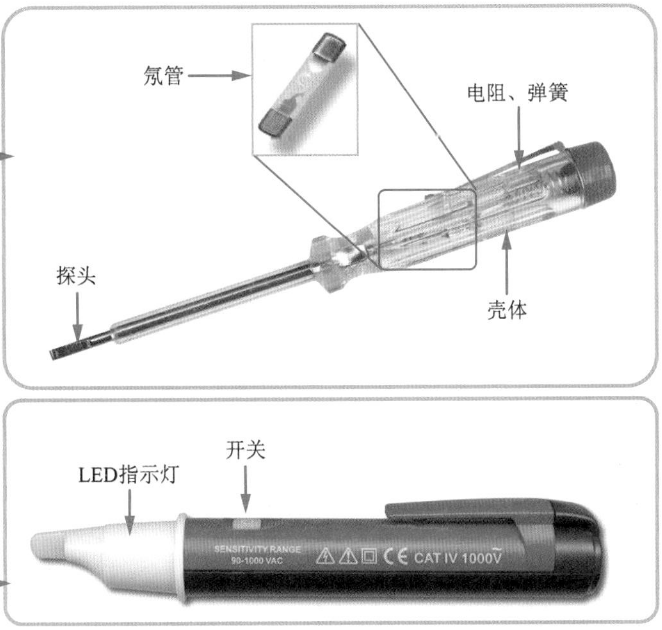

（1）接触式验电笔是通过直接接触带电体来获得电信号的验电笔。其通常由壳体、探头、电阻、氖管、弹簧等组成。检测时，氖管亮表示被测物体带电。

感应式验电笔

（2）感应式验电笔采用感应式测试，不需要物理接触，可以很好地保障检测人员的人身安全。

图4-26　验电笔

验电笔的使用方法如图4-27所示。

1 使用试验电笔时，一定要用手触及验电笔尾端的金属部分。否则，因带电体、验电笔、人体和大地没有形成回路，验电笔中的氖泡不会发光。

2 使用验电笔时，绝对不能用手触碰验电笔前端的金属探头，否则会造成人身触电事故。

3 使用验电笔之前，首先要检查验电笔的适用电压是否高于欲测试的带电体的电压。

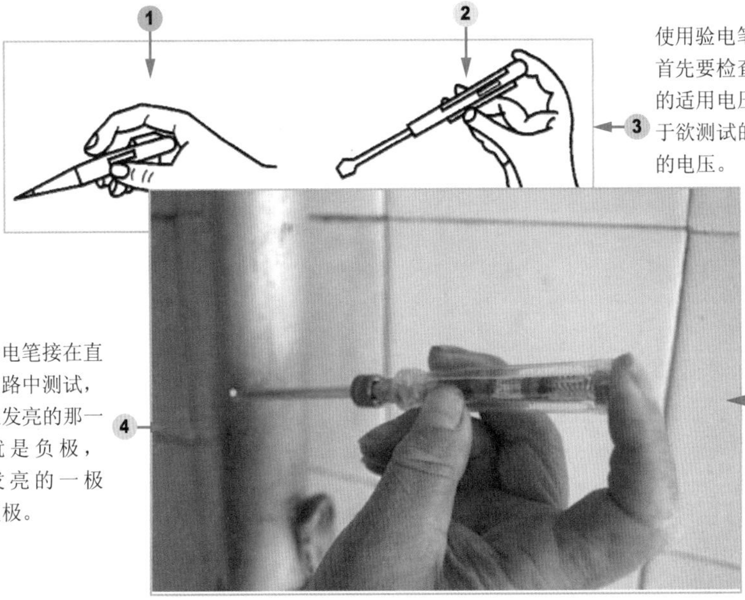

4 将验电笔接在直流电路中测试，氖泡发亮的那一极就是负极，不发亮的一极是正极。

5 在用验电笔进行测试时，如果验电笔氖泡中的两个极都发光，就是交流电；如果两个极中只有一个极发光，就是直流电。

图4-27　验电笔的使用方法

在对地绝缘的直流系统中，可站在地上用验电笔接触直流系统中的正极或负极，如果验电笔氖泡不亮，则没有接地现象。如果氖泡发亮，则说明有接地现象，其发亮如在笔尖端，则说明为正极接地。如发亮在手指端，则为负极接地。

6

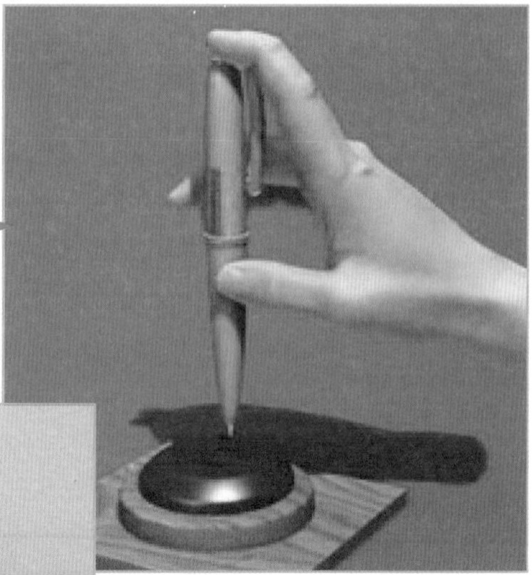

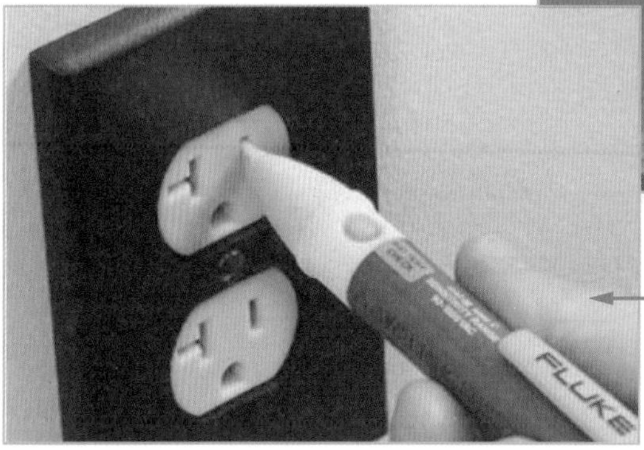

7

如果使用感应式验电笔进行测试，则将验电笔靠近测电的部件，按下开关键，即可开始测试，并且指示灯就会亮。

图4-27　验电笔的使用方法（续）

4.2.2　数字万用表和指针万用表测量实战

万用表是一种多功能、多量程的测量仪表，万用表有很多种，目前常用的有指针万用表和数字万用表两种，如图4-28所示。

万用表可测量直流电流、直流电压、交流电流、交流电压、电阻和音频电平等，是电工和电子维修中必备的测试工具。

指针万用表的最主要特征是带有刻度盘和指针。

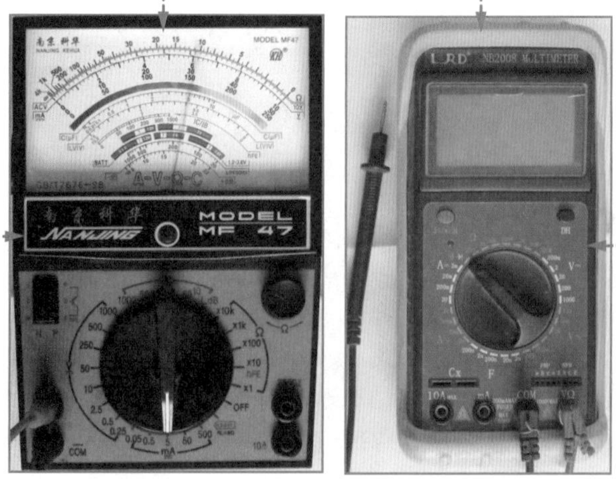

数字万用表的最主要特征是有一块液晶显示屏。

图4-28　万用表

1. 数字万用表的结构

数字万用表具有显示清晰，读取方便，灵敏度高、准确度高，过载能力强，便于携带，使用方便等优点。数字万用表主要由液晶显示屏、挡位选择旋钮、各种插孔等组成。如图4-29所示。

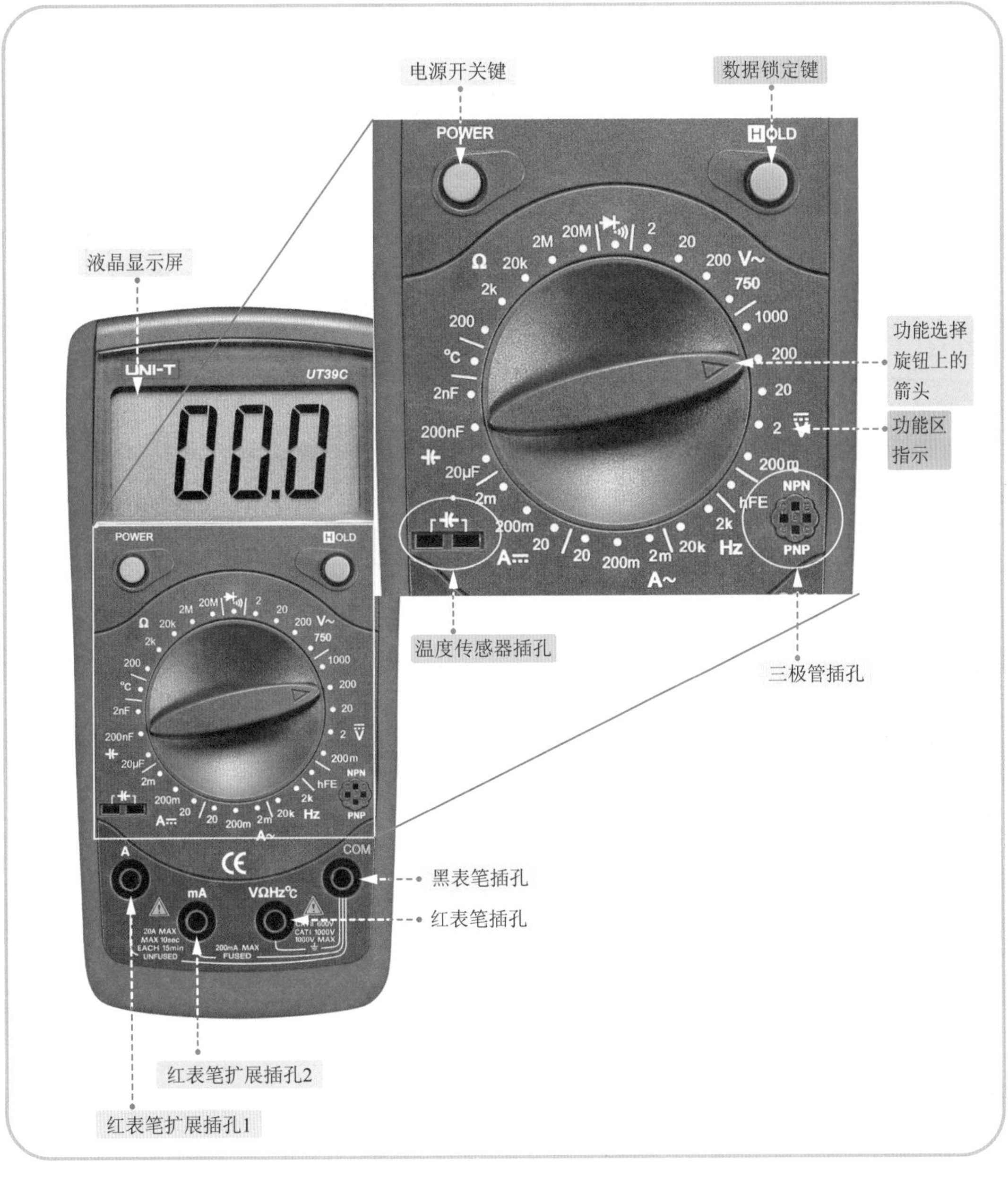

图4-29　数字万用表的结构

2. 指针万用表的结构

图4-30所示为指针万用表，其主要由功能旋钮、欧姆调零旋钮、表笔插孔及三极管插孔等

组成。其中，功能旋钮可以将万用表的挡位在电阻（Ω）、交流电压（V̰）、直流电压（V̲）、直流电流挡和三极管挡之间进行转换；表笔插孔分别用来插红、黑表笔；欧姆调零旋钮用来给欧姆挡置零。三极管插孔用来检测三极管的极性和放大系数。

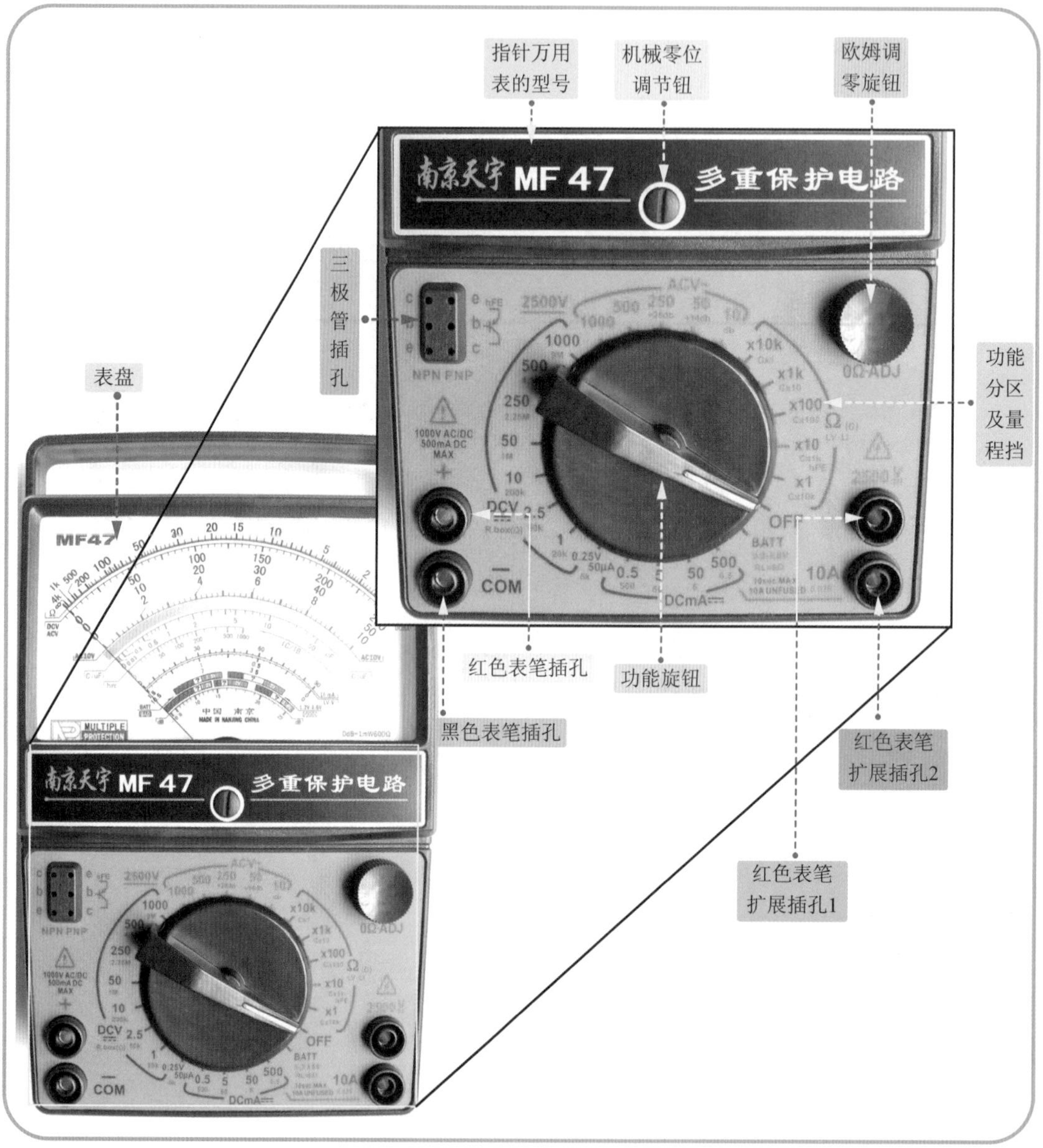

图4-30　指针万用表的表体

如图4-31所示为指针万用表表盘，表盘由表头指针和刻度等组成。

3. 指针万用表量程的选择方法

使用指针万用表测量时，第一步要选择对合适的量程，这样才能测量的准确。

指针万用表量程的选择方法如图4-32所示。

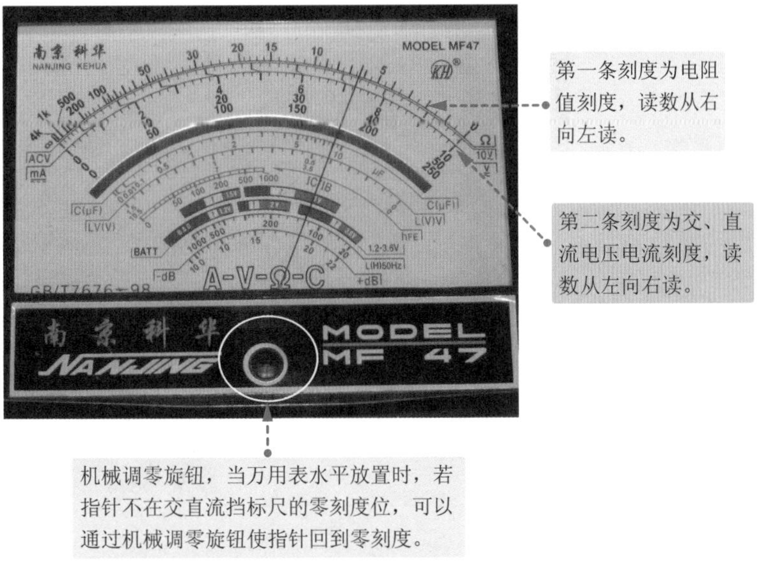

第一条刻度为电阻值刻度，读数从右向左读。
第二条刻度为交、直流电压电流刻度，读数从左向右读。
机械调零旋钮，当万用表水平放置时，若指针不在交直流挡标尺的零刻度位，可以通过机械调零旋钮使指针回到零刻度。

图4-31　指针万用表表盘

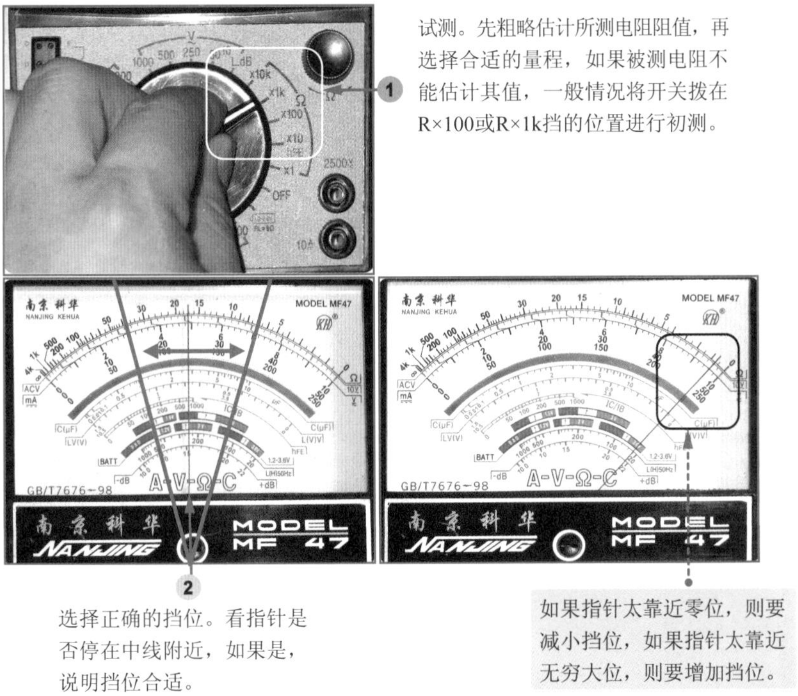

1
试测。先粗略估计所测电阻阻值，再选择合适的量程，如果被测电阻不能估计其值，一般情况将开关拨在R×100或R×1k挡的位置进行初测。
2
选择正确的挡位。看指针是否停在中线附近，如果是，说明挡位合适。
如果指针太靠近零位，则要减小挡位，如果指针太靠近无穷大位，则要增加挡位。

图4-32　指针万用表量程的选择方法

4. 指针万用表的欧姆调零

量程选准以后，在正式测量之前必须调零，如图4-33所示。

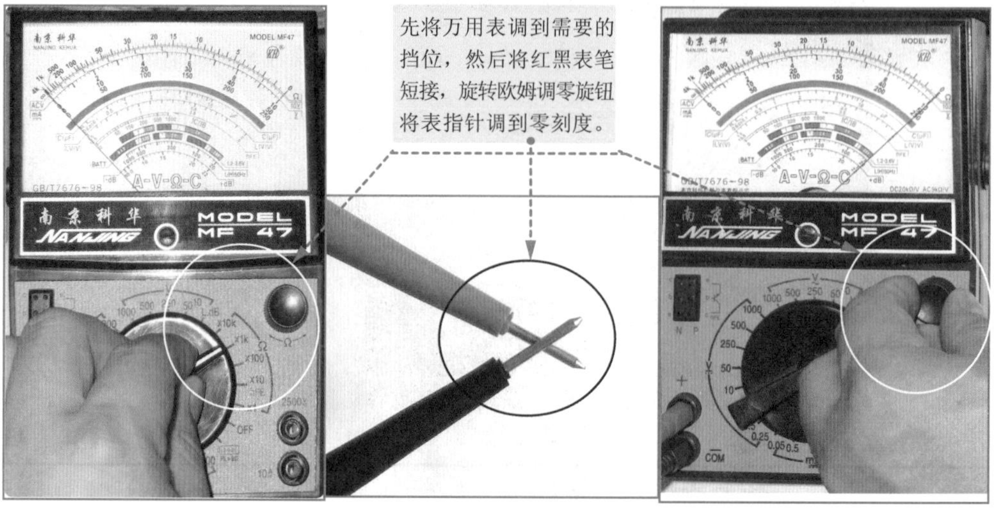
先将万用表调到需要的挡位，然后将红黑表笔短接，旋转欧姆调零旋钮将表指针调到零刻度。
南京科华
NANJING
MODEL MF47
GB/T7676-98
A-V-Ω-C
COM

图4-33　指针万用表的欧姆调零

注意如果重新换挡，在测量之前也必须调零一次。

5. 用指针式万用表测电阻实战

用指针式万用表测电阻的方法如图4-34所示。

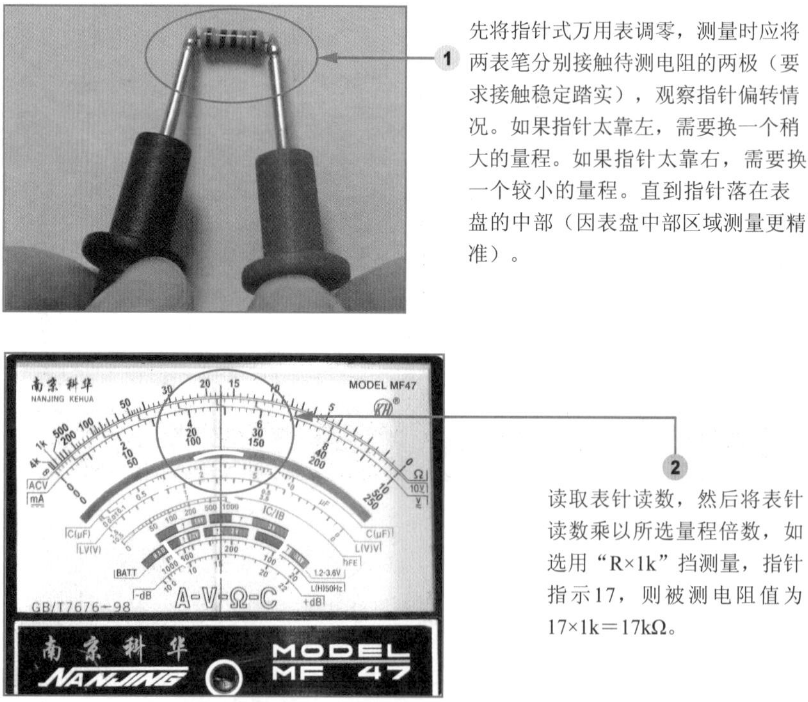
1
先将指针式万用表调零，测量时应将两表笔分别接触待测电阻的两极（要求接触稳定踏实），观察指针偏转情况。如果指针太靠左，需要换一个稍大的量程。如果指针太靠右，需要换一个较小的量程。直到指针落在表盘的中部（因表盘中部区域测量更精准）。
2
读取表针读数，然后将表针读数乘以所选量程倍数，如选用“R×1k”挡测量，指针指示17，则被测电阻值为17×1k＝17kΩ。
南京科华
NANJING KEHUA
MODEL MF47
GB/T7676-98
A-V-Ω-C
NANJING
MODEL MF 47

图4-34　用指针式万用表测电阻的方法

6. 用指针万用表测量直流电流实战

用指针万用表测量直流电流的方法如图4-35所示。

根据指针稳定时的位置及所选量程，正确读数。读出待测电流值的大小。读数即为万用表测出的电流值，万用表的量程为5 mA，指针走了3个格，因此本次测得的电流值为3 mA。
3
断开被测电路，将万用表串接于被测电路中，不要将极性接反，保证电流从红表笔流入，黑表笔流出。
2
把转换开关拨到直流电流挡，估计待测电流值，选择合适量程。如果不确定待测电流值的范围需选择最大量程，待粗测量待测电流的范围后改用合适的量程。
1
MODEL MF 47

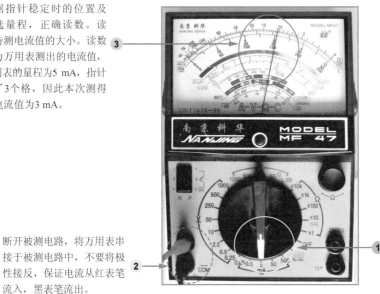

图4-35　万用表测出的电流值

7. 用指针万用表测量直流电压实战

测量电路的直流电压时，选择万用表的直流电压挡，并选择合适的量程。当被测电压数值范围不清楚时，可先选用较高的量程挡，不合适时再逐步选用低量程挡，使指针停在满刻度的2/3附近处为宜。

指针万用表测量直流电压方法如图4-36所示。

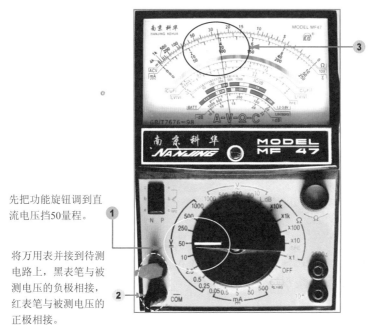

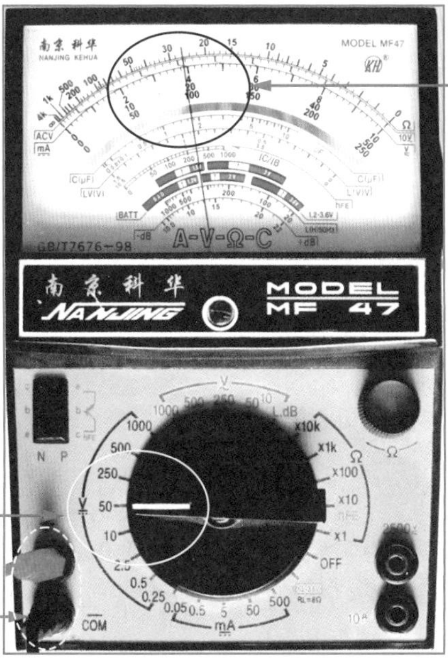
读数，根据选择的量程及指针指向的刻度读数。由图可知该次所选用的量程为0~50 V，共50个刻度，因此这次的读数为19V。
3
先把功能旋钮调到直流电压挡50量程。
1
将万用表并接到待测电路上，黑表笔与被测电压的负极相接，红表笔与被测电压的正极相接。
2
MODEL MF 47

图4-36　指针万用表测量直流电压

8. 用数字万用表测量直流电压实战

用数字万用表测量直流电压的方法如图4-37所示。

NB2008 MULTIMETER
读数，若测量数值为“1.”，说明所选量程太小，需改用大量程。如果数值显示为负代表极性接反（调换表笔）。表中显示的19.59即为被测量的电压。
将挡位旋钮调到直流电压挡“V-”，选择一个比估测值大的量程。
将两表笔分别接电源的两极，正确的接法应该是红表笔接正极，黑表笔接负极。
因为本次是对电压进行测量，所以将黑表笔插进万用表的“COM”孔，将红表笔插进万用表的“VΩ”孔。

图4-37　数字万用表测量直流电压的方法

9. 用数字万用表测量直流电流实战

使用数字万用表测量直流电流的方法如图4-38所示。

提示：交流电流的测量方法与直流电流的测量方法基本相同，不过需将旋钮调到交流挡位。

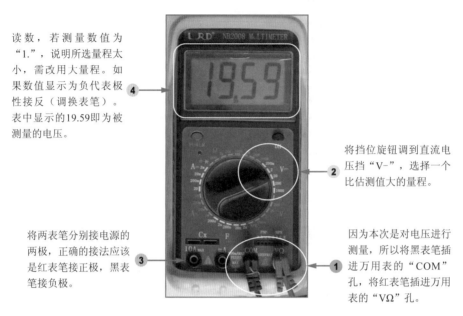

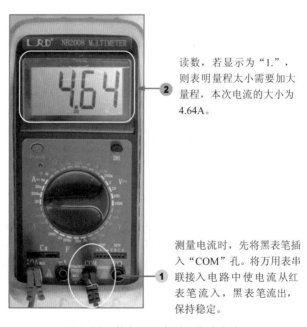

NB2008 MULTIMETER
读数，若显示为“1.”，则表明量程太小需要加大量程，本次电流的大小为4.64A。
测量电流时，先将黑表笔插入“COM”孔。将万用表串联接入电路中使电流从红表笔流入，黑表笔流出，保持稳定。

图4-38　数字万用表测量直流电流

若待测电流估测大于200mA，则将红表笔插入“10A”插孔，并将功能旋钮调到直流“20A”挡；若待测电流估测小于200mA，则将红表笔插入“200mA”插孔，并将功能旋钮调到直流200mA以内的适当量程。

10.用数字万用表测量二极管

用数字万用表测量二极管的方法如图4-39所示。

提示：一般锗二极管的压降为0.15~0.3，硅二极管的压降为0.5~0.7，发光二极管的压降为1.8~2.3。

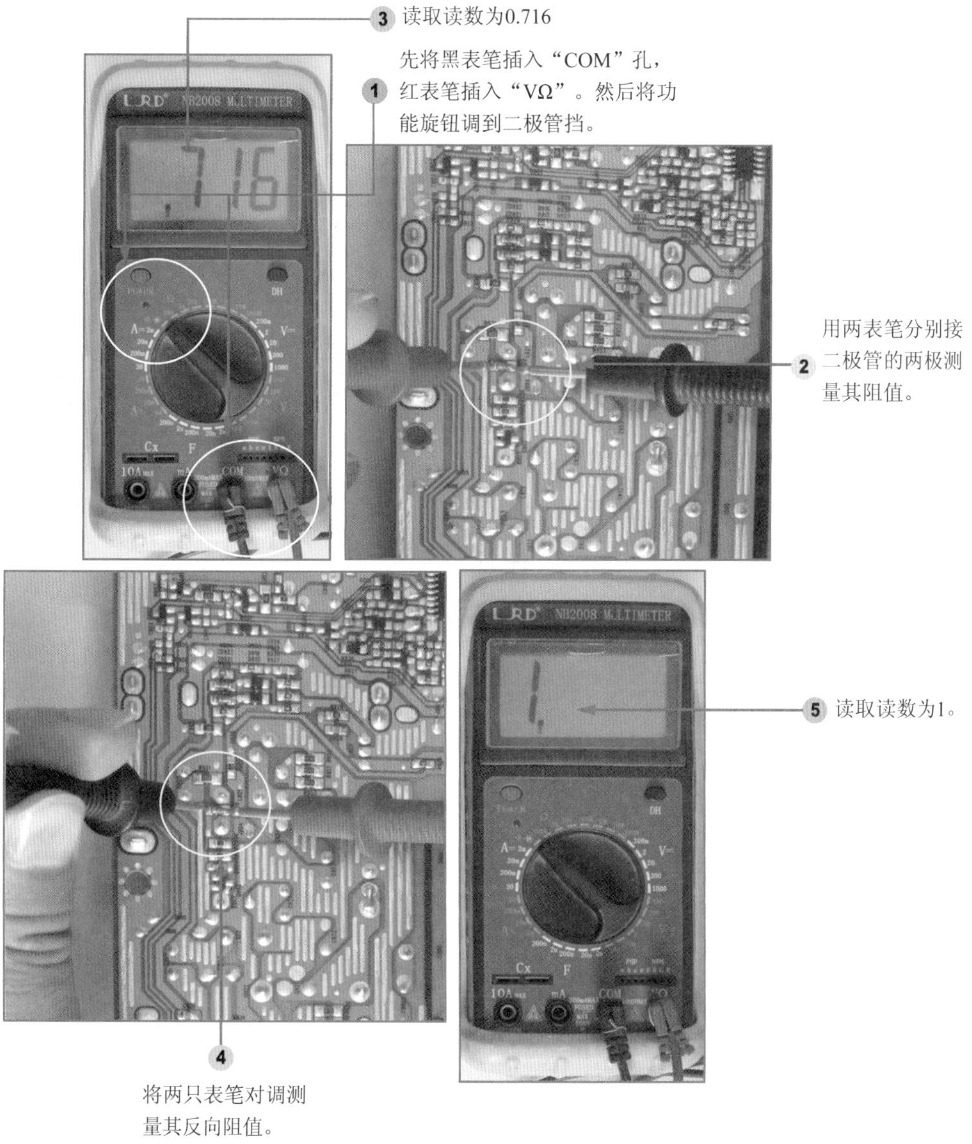

3 读取读数为0.716
1 先将黑表笔插入“COM”孔，红表笔插入“VΩ”。然后将功能旋钮调到二极管挡。
2 用两表笔分别接二极管的两极测量其阻值。
5 读取读数为1。
4 将两只表笔对调测量其反向阻值。

图4-39　数字万用表测量二极管的方法

由于该硅二极管的正向阻值约为0.716，在正常值0.5~0.7范围附近，且其反向电阻为无穷大。该硅二极管的质量基本正常。

4.2.3 钳形表使用操作实战

钳形表是集电流互感器与电流表于一身的仪表，是一种不需断开电路就可以直接测量电路交流电流的便携式仪表，如图4-40所示。

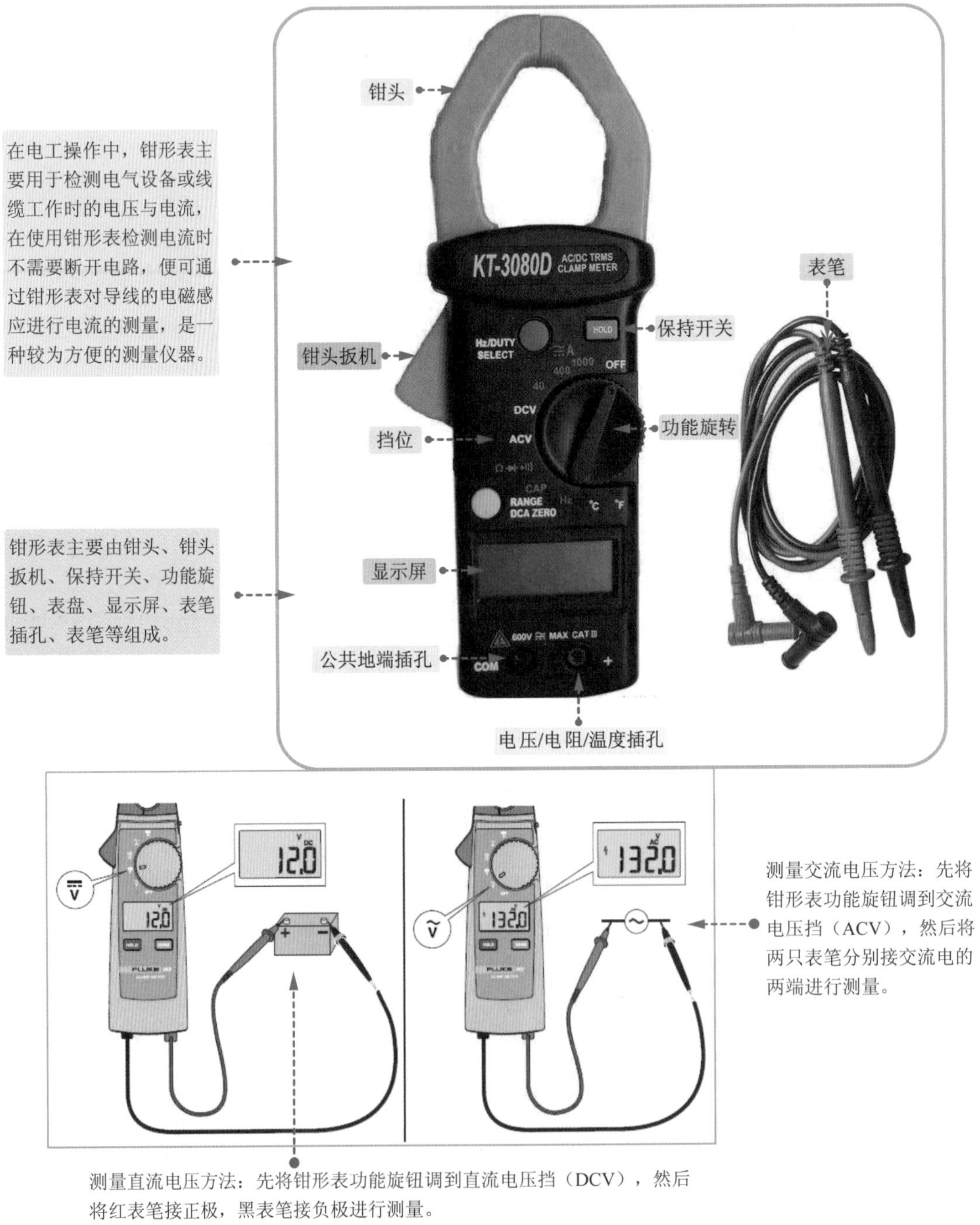
钳头
在电工操作中，钳形表主要用于检测电气设备或线缆工作时的电压与电流，在使用钳形表检测电流时不需要断开电路，便可通过钳形表对导线的电磁感应进行电流的测量，是一种较为方便的测量仪器。
KT-3080D
AC/DC TRMS CLAMP METER
表笔
保持开关
钳头扳机
功能旋转
挡位
DCV
ACV
显示屏
钳形表主要由钳头、钳头扳机、保持开关、功能旋钮、表盘、显示屏、表笔插孔、表笔等组成。
公共地端插孔
COM
电压/电阻/温度插孔
12.0
132.0
测量交流电压方法：先将钳形表功能旋钮调到交流电压挡（ACV），然后将两只表笔分别接交流电的两端进行测量。
测量直流电压方法：先将钳形表功能旋钮调到直流电压挡（DCV），然后将红表笔接正极，黑表笔接负极进行测量。

图4-40　钳形表

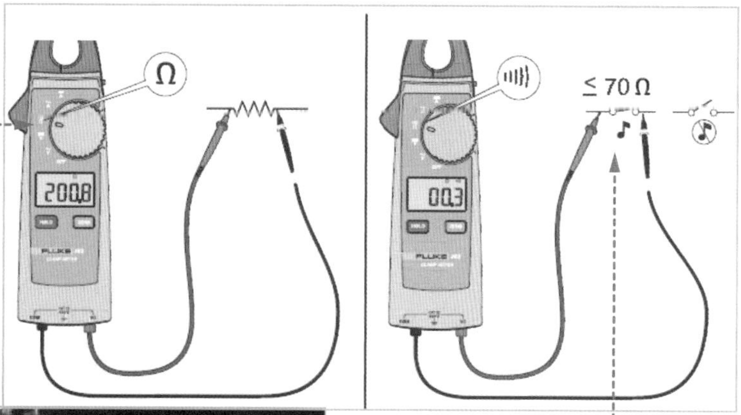

测量电阻方法：先将钳形表功能旋钮调到电阻欧姆挡（Ω），然后将两只表笔分别接在电阻器的两端进行测量。
Ω
200.8
≤70Ω
00.3
测量线路通断方法：先将钳形表功能旋钮调到蜂鸣器挡，然后将两只表笔分别接在电路两端进行测量，电路连通正常时，会发出蜂鸣声。

8.4
测量电流方法：首先调整功能旋钮，选择合适的电流量程，若不知道电流大小，可以先选大量程，再选小量程或看铭牌值估算。接着按压钳头扳机按钮，打开钳口，钳住待测线缆（钳住单股线缆）。观察显示屏上的数值，若测量数值特别小，则重新选择小量程再测。

图4-40　钳形表（续）

注意事项：

（1）测量时，应使被测导线处在钳口的中央，并使钳口闭合紧密，以减少误差。

（2）测量高压电缆各相电流时，电缆头线间距离应在300mm以上且绝缘良好，待认为测量方便时再进行。

（3）测量低压可熔保险器或水平排列低压母线电流时，应在测量前将各相可熔保险或母线用绝缘材料加以保护隔离，以免引起相间短路。

（4）钳形电流表测量结束后把开关拨至最大程挡，以免下次使用时不慎过流。

（5）测量电流时，需注意被测电流的方向，一般在钳口处标有电流方向箭头，测量时需保证箭头的方向与电流的流向（从正极流向负极）一致。若方向不一致，则会使测量结果不正确。

4.2.4　兆欧表使用操作实战

兆欧表主要用于测量各种绝缘材料的电阻值及变压器、电机、电缆及电器设备等的绝缘电阻，如图4-41所示。

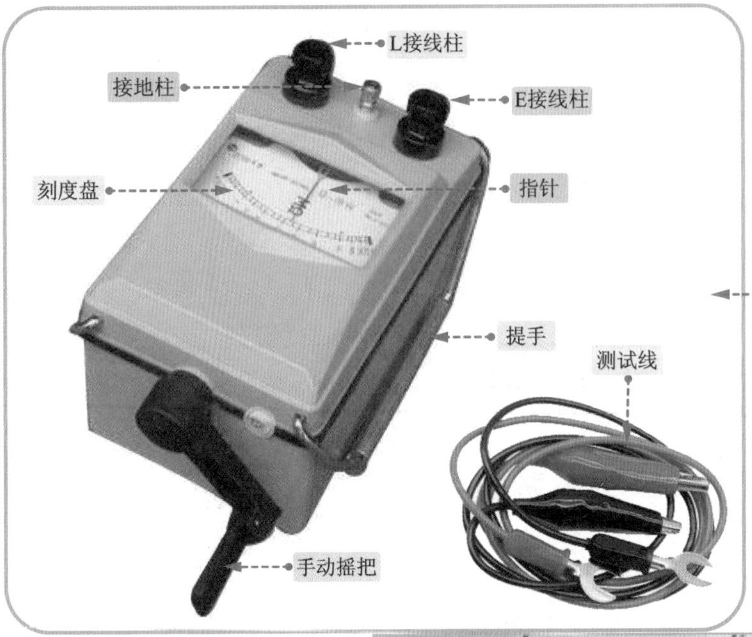

兆欧表主要用来检查电气设备、家用电器或电气线路对地及相间的绝缘电阻，以保证这些设备、电器和线路工作在正常状态，避免发生触电伤亡及设备损坏等事故。兆欧表主要由刻度盘、指针、接线柱、手动摇把、测试线等组成。

兆欧表好坏测试方法：将两连接线开路，摇动手柄指针应指在无穷大处，再把两连接线短接一下，指针应指在零处。

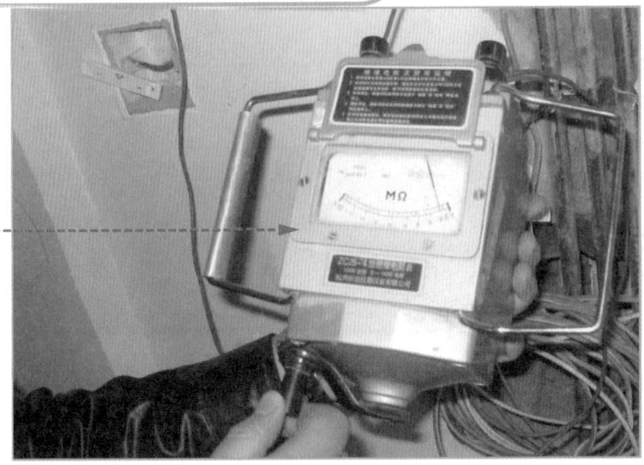

图4-41　兆欧表

注意事项：

（1）摇测时，将兆欧表置于水平位置，摇把转动时其端钮间不许短路。摇测电容器、电缆时，必须在摇把转动的情况下才能将接线拆开，否则反充电将会损坏兆欧表。

（2）摇动过程中，当出现指针已指零时，就不能再继续摇动，以防表内线圈发热损坏。

（3）为了防止被测设备表面泄漏电阻，使用兆欧表时，应将被测设备的中间层（如电缆壳芯之间的内层绝缘物）接于保护环。

（4）摇动手柄时，应由慢渐快，均匀加速到120r/min。

（5）被测设备必须与其他电源断开，测量完毕一定要将被测设备充分放电（需2~3min），以保护设备及人身安全。

兆欧表具体使用方法如图4-42所示。

使用兆欧表对供电线路相线对地绝缘性进行检测时，首先将兆欧表的红色测试线连接到相线上，再将黑色测试线连接到地线上。 ①

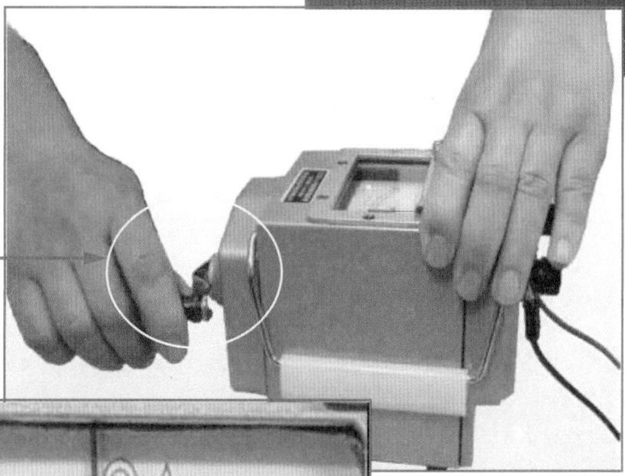

然后顺时针摇动兆欧表上的手动摇把。 ②

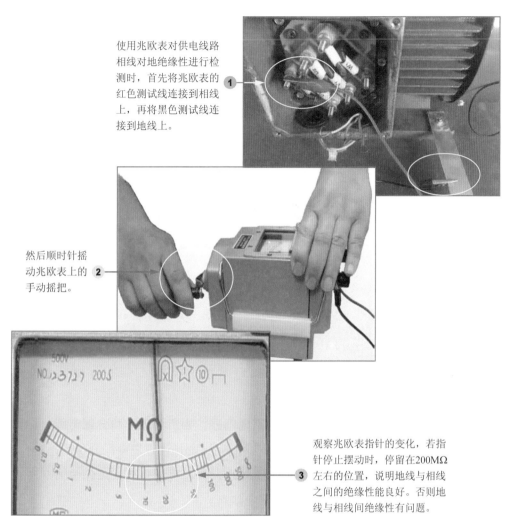

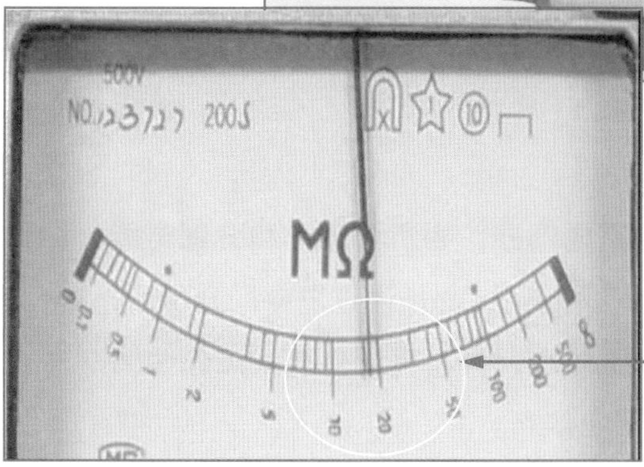

③ 观察兆欧表指针的变化，若指针停止摆动时，停留在200MΩ左右的位置，说明地线与相线之间的绝缘性能良好。否则地线与相线间绝缘性有问题。

图4-42　兆欧表具体使用方法

第 5 章

高、低压供配电系统识图

供配电线路是电力系统的重要组成部分，担负着输送和分配电能的任务。我们日常工作生活中使用的各种电能，都是通过发电厂升压后，经过超高压传输到目的地，然后降压处理，再将高压转换成工作生活用电电压。本章将详解高、低压供配电线路。

5.1 高、低压供配电线路有何特点

供配电线路是指输送和分配电能的线路，按其所承载电能类型的不同可分为高压供配电线路和低压供配电线路两种。一般通常将1kV以上的供电线路称为高压供配电线路，将380V/220V的供电线路称为低压供配电线路。

5.1.1 供配电线路与一般电工线路有何区别

供配电线路作为一种传输、分配电能的线路，它与一般的电工线路有所区别，如图5-1所示。

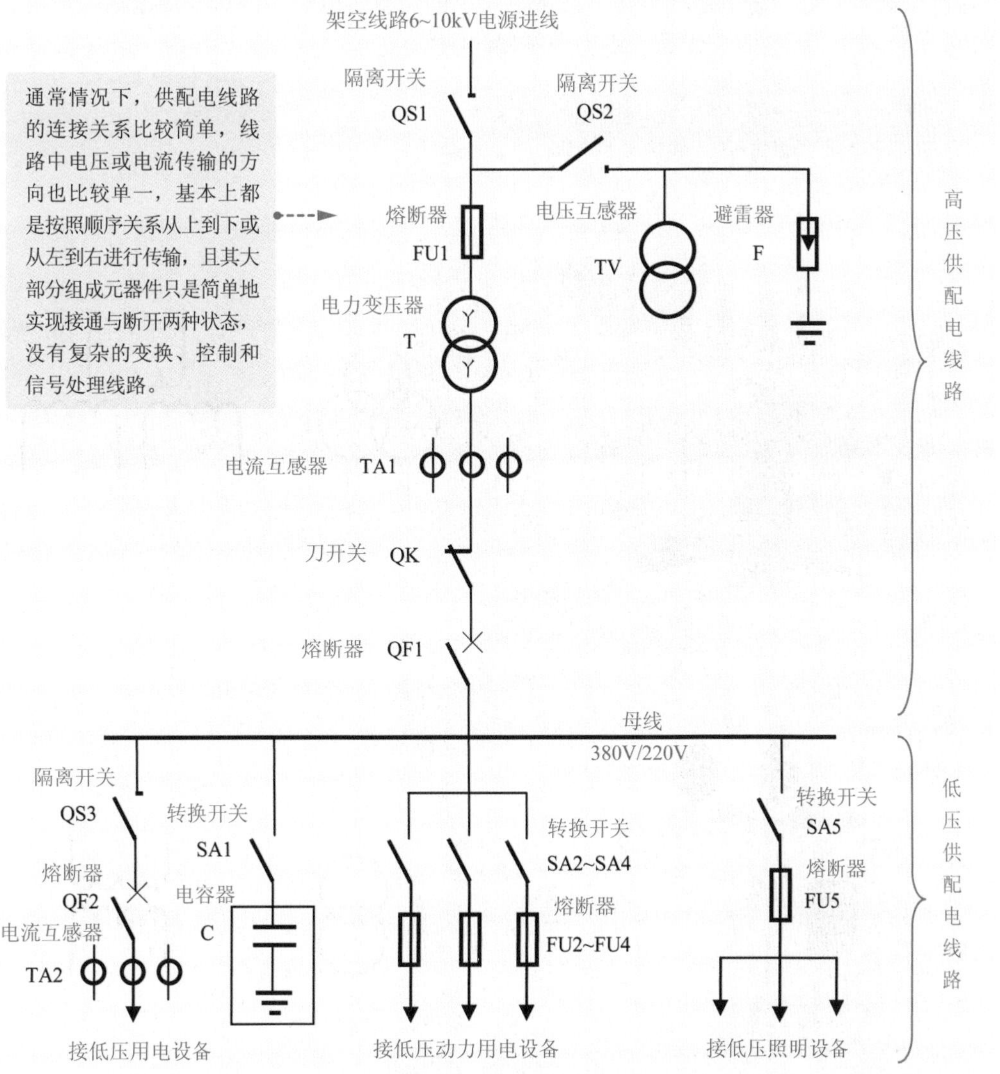

图5-1　供配电线路

在供配电线路中不同图形符号代表不同的组成部件和元器件，它们之间的连接线体现出其连接关系。当线路中的开关类器件断开时，其后级所有线路无供电；当逐一闭合各开关类器件时，电源逐级向后级线路传输，经后级不同的分支线路，即完成对前级线路的分配。

5.1.2 高压供配电线路有哪些重要部件

高压供配电线路是由各种高压供配电元器件和设备组合连接而成的，主要由电源输入端（WL）、电力变压器（T）、电压互感器（TV）、电流互感器（TA）、高压隔离开关（QS）、高压断路器（QF）、高压熔断器（FU）以及避雷器（F），经电缆和母线（WB）构成。

1. 电力变压器

电力变压器是发电厂和变电所的主要设备之一。变压器不仅能升高电压把电能送到用电地区，还能把电压降低为各级使用电压，以满足用电的需要。总之，升压与降压都必须由变压器来完成。电力变压器用“T”表示，电力变压器如图5-2所示。

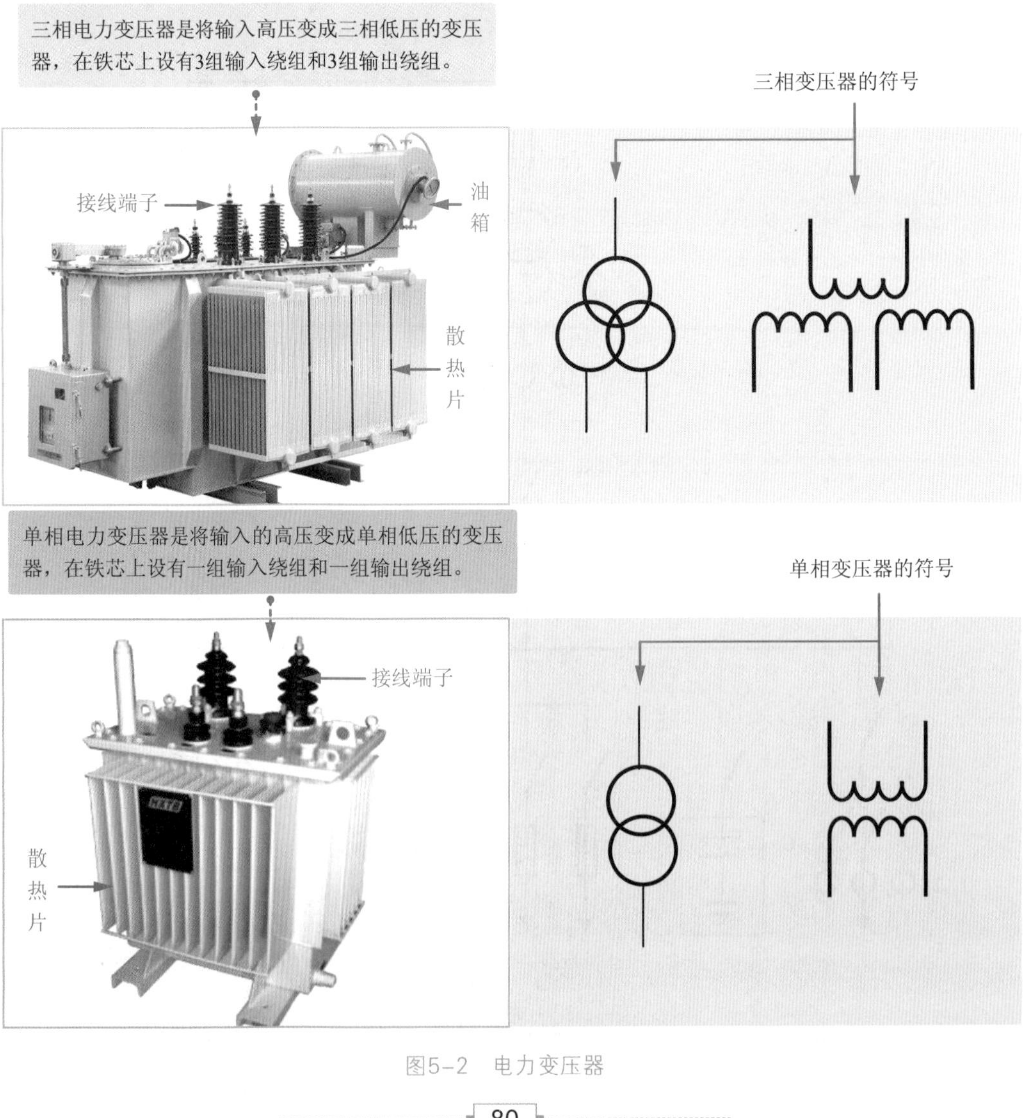

图5-2 电力变压器

2. 高压隔离开关

高压隔离开关是一种主要用于“隔离电源、倒闸操作、用于连通和切断小电流电路”，无灭弧功能的开关器件。高压隔离开关用“QS”表示，如图5-3所示。

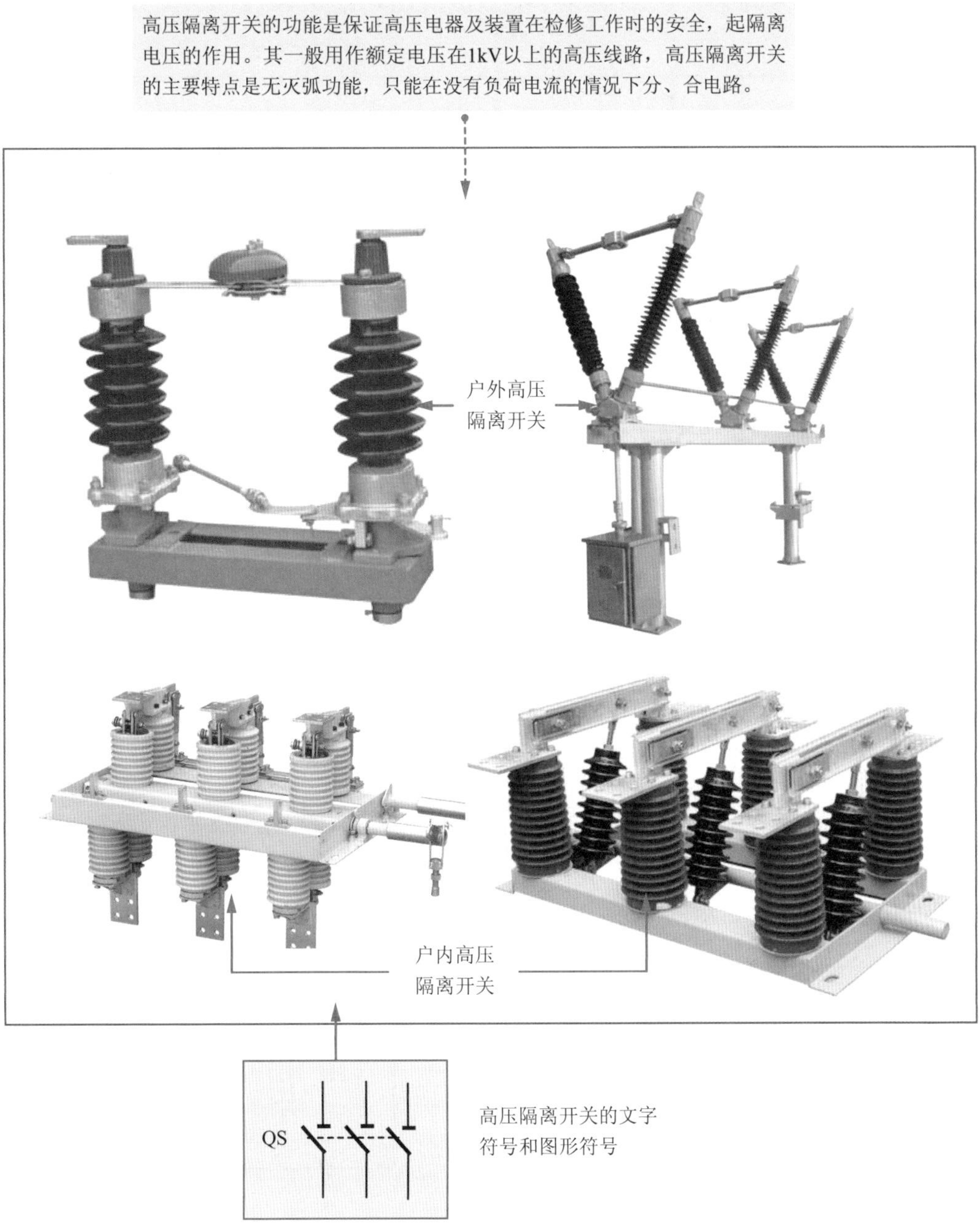

高压隔离开关的功能是保证高压电器及装置在检修工作时的安全，起隔离电压的作用。其一般用作额定电压在1kV以上的高压线路，高压隔离开关的主要特点是无灭弧功能，只能在没有负荷电流的情况下分、合电路。
户外高压隔离开关
户内高压隔离开关
QS
高压隔离开关的文字符号和图形符号

图5-3　高压隔离开关

3. 高压断路器

高压断路器在高压电路中起控制作用，它是在正常或故障情况下接通或断开高压电路的专用电器，是高压电路中的重要电器元件之一。高压断路器的符号为“QF”，如图5-4所示。

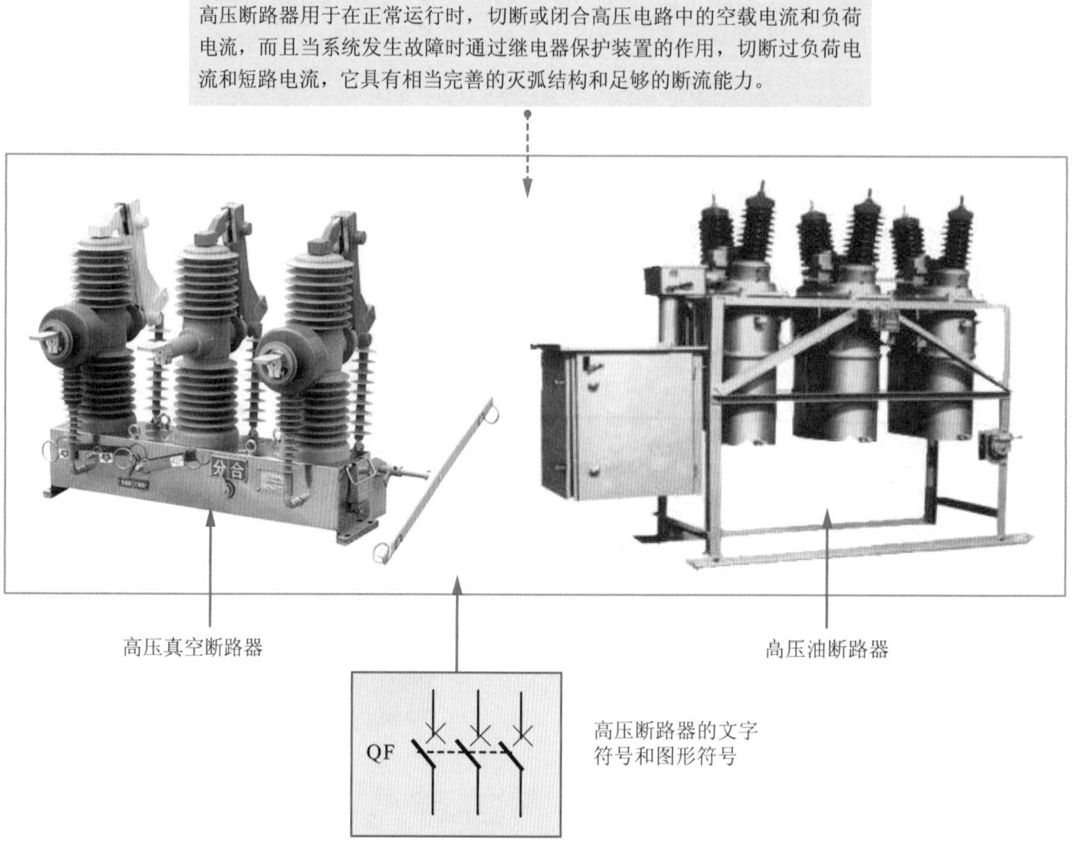

高压断路器用于在正常运行时，切断或闭合高压电路中的空载电流和负荷电流，而且当系统发生故障时通过继电器保护装置的作用，切断过负荷电流和短路电流，它具有相当完善的灭弧结构和足够的断流能力。
分合
高压真空断路器
高压油断路器
QF
高压断路器的文字符号和图形符号

图5-4　高压断路器

4. 高压熔断器

熔断器是最简单的保护电器，它用来保护电气设备免受过载和短路电流的损害，熔断器的符号为“FU”，如图5-5所示。

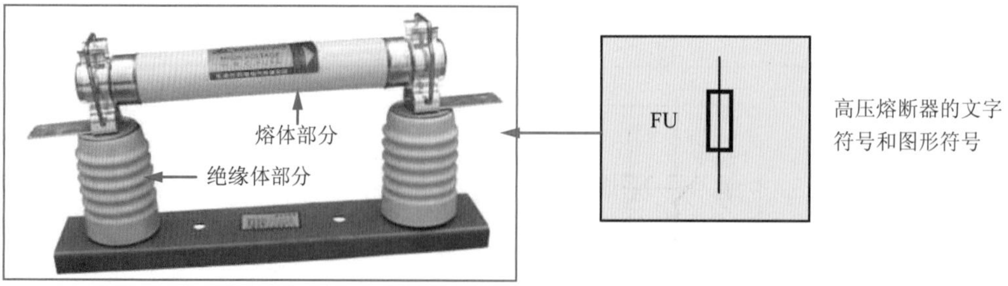

图5-5　高压熔断器

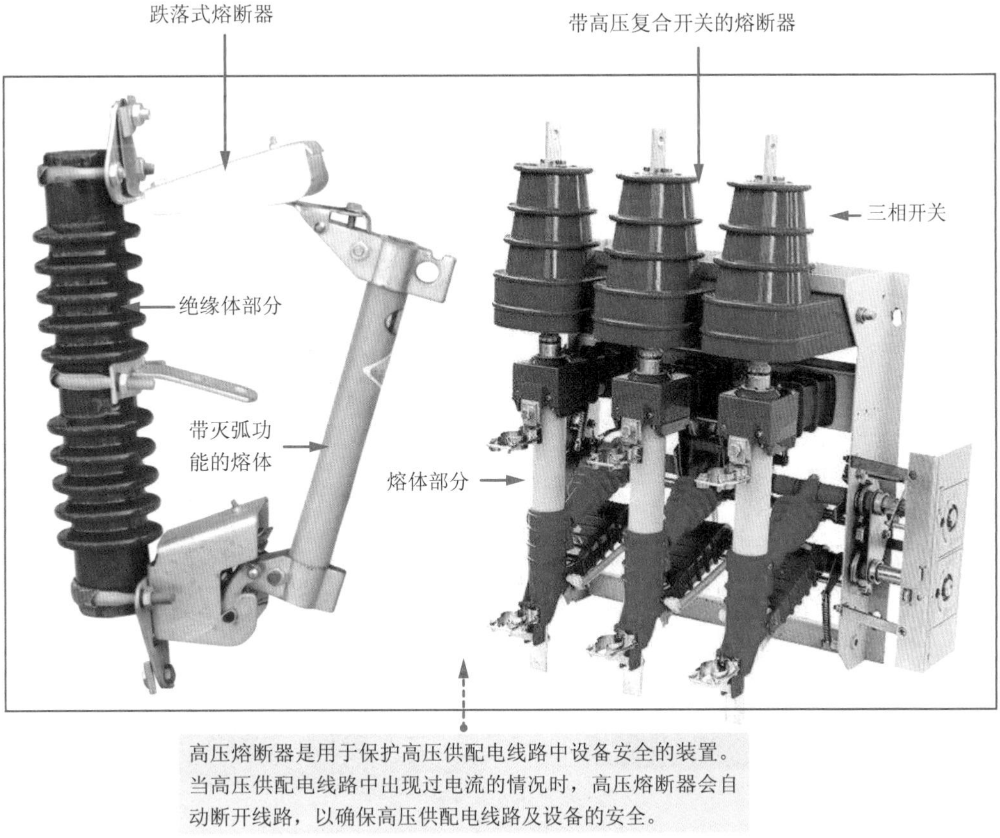

图5-5　高压熔断器（续）

5. 高压补偿电容

高压补偿电容用于补偿电力系统的无功功率，提高负载功率因数，减少线路的无功输送。高压补偿电容的符号为“C”，如图5-6所示。

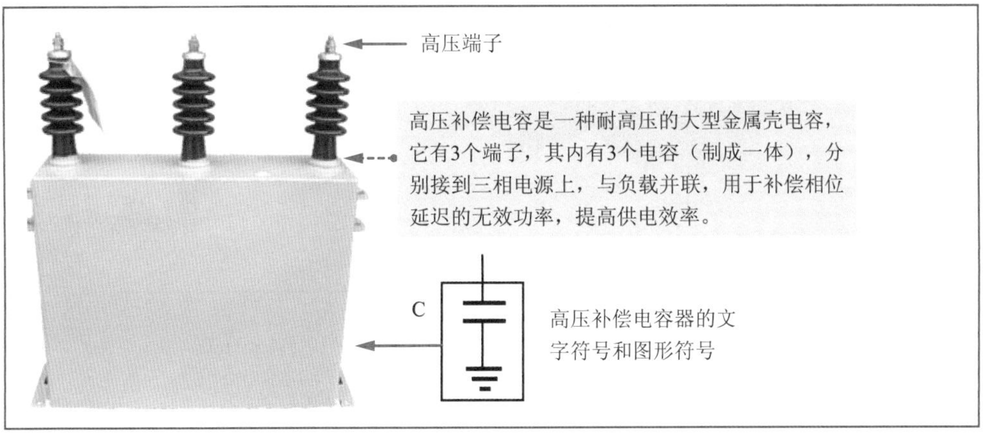

图5-6　高压补偿电容

6. 电流互感器

电流互感器是用来检测高压供配电线路流过电流的装置，它通过线圈感应的方法检测出线路中流过电流的大小，以便在电流过大时进行报警和保护。电流互感器的符号为“TA”，如图5-7所示。

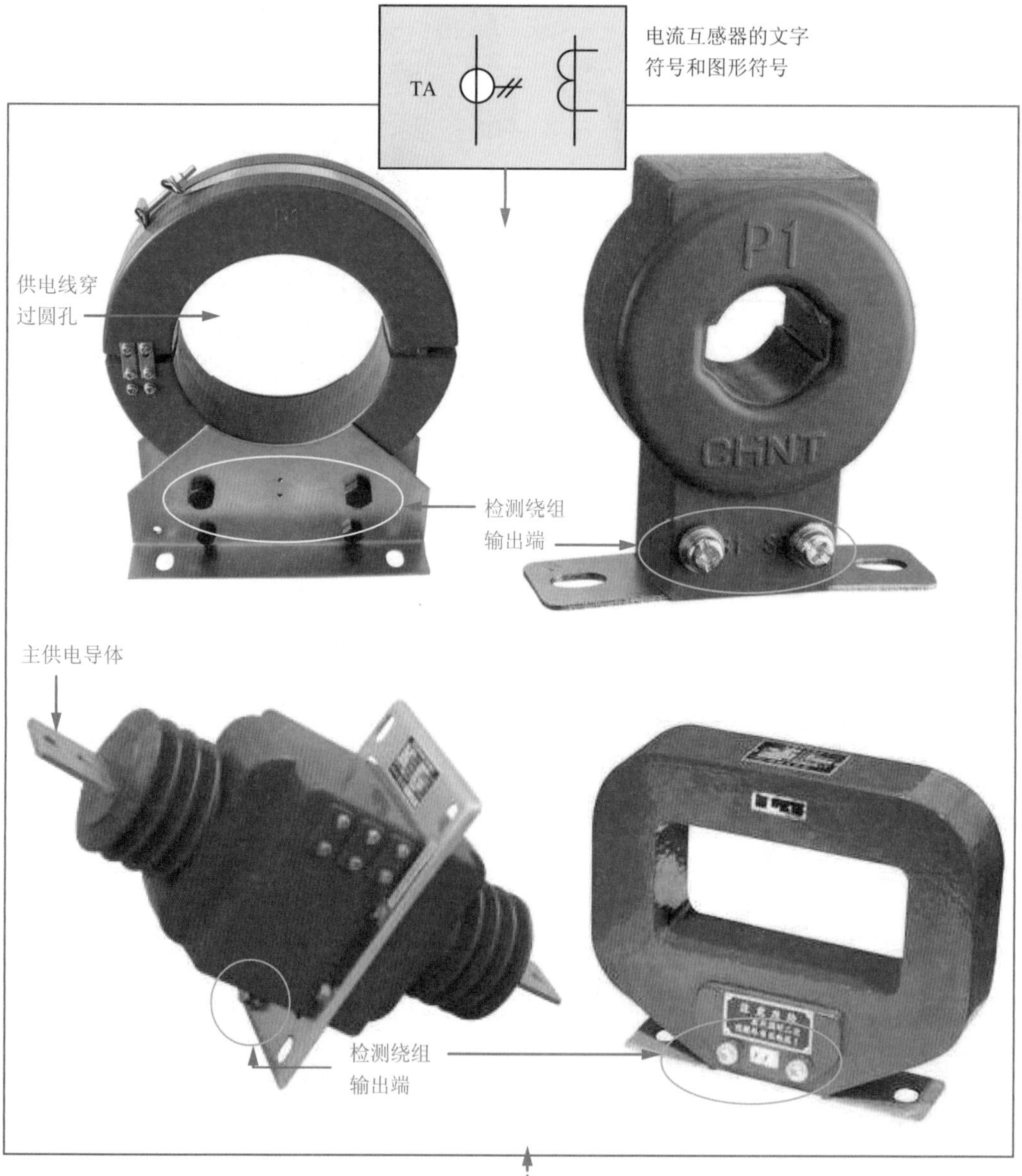

电流互感器是一种将大电流转换成小电流的变压器，是高压供配电线路中的重要组成部分，被广泛应用于继电保护、电能计量、远方控制等方面。

图5-7 电流互感器

7. 电压互感器

电压互感器的作用是把高电压按比例关系变换成100V或更低等级的标准二次电压，供保护、计量、仪表装置取用。电压互感器的符号为“TV”，如图5-8所示。

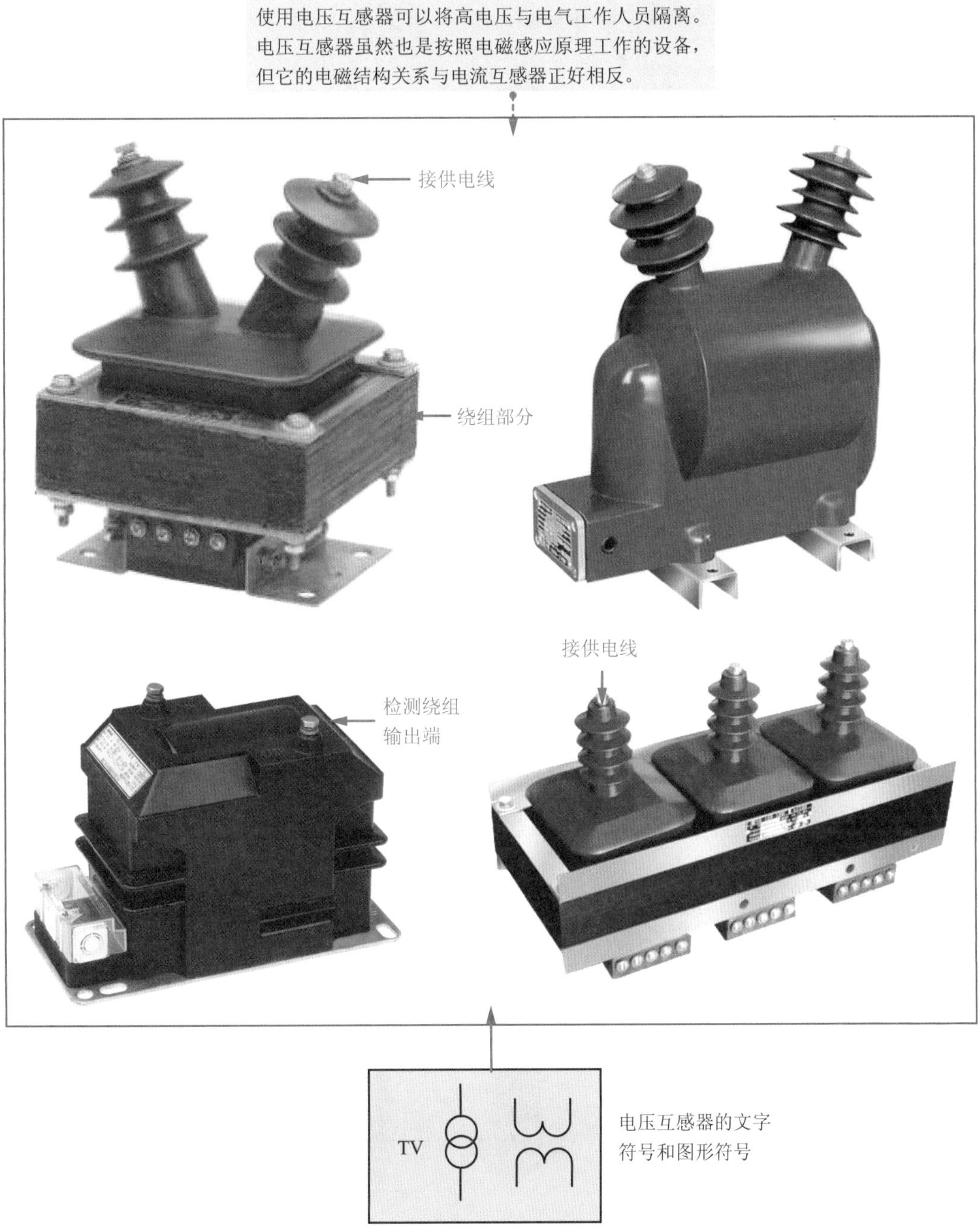
使用电压互感器可以将高电压与电气工作人员隔离。
电压互感器虽然也是按照电磁感应原理工作的设备，
但它的电磁结构关系与电流互感器正好相反。
接供电线
绕组部分
接供电线
检测绕组
输出端
TV
电压互感器的文字
符号和图形符号

图5-8　电压互感器

8. 计量变压器

计量变压器主要用于检测高压供电线路的电压和电流，将感应出的信号再去驱动用来指示电压和指示电流的表头，以便观察变配电系统的工作电压和工作电流，如图5-9所示。

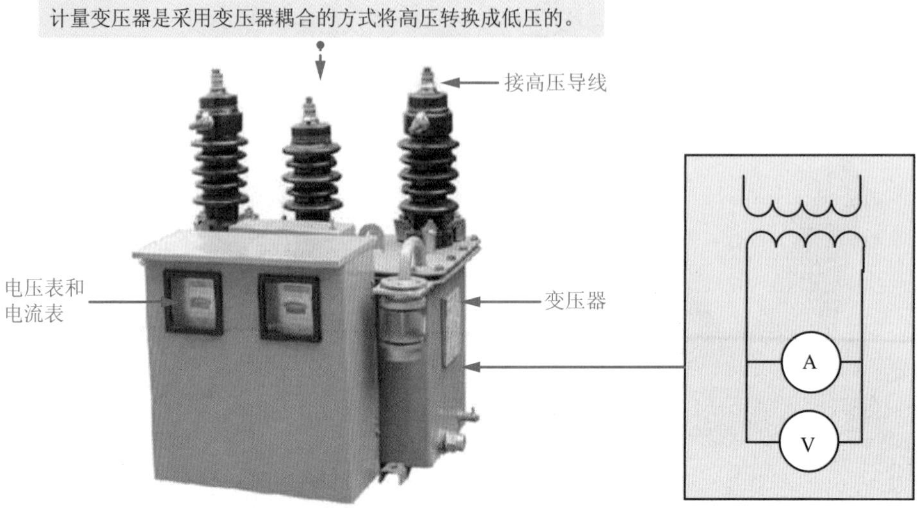

图5-9　计量变压器

9. 避雷器

避雷器是在供电系统受到雷击时的快速放电装置，可以保护变配电设备免受瞬间过电压的危害。避雷器通常用于带电导线与地之间，与被保护的变配电设备呈并联状态。避雷器的符号为“F”，如图5-10所示。

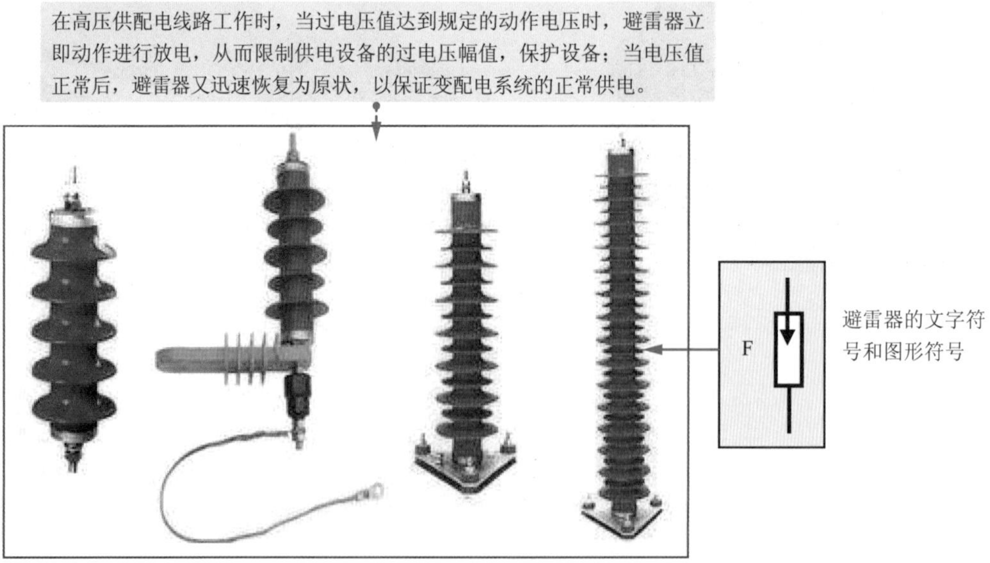

图5-10　避雷器

10. 母线

母线是一种汇集、分配和传输电能的装置，主要应用于变电所中各级电压配电装置、变压器与相应配电装置的连接等，如图5-11所示。

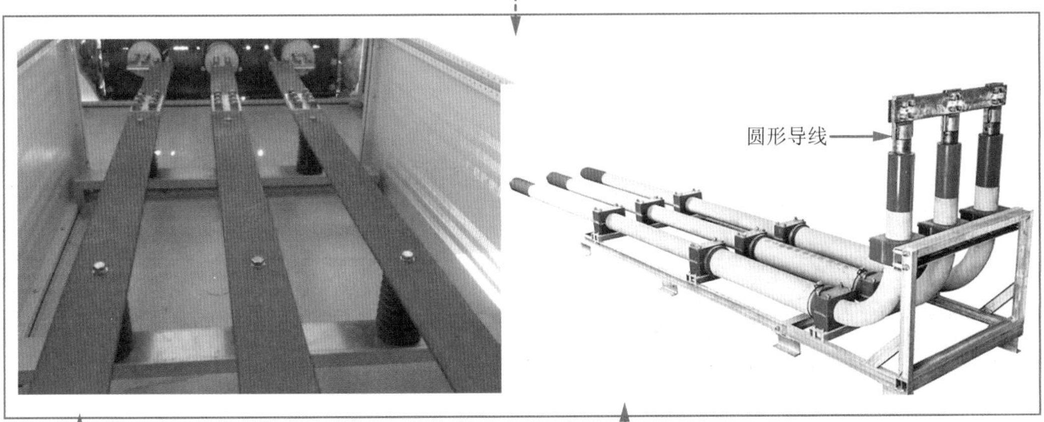

常见的母线主要有矩形或圆形截面的裸导线或绞线。
圆形导线
矩形导线
母线多是由铜排或铝排制作而成，按其外形和结构可分为硬母线、软母线和封闭母线等。其中，硬母线一般用于主变压器至配电室内，其优点是施工安装方便，运行中变化小，载流量大，但造价较高。软母线用于室外，因空间大，导线有所摆动也不至于造成线间断路。软母线施工简便，造价低廉。

图5-11　母线

5.1.3　低压供配电线路有哪些重要部件

低压供配电线路主要是将380V/220V 低压经过配电设备按照一定的接线方式连接起来的线路。低压供配电线路主要由电度表（Wh）、隔离开关（QS）、熔断器、接触器、断路器（QF）等构成。如图5-12所示。

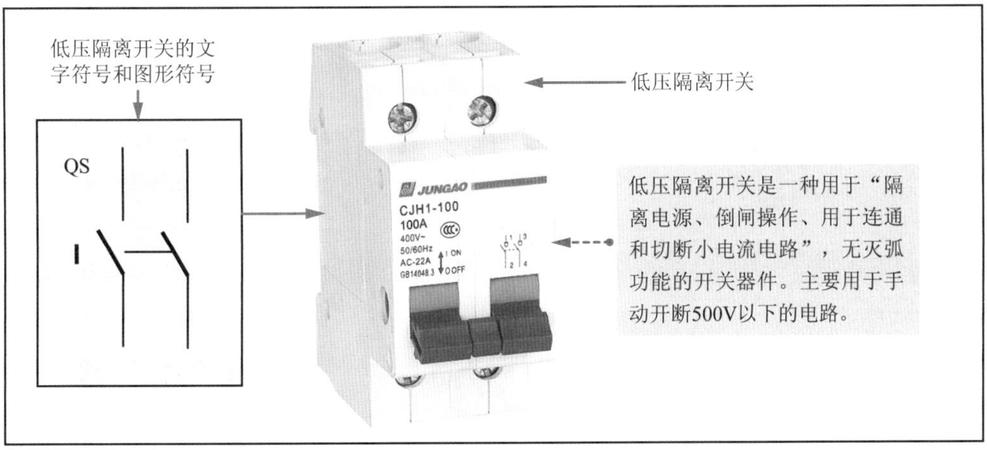

图5-12　低压供配电线路部件

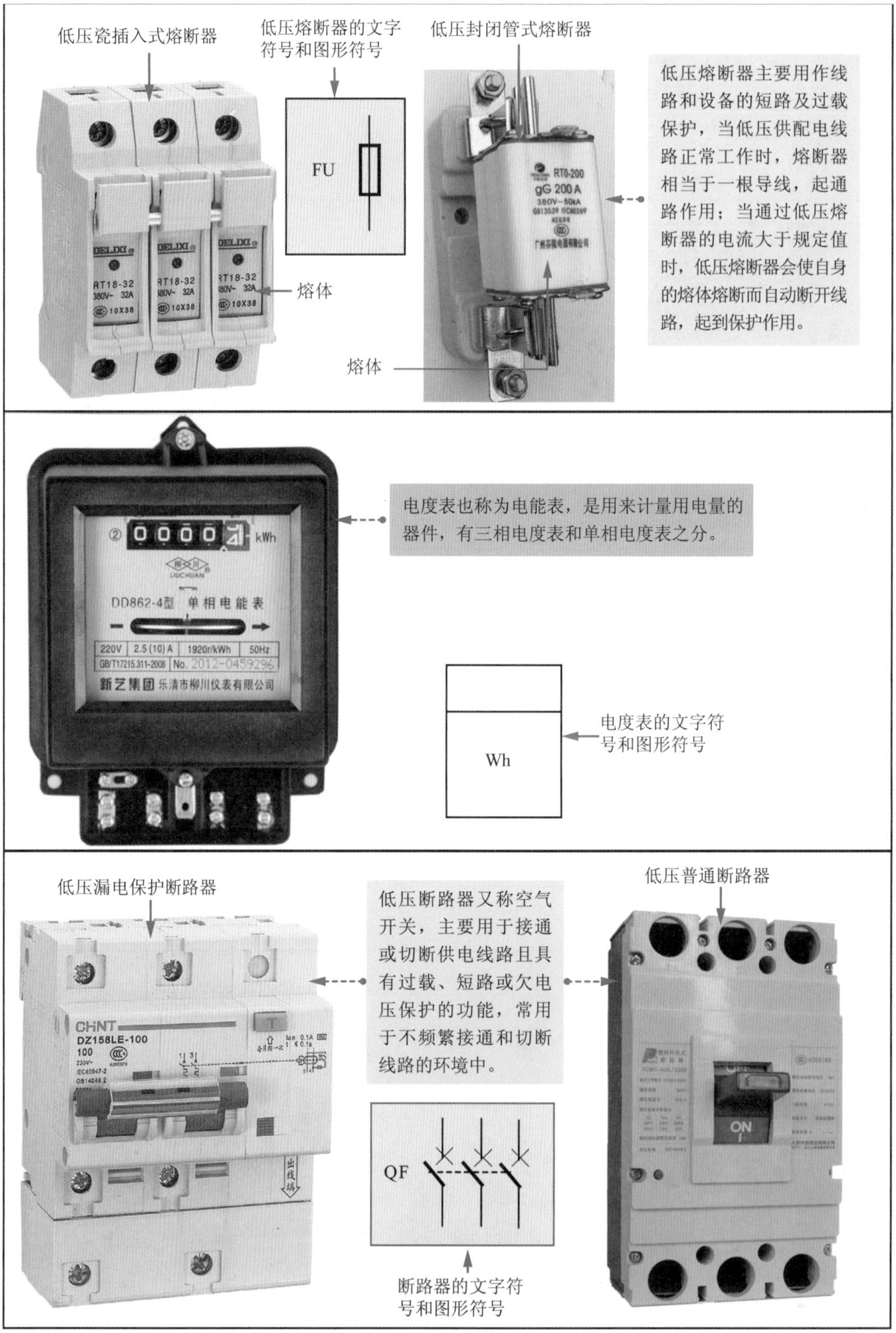
低压瓷插入式熔断器
低压熔断器的文字符号和图形符号
FU
低压封闭管式熔断器
熔体
熔体
低压熔断器主要用作线路和设备的短路及过载保护，当低压供配电线路正常工作时，熔断器相当于一根导线，起通路作用；当通过低压熔断器的电流大于规定值时，低压熔断器会使自身的熔体熔断而自动断开线路，起到保护作用。
电度表也称为电能表，是用来计量用电量的器件，有三相电度表和单相电度表之分。
Wh
电度表的文字符号和图形符号
低压漏电保护断路器
低压断路器又称空气开关，主要用于接通或切断供电线路且具有过载、短路或欠电压保护的功能，常用于不频繁接通和切断线路的环境中。
低压普通断路器
QF
断路器的文字符号和图形符号

图5-12　低压供配电线路部件（续）

低压接触器
接触器是用于远距离频繁地接通和分断交直流主电路和大容量控制电路的电器，其主要控制对象是电动机等。
低压接触器的文字符号和图形符号。
KM
CJX2
18 10
1 L1
3 L2
5 L3
13 NO
2 T1
4 T2
6 T3
14 NO
A1
A2
10

图5-12　低压供配电线路部件（续）

5.2　高压供配电线路识图

高压供配电线路是指将超高压或高压经过的变配电设备按照一定的接线方式连接起来的线路，其主要作用是将发电厂输出的高压电进行传输、分配和降压后输出，并使其作为各种低压供配电线路的电能来源。下面将介绍几种常见的高压供电线路。

5.2.1　供配电系统一次系统接线种类

供配电系统中输送、分配和使用电能的电路，称为一次电路或一次回路，也称为一次系统或主接线。

供配电系统一次系统有多种接线方式，如单回路放射式接线、单电源双回路放射式接线、双电源双回路交叉式接线、双电源双回路放射式接线等，如图5-13所示。

（1）单回路放射式接线是由总降压变电所母线上引出一回路线直接接在下级变电所或用电设备，沿线路无分支的接法。优点是接线简单，维护方便；缺点是线路出现故障后，负荷断电，可靠性不高。

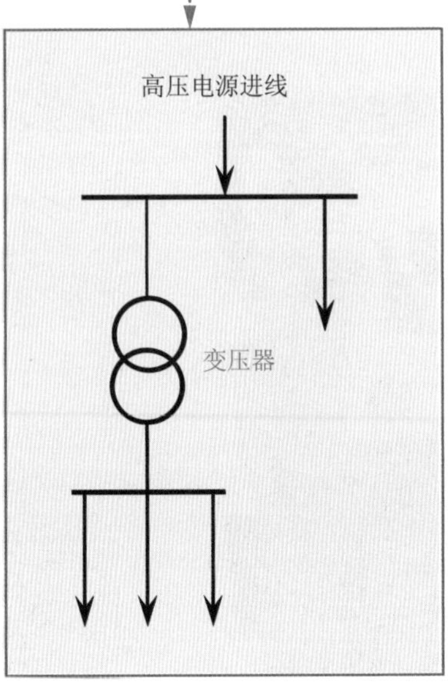

（2）单电源双回路放射式接线是由总降压变电所母线上引出两回路线接两个下级变电线路，两回路相连接。优点是可靠性高，一条线路出现故障，另一条线路继续供电。缺点是投入较大。

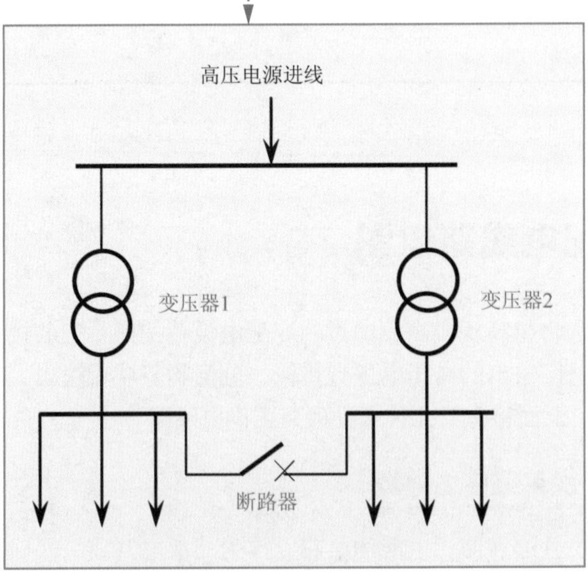

图5-13　变配电所高压线路接线方式选择

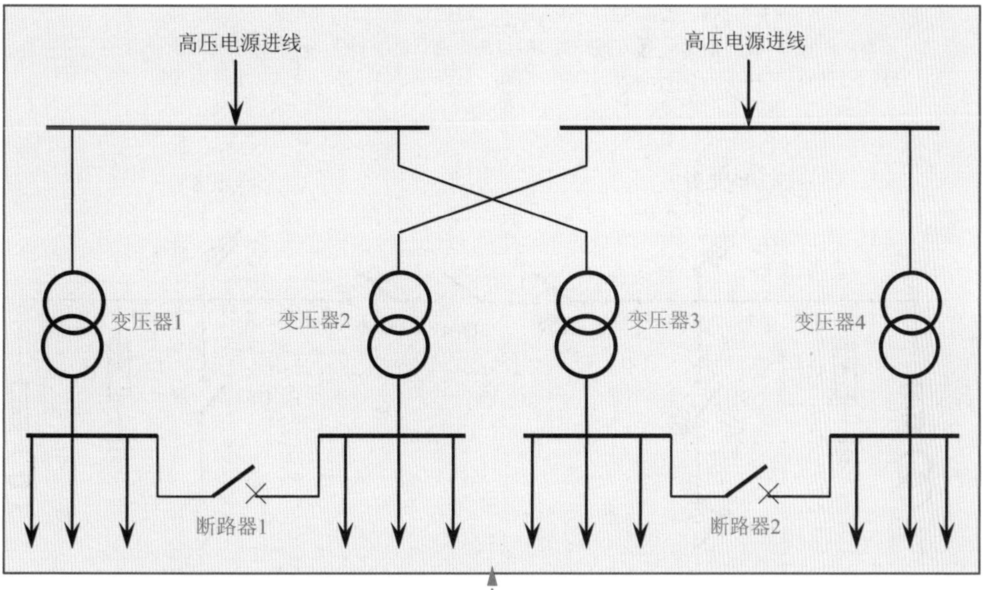

（3）双电源双回路交叉式接线是两条回路分别连接在不同的母线上，在任何一条线路发生故障时，均能保证供电的不中断。这种接线方式从电源到负荷都是双套设备，可靠性很高，适用于一级负荷。缺点是投入大，维护困难。

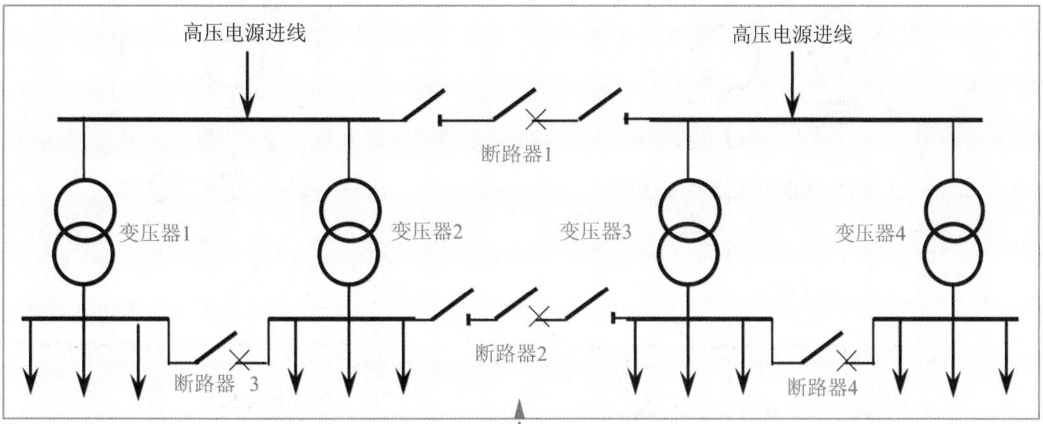

（4）双电源双回路放射式接线是两条回路分别连接在不同的母线上，在任何一个供电电源发生故障或任何一条线路发生故障时，均能保证供电的不中断。这种接线方式电源进线端有连接，负荷端也有连接，更好地保证了供电的可靠性，适用于一级负荷。缺点是投入大，出线和维修困难。

图5-13　变配电所高压线路接线方式选择（续）

5.2.2　35kV变电所一次系统识图

如图5-14所示，35kV变电所配电线路采用双电源单回路设计，当一路供电电源出现故障时，可用另一路供电电源为其供电。同时，两个下级变电线路也相连，用正常的一路供电线路为所有下级线路供电。

❶ 首先35kV电源1经过熔断器FU1后分成三路，一路经过避雷器F1和电压互感器TV1，另一路经高压隔离开关QS1、高压断路器QF1加到电流互感器TA1，用来连接电能表、电流表等测量仪器。第三路经过开关QS5、QS6、断路器QF4与另一路供配电线路相连。

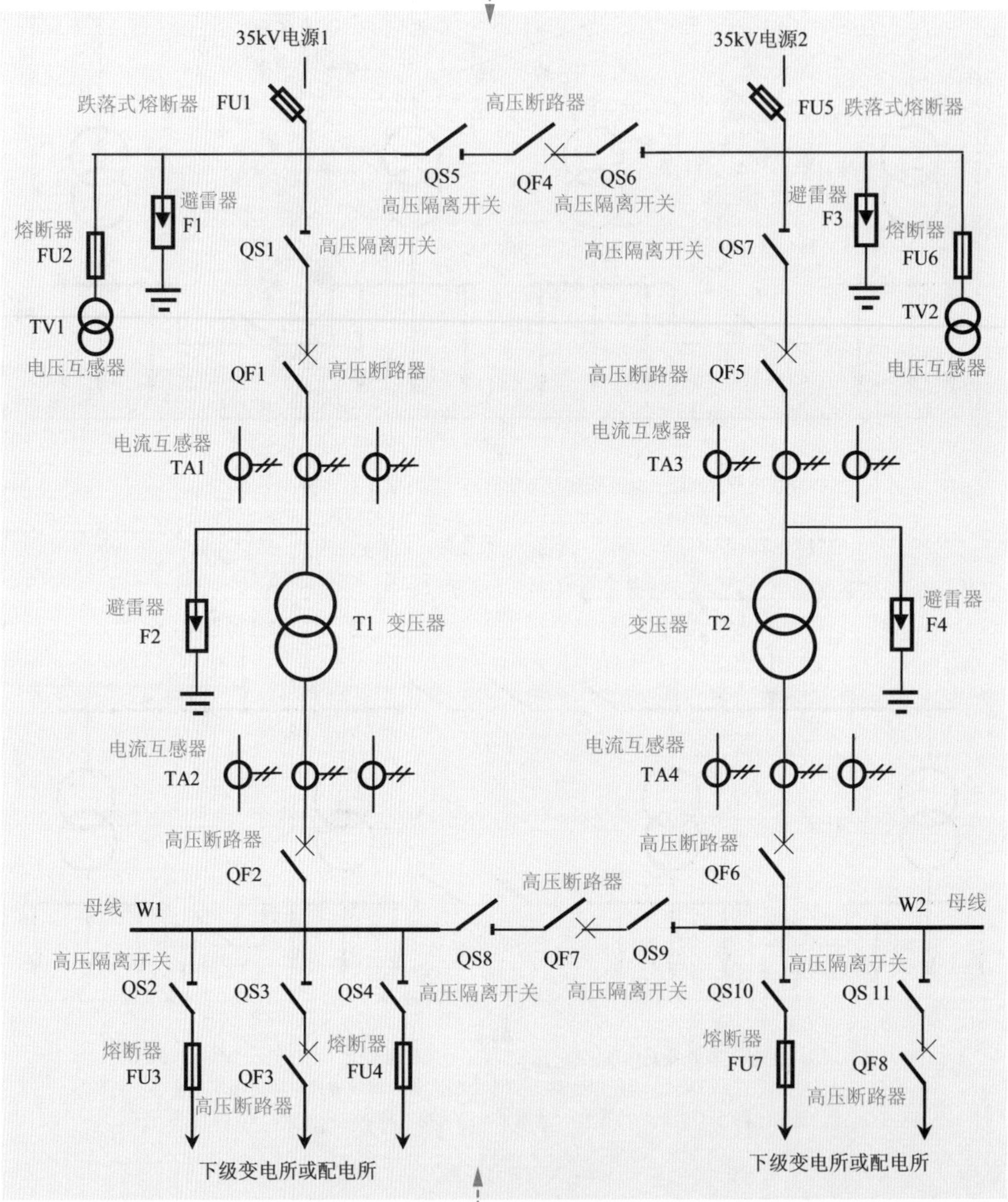

❷ 35kV高压电经电流互感器TA1加到电力变压器T1的输入端后，T1的输出端输出6~10kV高压电。再经过电流互感器TA2，断路器QF2加到高压母线W1上。高压母线再将高压电分为多路，为下级变电所提供电源。

❸ 同时母线W1和母线W2通过隔离开关QS8、QS9和断路器QF7相连，当其中一路供配电线路出现故障时，另一路供配电线路可为其提供备用供电。

图5-14　35kV变电所配电线路识图

5.2.3 10kV高压配电所一次系统识图

10kV高压配电所供电线路主要是将总变电所输送的10kV高压电降为工厂车间需要的380V/220V低压。此线路运行过程如图5-15所示。

1. 1号高压电源进线分为两路，一路连接到避雷器F1和电压互感器TV1，另一路经高压隔离开关QS1加到电流互感器，用来连接电能表、电流表等测量仪器。接着再经过断路器QF1后送到母线W1上。
2. 母线W1与W2通过高压断路器QF5桥接，在其中一路10kV供电出现故障后，另一路提供备用电源。

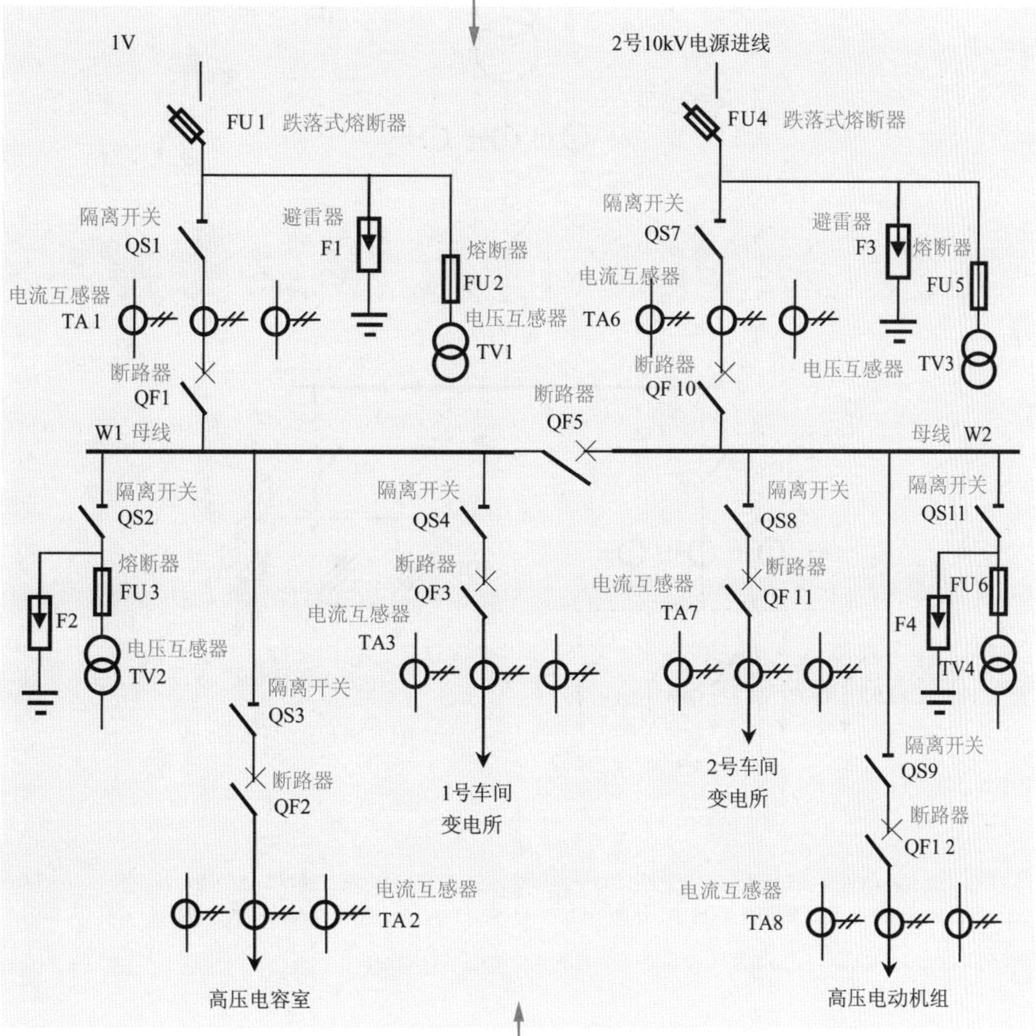

3. 10kV高压电源送入母线后被分为多路。一路经过隔离开关QS2后连接到电压互感器TV3及避雷器。一路经高压隔离开关QS3、高压断路器QF2和电流互感器TA2后，送入高压电容室，用于接高压补偿电容。
4. 第三路经高压隔离开关QS4、高压断路器QF3和电流互感器TA3后，输送到1号车间变电所。

图5-15 10kV高压配电所供配电线路识图

1号10kV高压电源输送到1号车间后，进入电力变压器T中，然后从变压器T出来的380V/220V低压电源经电流互感器TA4、低压断路器QF4、隔离开关QS5后被送入低压母线W3中。

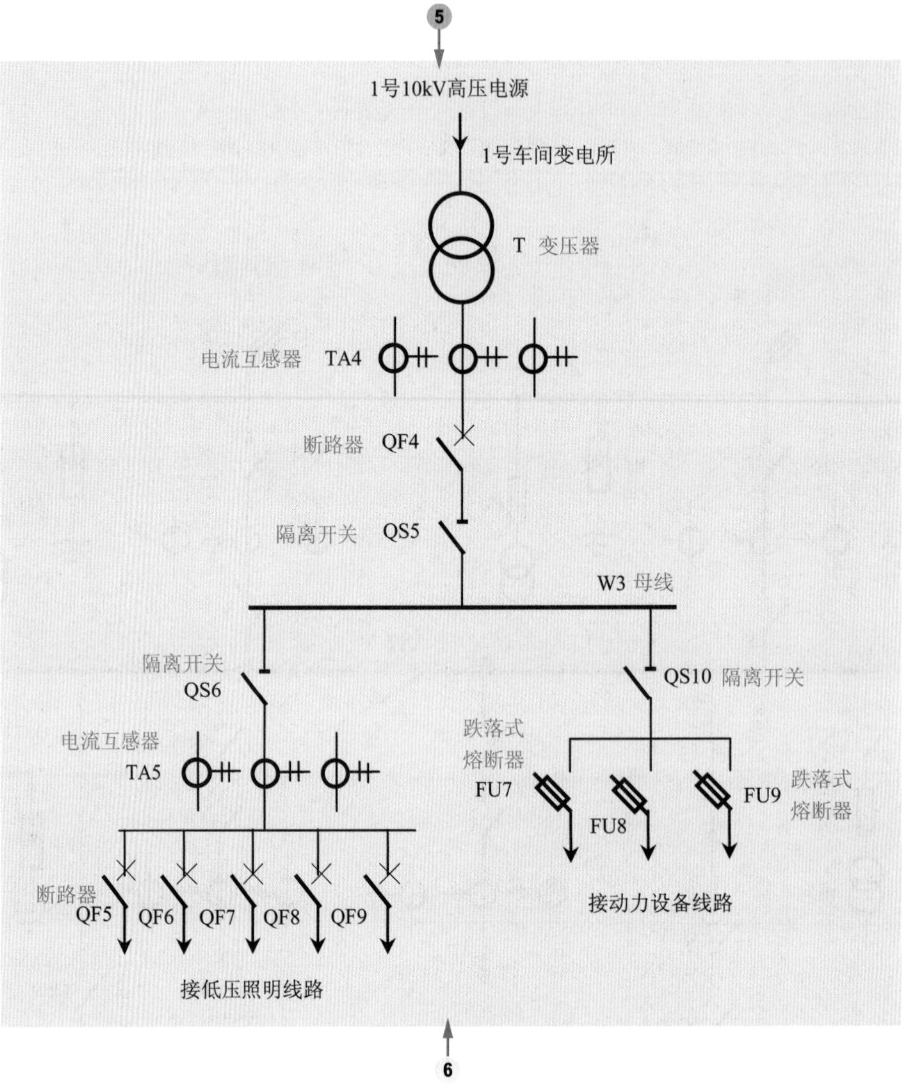

接着380V/220V低压电源被分为多路，一路经隔离开关QS6、电流互感器TA5后接入各路照明线路中；一路经隔离开关QS10、熔断器FU7、FU8、FU9后为电动机等设备提供三相交流电。

图5-15　10kV高压配电所供配电线路识图（续）

5.3 低压供配电线路识图

日常的工作生活主要使用的是低压电，低压供电必须经过低压供配电线路来提供，本节将重点讲解常见的低压供配电线路。

5.3.1　三相电源双路互备自动供电线路识图

三相电源双路互备自动供电线路是采用两个供电电源，它们相互备份，为用电设备提供稳定的电源。此低压供配电线路主要通过接触器和节电器来实现，如图5–16所示。

首先合上开关QS1和QS2，电源1和电源2分别送至接触器KM1和KM2的上端，黄色指示灯HY1和HY2点亮。合上开关K1，接触器KM1线圈得电吸合，主触点闭合，电源1开始为用电设备供电。同时KM1-b闭合，HR1点亮；KM1-c分离防止电源2接通。

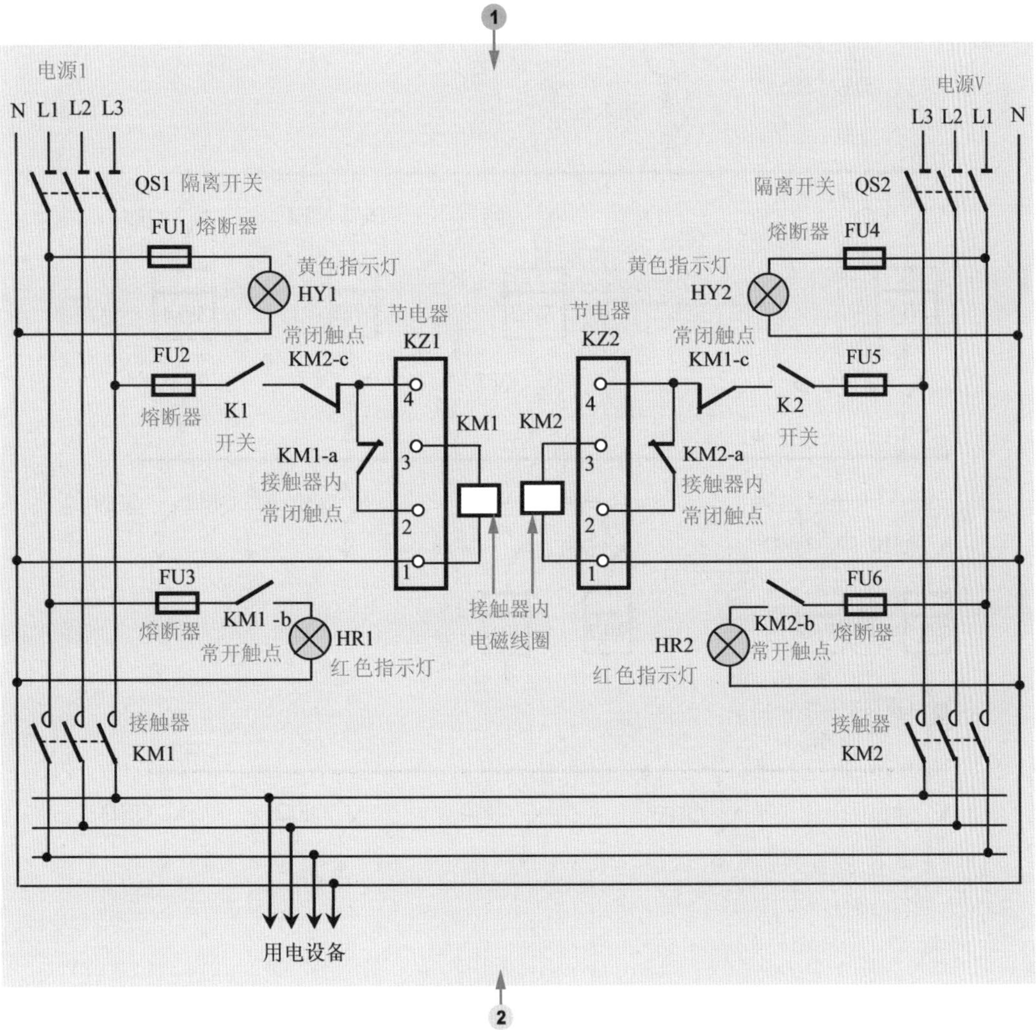

合上开关K2，由于KM1-c已经断开，接触器KM2的线圈无法通电。当电源1停电时，接触器KM1的线圈失电分离，KM1-c复位闭合，此时接触器KM2的线圈得电吸合，主触点闭合，电源2开始为用电设备供电。同时KM2-b闭合，HR2被点亮；KM2-c分离，防止电源1接通。

图5–16　三相电源双路互备自动供电线路识图

5.3.2　小区楼宇供配电线路识图

小区楼宇供配电线路主要为小区的用户、照明、电梯等供电，它由高压供配电线路变压后经小区配电线路分配给各个住宅楼及楼中的每层用户。小区供配电线路如图5-17所示。

❶ 当6kV高压电源经小区变压器T变压后，变为0.4kV的低压电源，然后经过总断路器QF1后进入小区供配电的母线W1上。

❷ 经过母线W1后分为多个支路为每个楼供电，每个支路可作为一个单独的低压供电线路使用。

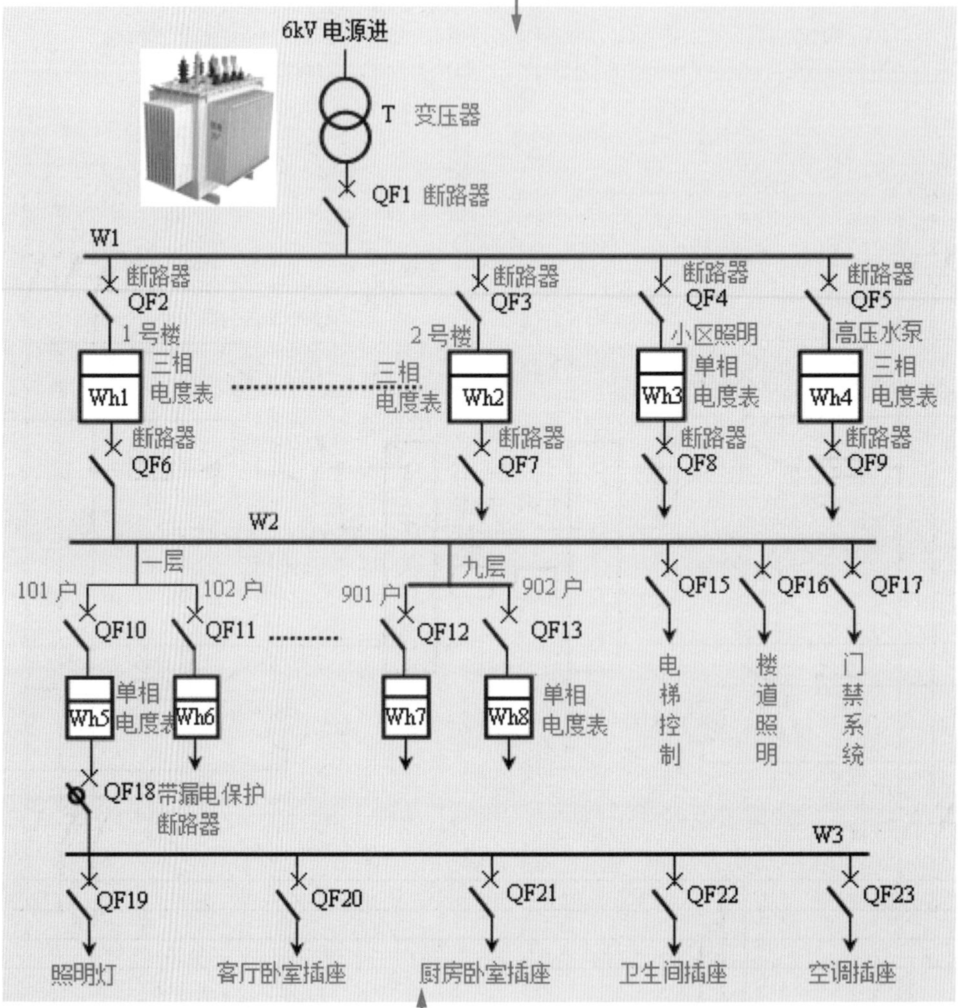

❸ 以1号楼为例，低压供电经过母线W1分配后，进入1号楼配电箱。首先经过断路器QF2，进入三相电度表Wh1，然后经过断路器QF6后，进入1号楼的供电母线W2上，为各个楼层用户及电梯、楼道照明、门禁系统等供电。

❹ 接下来低压供电经W2母线后，进入一层的总断路器QF10，然后进入Wh5电度表，再经过带漏电保护断路器QF18后，进入101用户的配电箱中。

❺ 最后经过总断路器QF18后分配给照明灯、插座等用电设备。

图5-17　小区楼宇供配电线路识图

5.3.3　工厂低压供配电线路识图

工厂低压供配电线路主要用来传输和分配低电压，为低压用电设备（电动机、照明灯等）

供电。该线路共有两路电源，一路作为常用电源，另一路作为备用电源。当电源正常时，黄色指示灯亮，当电源接通时，红色指示灯亮。如图5–18所示。

1. 当HY1和HY2黄色灯亮时，说明常用低压电源和备用低压电源均正常，此时合上断路器QF1和QF3，进入准备阶段。
2. 接通开关SB1，接触器KM1的线圈得电吸合，其主触点和内部常开触点KM1-a闭合，使接触器KM1实现自锁，红色指示灯HR1点亮。同时内部常闭触点KM1-b分离，防止备用电源接通。此时，常用低压电源开始给电动机及照明线路等供电。

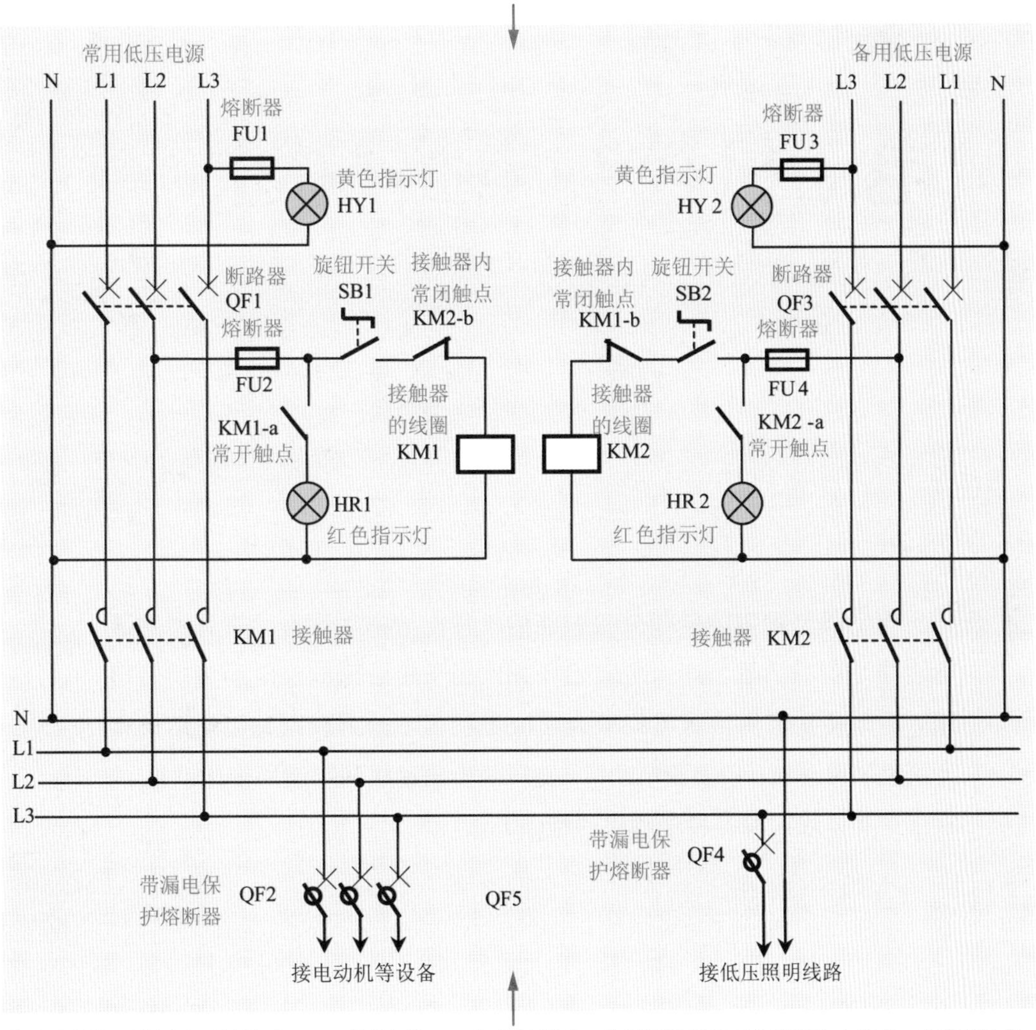

3. 当常用低压电源出现故障时，HY1黄色灯和HR1红色灯熄灭。此时接触器KM1的线圈失电分离，其常闭触点KM1-b恢复闭合。
4. 此时接通SB2开关，接触器KM2的线圈得电吸合，其主触点和内部常开触点KM2-a闭合，使接触器KM2实现自锁，红色指示灯HR2点亮。同时内部常闭触点KM2-b分离，防止常用电源接通。此时，备用低压电源开始给电动机及照明线路等供电。

图5–18　工厂低压供配电线路识图

第 6 章

电动机控制电路识图

电动机是把电能转换成机械能的一种电力拖动设备。它是利用通电线圈（定子绕组）产生旋转磁场并作用于转子形成磁电动力旋转扭矩。电动机按使用电源不同分为直流电动机（分为有刷直流电动机和无刷直流电动机）和交流电动机（交流异步电动机和交流同步电动机），接下来将详细讲解各种电动机的检修方法。

6.1 交流异步电动机

交流异步电动机是指电动机的转动速度与旋转磁场的转速不同步，其转速始终低于同步转速的一种电动机。

根据供电方式不同，交流异步电动机主要分为单相交流异步电动机和三相交流异步电动机两种。

6.1.1 三相交流异步电动机怎样产生动力

三相交流异步电动机是指同时接入380V三相交流电流（相位差120°）供电的一类电动机，由于三相异步电动机的转子与定子旋转磁场以相同的方向、不同的转速成旋转，存在转差率，所以叫三相异步电动机。如图6-1所示。

三相交流异步电动机主要由定子（包括铁芯和绕组）、转子（铁芯和绕组）和外壳（包括前端盖、后端盖、机座、风扇、风扇罩、出线盒及吊环）等构成。

三相交流异步电动机的定子是静止不动的部分，转子是旋转部分。其具有结构简单、运行可靠、价格便宜、过载能力强及使用、安装、维护方便等优点。

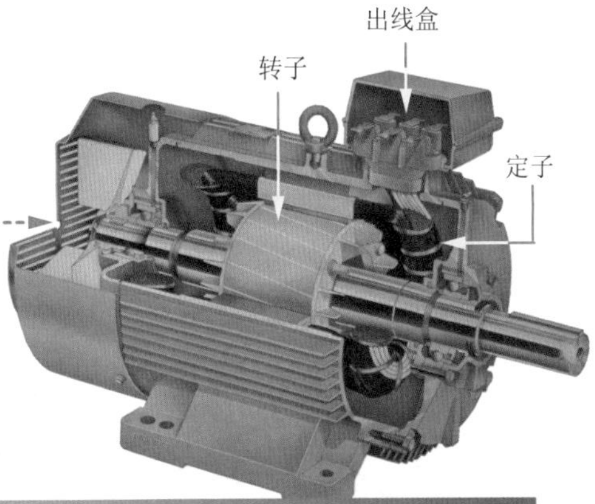

转子由铁芯与绕组组成，转子绕组有鼠笼式和线绕式。鼠笼式转子是在转子铁芯槽里插入铜条，再将全部铜条两端焊在两个铜端环上；线绕式转子绕组与定子绕组一样，由线圈组成绕组放入转子铁芯槽里。鼠笼式与线绕式两种电动机虽然结构不一样，但工作原理是一样的。

图6-1　三相交流异步电动机怎样产生动力

（a）三相交流异步电动机结构

三相异步电动机的工作原理是基于定子产生的旋转磁场和转子切割旋转磁场产生电流的相互作用。当电动机的三相定子绕组，通入三相对称交流电后，将产生一个旋转磁场。这是由于三相电源相与相之间的电压在相位上是相差120°的，三相异步电动机定子中的三个绕组在空间方位上也相差120°，这样，当在定子绕组中通入三相交流电源时，定子绕组就会产生一个旋转磁场。

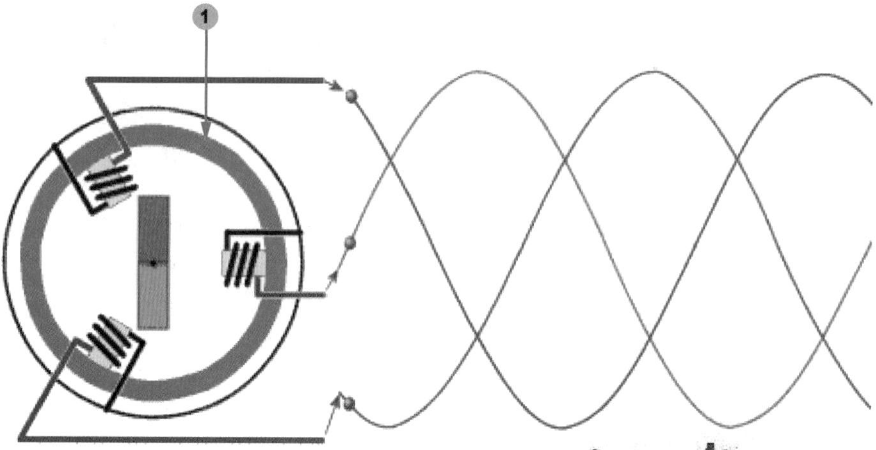

定子绕组产生旋转磁场后，转子导体将切割旋转磁场的磁力线而产生感应电流，转子导条中的电流又与旋转磁场相互作用产生电磁力。电磁力产生的电磁转矩驱动转子沿旋转磁场方向旋转起来，这样电动机就产生了转动的动力。电动机旋转方向与旋转磁场方向相同，但不同步。

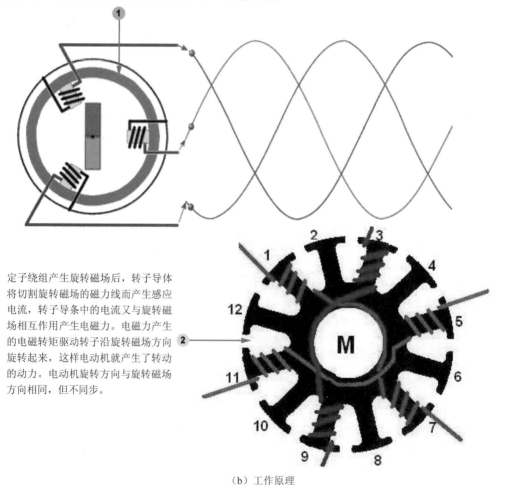

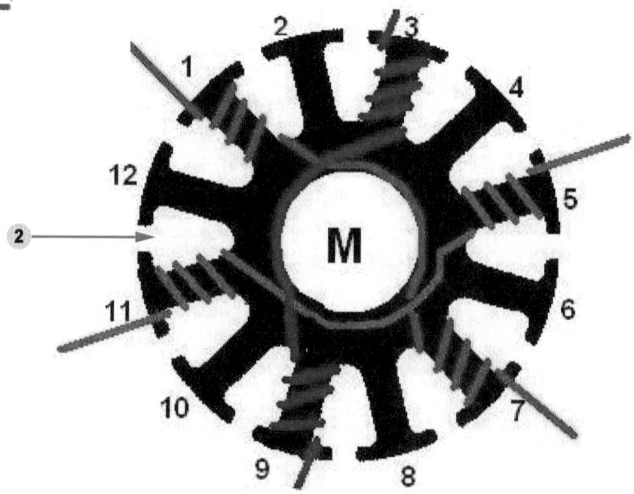

（b）工作原理

图6-1　三相交流异步电动机怎样产生动力（续）

6.1.2　单相交流异步电动机怎样产生动力

单相异步电动机指采用单相交流电源（AC220V）供电的异步电动机。这种电机通常在定子上有两相绕组，转子是普通鼠笼式的，如图6-2所示。

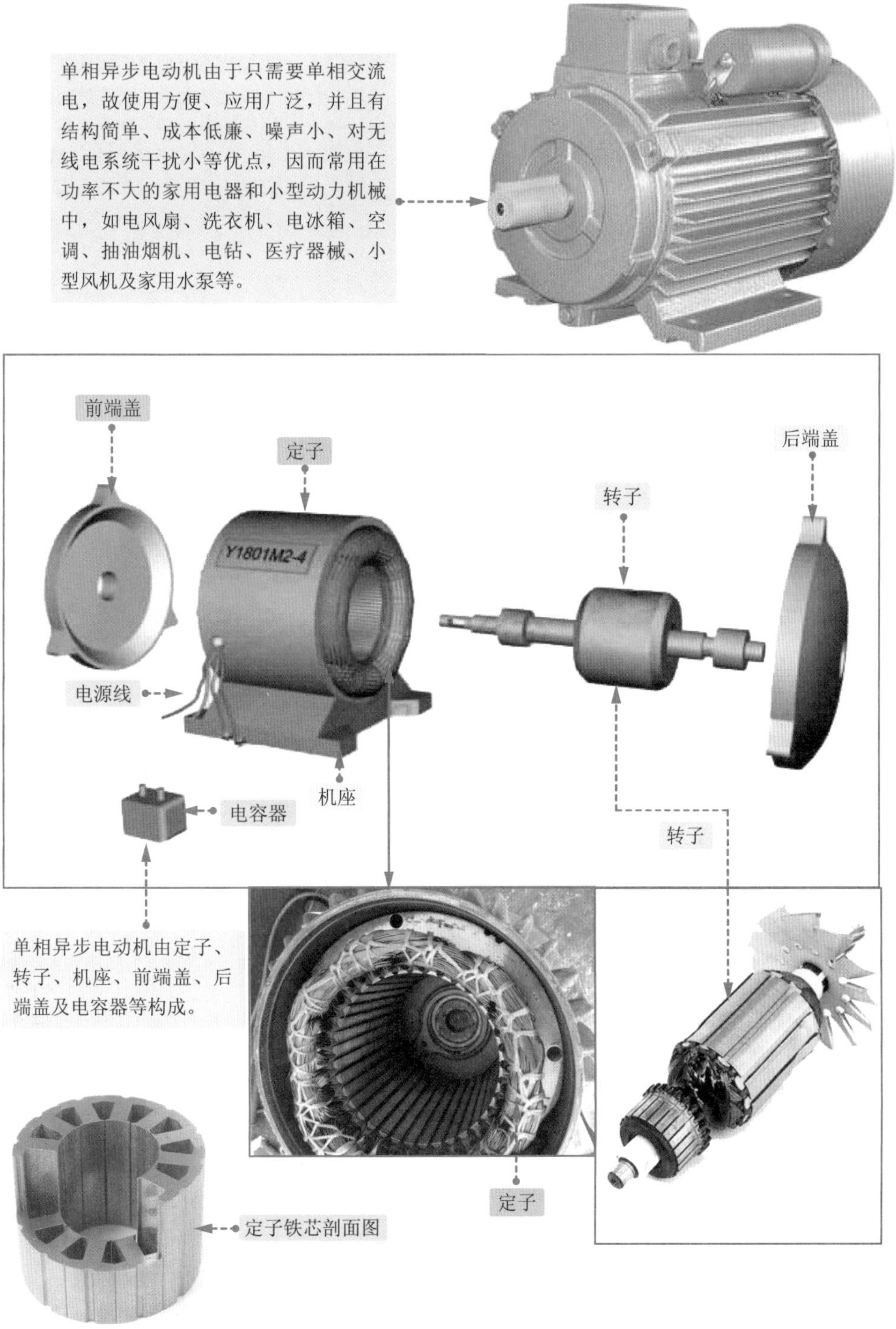
单相异步电动机由于只需要单相交流电，故使用方便、应用广泛，并且有结构简单、成本低廉、噪声小、对无线电系统干扰小等优点，因而常用在功率不大的家用电器和小型动力机械中，如电风扇、洗衣机、电冰箱、空调、抽油烟机、电钻、医疗器械、小型风机及家用水泵等。
前端盖
定子
Y1801M2-4
后端盖
转子
电源线
机座
电容器
转子
单相异步电动机由定子、转子、机座、前端盖、后端盖及电容器等构成。
定子
定子铁芯剖面图

图6-2　单相异步电动机怎样产生动力

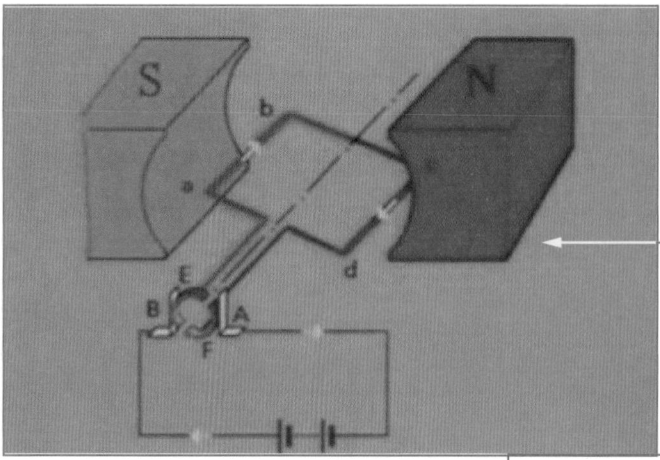

1 当单相正弦电流通过定子绕组时，电机就会产生一个交变磁场，这个磁场的强弱和方向随时间作正弦规律变化，但在空间方位上是固定的，所以又称这个磁场是交变脉动磁场。这个交变脉动磁场可分解为两个以相同转速、旋转方向互为相反的旋转磁场，当转子静止时，这两个旋转磁场在转子中产生两个大小相等、方向相反的转矩，使得合成转矩为0，所以电机无法旋转。

2 当我们用外力使电动机向某一方向旋转时（如顺时针方向旋转），这时转子与顺时针旋转方向的旋转磁场间的切割磁力线运动变小；转子与逆时针旋转方向的旋转磁场间的切割磁力线运动变大。这样平衡就打破了，转子所产生的总的电磁转矩将不再是0，转子将顺着推动方向旋转起来。

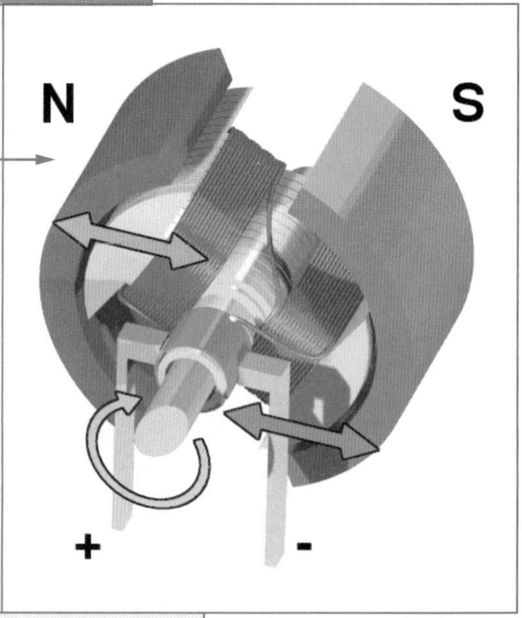

3 由于单相电不能产生旋转磁场，要使单相电动机能自动旋转起来，我们需要在定子中加上一个起动绕组，起动绕组与主绕组在空间上相差90°，起动绕组要串接一个合适的电容，使得与主绕组的电流在相位上近似相差90°，即所谓的分相原理。这样两个在时间上相差90°的电流通入两个在空间上相差90°的绕组，将会在空间上产生（两相）旋转磁场，在这个旋转磁场作用下，转子就能自动起动。

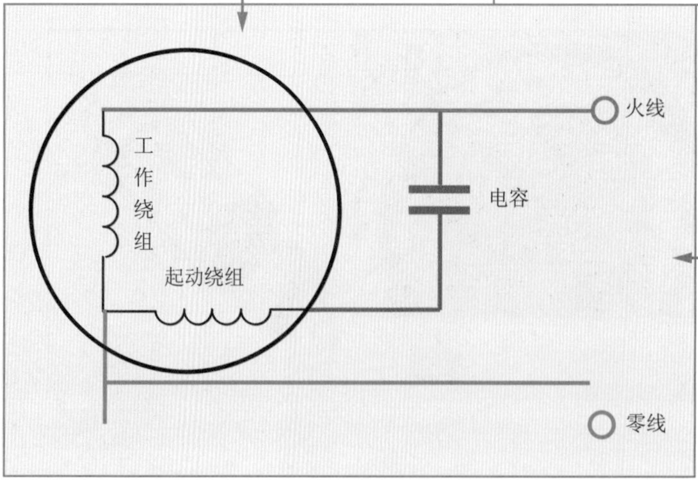

4 起动后，待转速升到一定时，借助于一个安装在转子上的离心开关或其他自动控制装置将起动绕组断开，正常工作时只有主绕组工作。因此，起动绕组可以做成短时工作方式。但在很多时候，起动绕组并不断开，我们称这种电机为单相电机，要改变这种电机的转向，只要把辅助绕组的接线端头调换一下即可。

图6-2　单相异步电动机怎样产生动力（续）

6.1.3　三相交流异步电动机如何接线

三相交流异步电动机的定子绕组由U、V、W三相绕组组成，三相绕组有6个接线端，它们与接线盒的6个接线柱连接。在接线盒上，可以通过将不同的接线柱短接来将三相异步电动机定子绕组结成星形（Y）或三角形（△），通常小功率电动机采用星形接法，大功率电动机采用三角形接法，具体应采用什么接法，参考电动机的铭牌说明，如图6–3所示为三相交流异步电动铭牌与机接线方法。

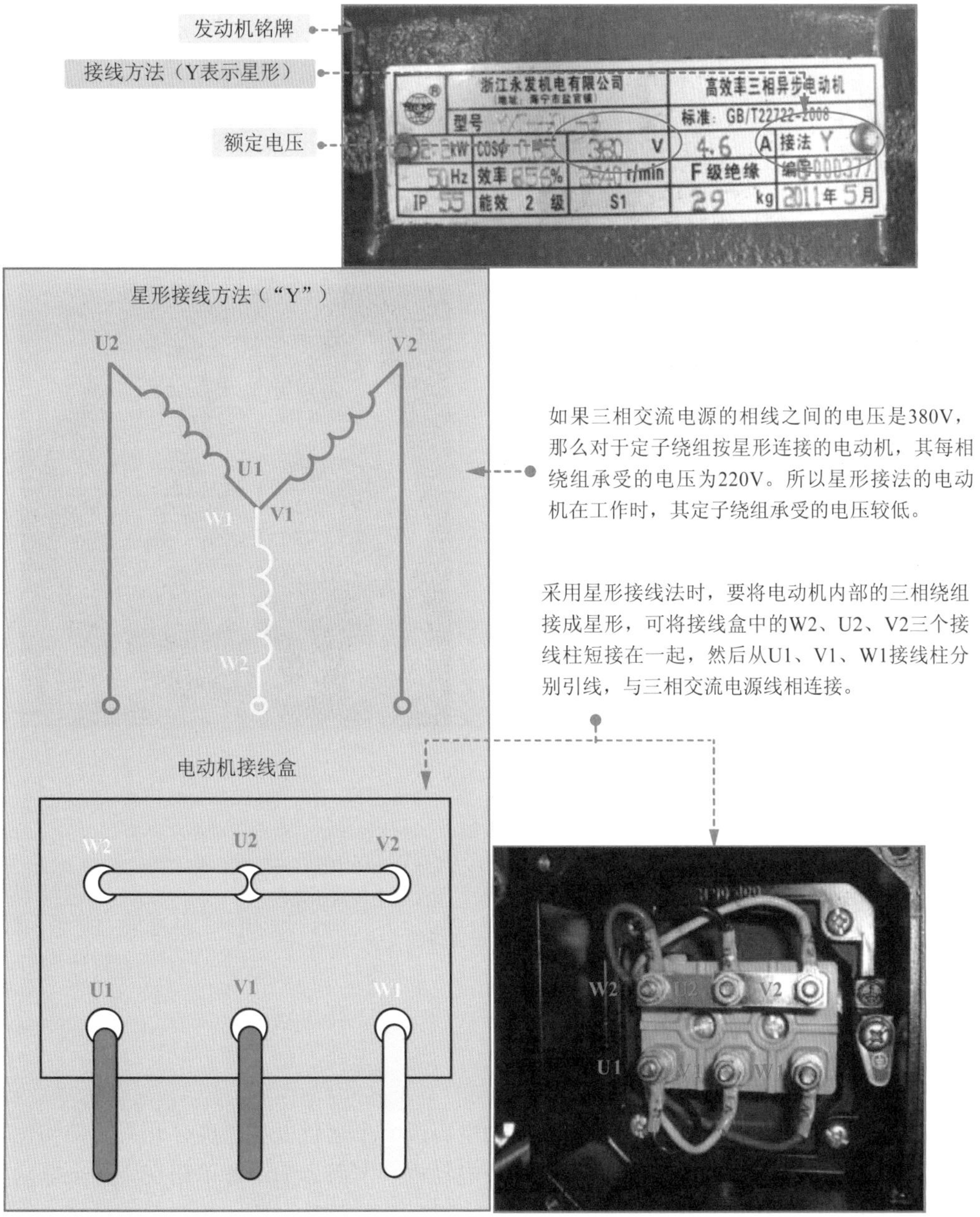

发动机铭牌
接线方法（Y表示星形）
额定电压
浙江永发机电有限公司
高效率三相异步电动机
标准：GB/T22722-2008
型号
380 V
4.6 A
接法 Y
50 Hz
效率
r/min
F级绝缘
IP 55
能效 2 级
S1
29 kg
2011年5月
星形接线方法（“Y”）
U2
V2
U1
W1
V1
W2
如果三相交流电源的相线之间的电压是380V，那么对于定子绕组按星形连接的电动机，其每相绕组承受的电压为220V。所以星形接法的电动机在工作时，其定子绕组承受的电压较低。
采用星形接线法时，要将电动机内部的三相绕组接成星形，可将接线盒中的W2、U2、V2三个接线柱短接在一起，然后从U1、V1、W1接线柱分别引线，与三相交流电源线相连接。
电动机接线盒
W2
U2
V2
U1
V1
W1

（a）星形接线法

图6–3　三相交流异步电动机接线方法

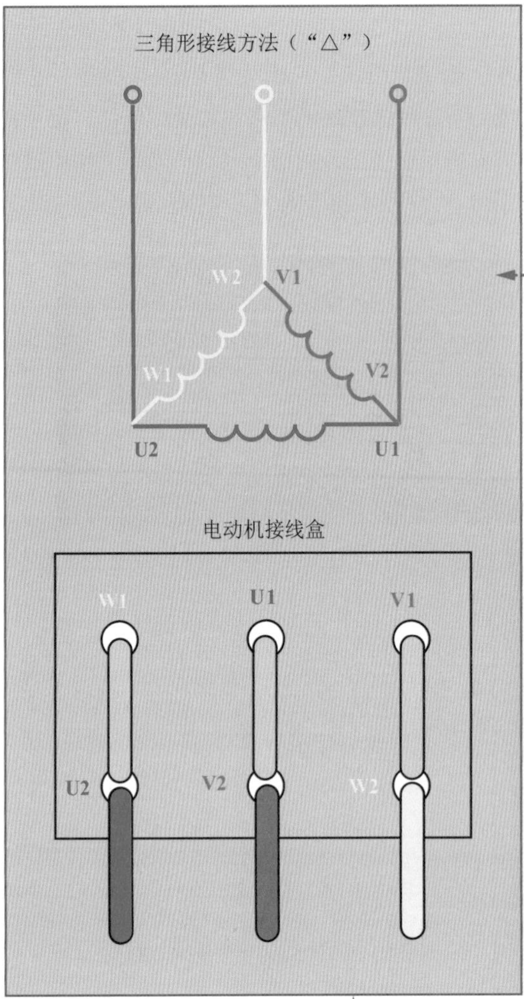

如果三相交流电源的相线之间的电压是380V，那么对于定子绕组按三角形连接的电动机，其每相绕组承受的电压为380V。所以三角形接法的电动机在工作时，其定子绕组将承受更高的电压。

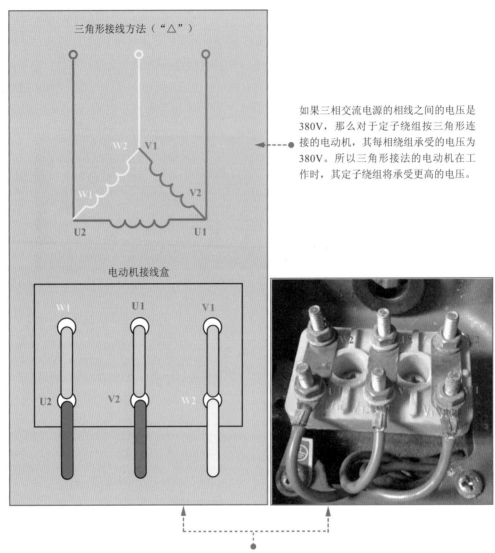

采用三角形接线法时，要将电动机内部的三相绕组接成三角形，可将接线盒中的U1和W2，V1和U2，W1和V2接线柱按图中接线法连接，然后从U1、V1、W1接线柱分别引线，与三相交流电源线相连接。

（b）三角形接线法

图6-3　三相交流异步电动机接线方法（续）

6.1.4　单相交流异步电动机如何接线

单相交流异步电动机有两组绕组，一个起动电容或一个运行电容、离心开关，结构比较复杂，因此接线难度比较大，如果接错，可能烧毁电动机。下面详细讲解单相交流异步电动机的接线方法，图6-4所示为单电容单相交流异步电动机接线图，图6-5所示为双电容单相交流异步电动机接线图。

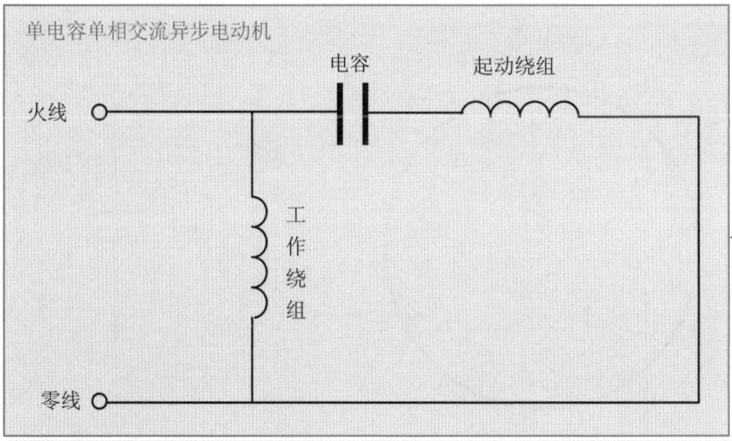

单电容单相交流异步电动机正转（顺时针转）电路原理图。

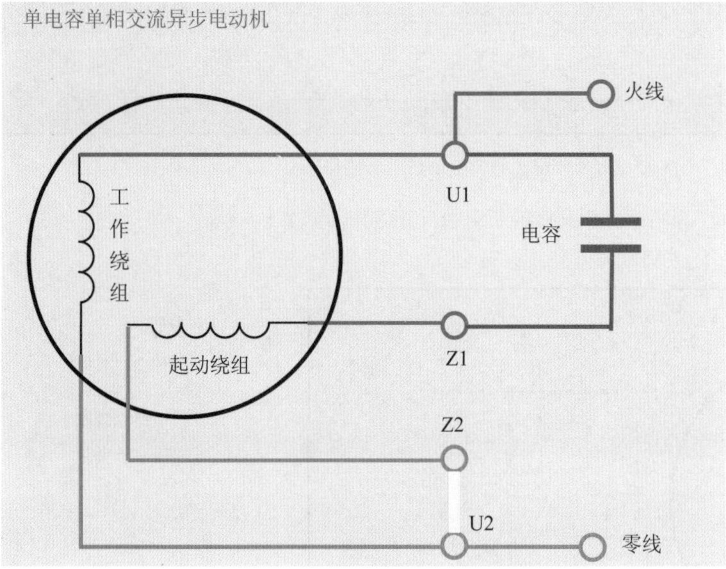

在单电容单相交流异步电动机中，U1和U2之间连接的是工作绕组，Z1和Z2之间连接的是起动绕组，电容在电动机外壳上。

采用正转（顺时针转）的连线方法：先将电容的两根线分别接U1和Z1，然后将U2和Z2短接，最后将220V电源的火线接U1，零线接U2或Z2。

（a）单电容单相交流异步电动机正转接线法

单电容单相交流异步电动机反转（逆时针转）电路原理图。

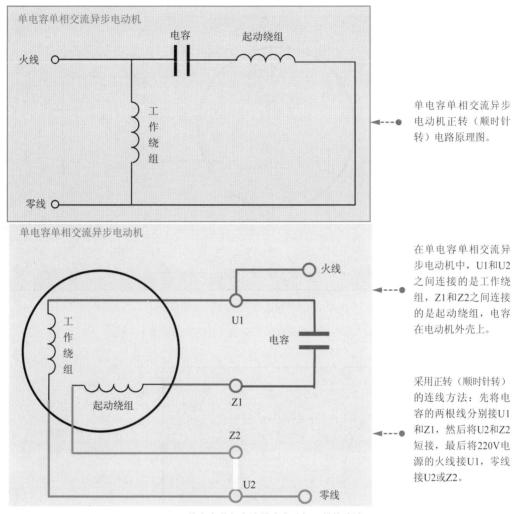

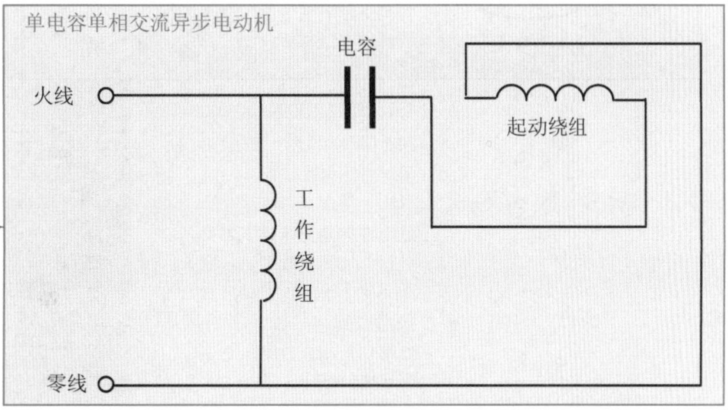

图6-4　单电容单相交流异步电动机接线方法

采用反转（逆时针转）的连线方法：先将电容的两根线分别接U1和Z2，然后将U2和Z1短接，最后将220V电源的火线接U1，零线接U2或Z1。

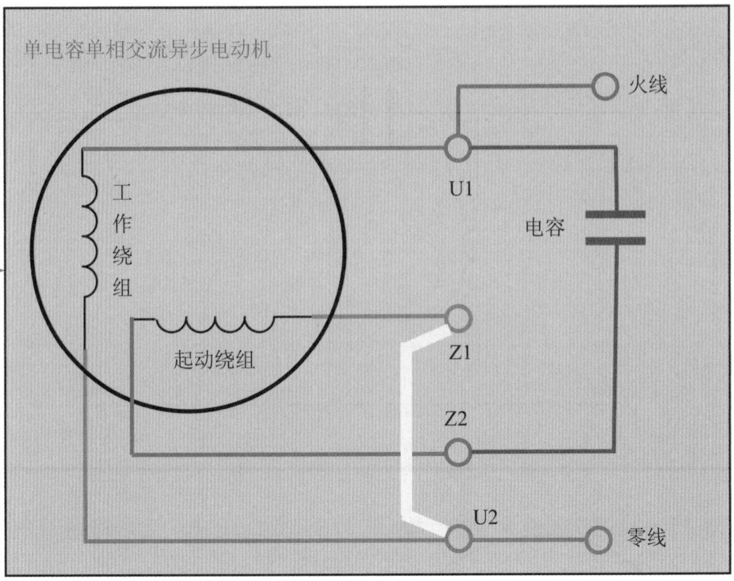

（b）单电容单相交流异常电动机反转接线法

图6-4　单电容单相交流异步电动机接线方法（续）

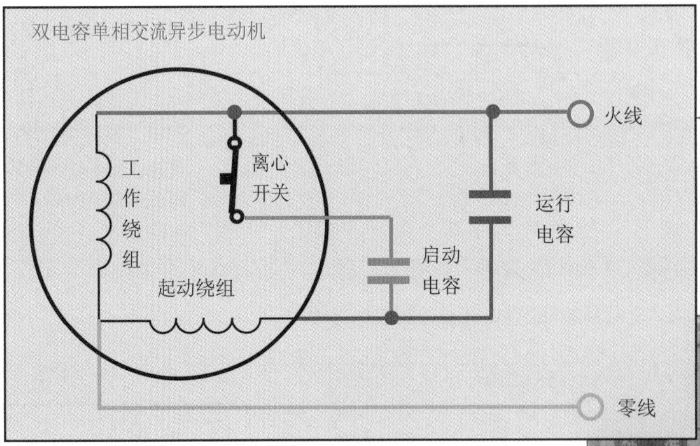

双单电容单相交流异步电动机正转（顺时针转）电路原理图。

电动机铭牌

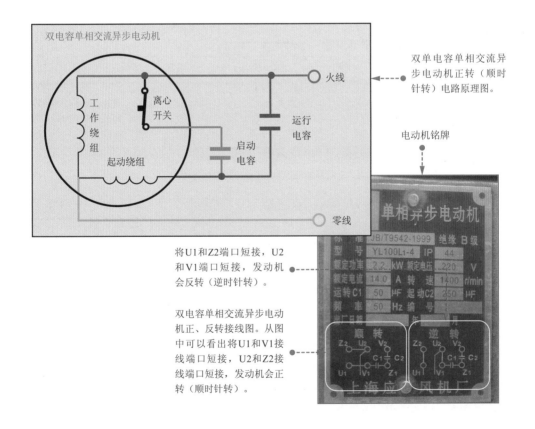

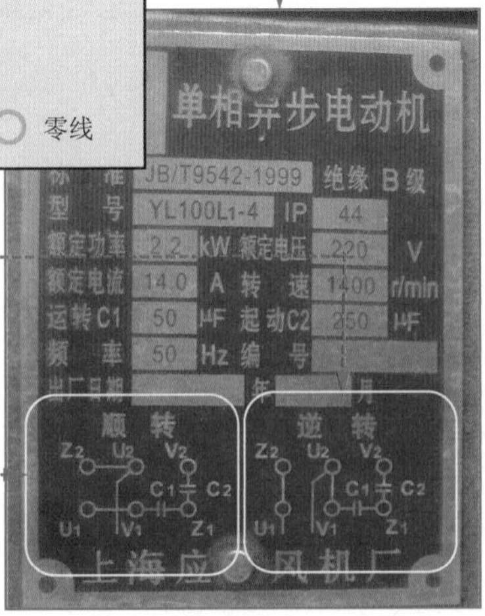

将U1和Z2端口短接，U2和V1端口短接，发动机会反转（逆时针转）。

双电容单相交流异步电动机正、反转接线图。从图中可以看出将U1和V1接线端口短接，U2和Z2接线端口短接，发动机会正转（顺时针转）。

图6-5　双电容单相交流异步电动机接线方法

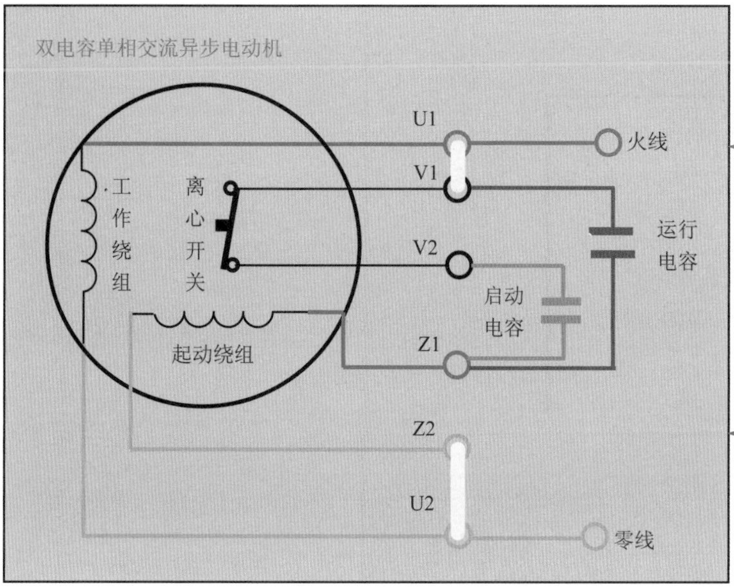

在双电容单相交流异步电动机中，U1和U2之间连接的是工作绕组，Z1和Z2之间连接的是起动绕组，V1和V2之间连接的离心开关，电容在电动机外壳。

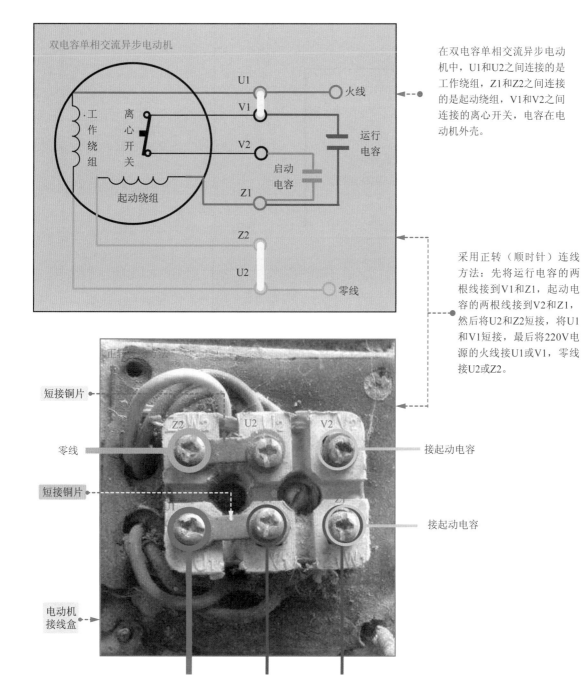

采用正转（顺时针）连线方法：先将运行电容的两根线接到V1和Z1，起动电容的两根线接到V2和Z1，然后将U2和Z2短接，将U1和V1短接，最后将220V电源的火线接U1或V1，零线接U2或Z2。

（a）双电容单相交流异步电动机正转接线法（续）

图6-5　双电容单相交流异步电动机接线方法（续）

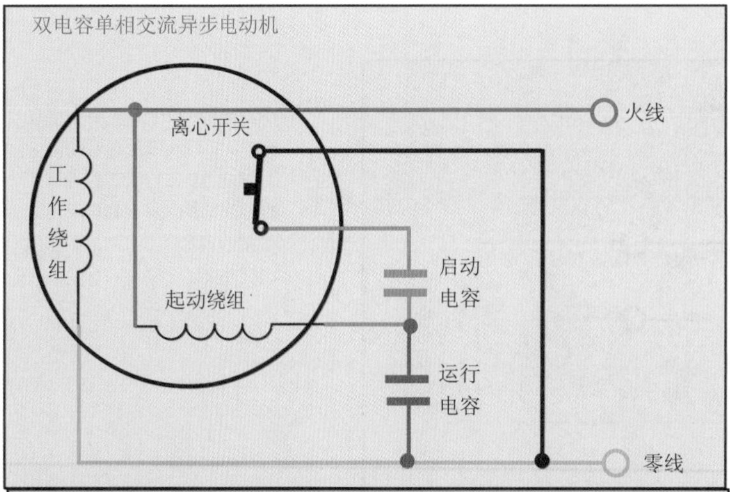

双单电容单相交流异步电动机反转（逆时针转）电路原理图。

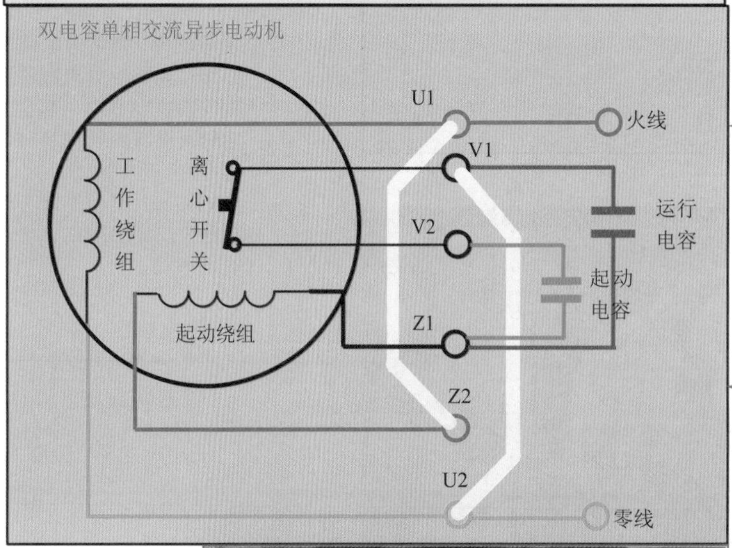

在双电容单相交流异步电动机中，U1和U2之间连接的是工作绕组，Z1和Z2之间连接的是起动绕组，V1和V2之间连接的离心开关，电容在电动机外壳。

采用反转（逆时针）连线方法：先将运行电容的两根线接到V1和Z1，起动电容的两根线接到V2和Z1，然后将U1和Z2短接，将U2和V1短接，最后将220V电源的火线接U1或Z2，零线接U2或V1。

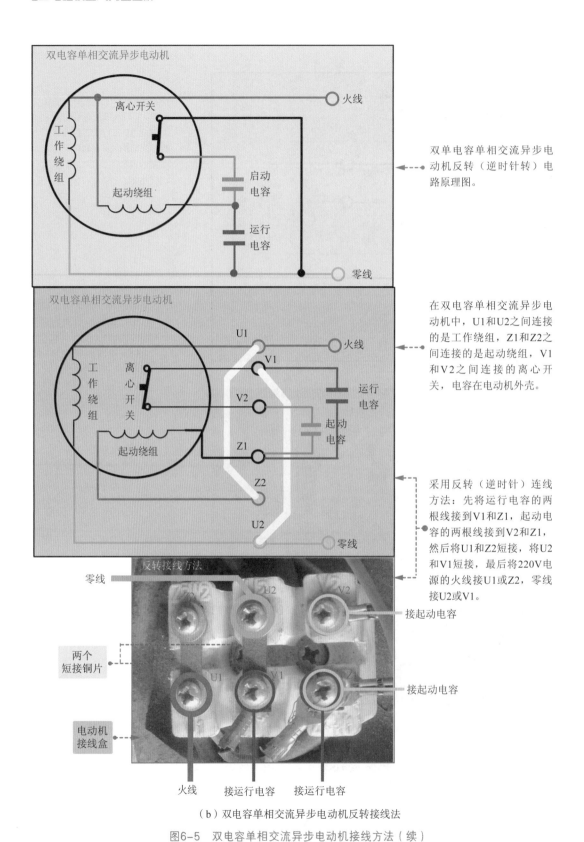

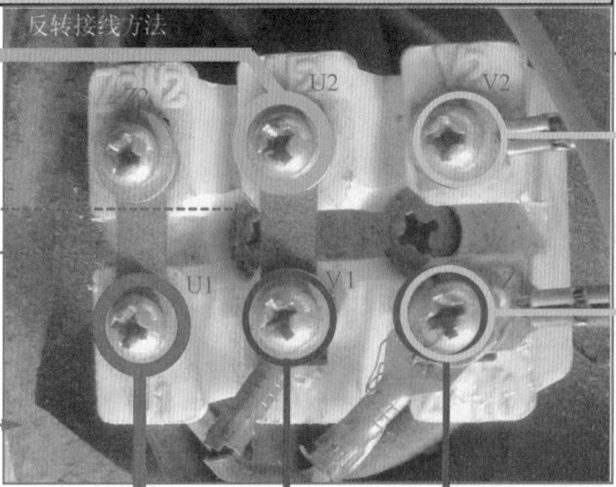

（b）双电容单相交流异步电动机反转接线法

图6-5 双电容单相交流异步电动机接线方法（续）

6.2 交流同步电动机

交流同步电动机是指转子旋转速度与定子绕组所产生的旋转磁场的速度相同的交流电机。同步电动机与异步电动机的定子绕组是相同的，区别在于转子结构。交流同步电动机的转子主要有两种：一种是用直流电驱动励磁的转子，另一种是不需要励磁的转子，如图6-6所示。

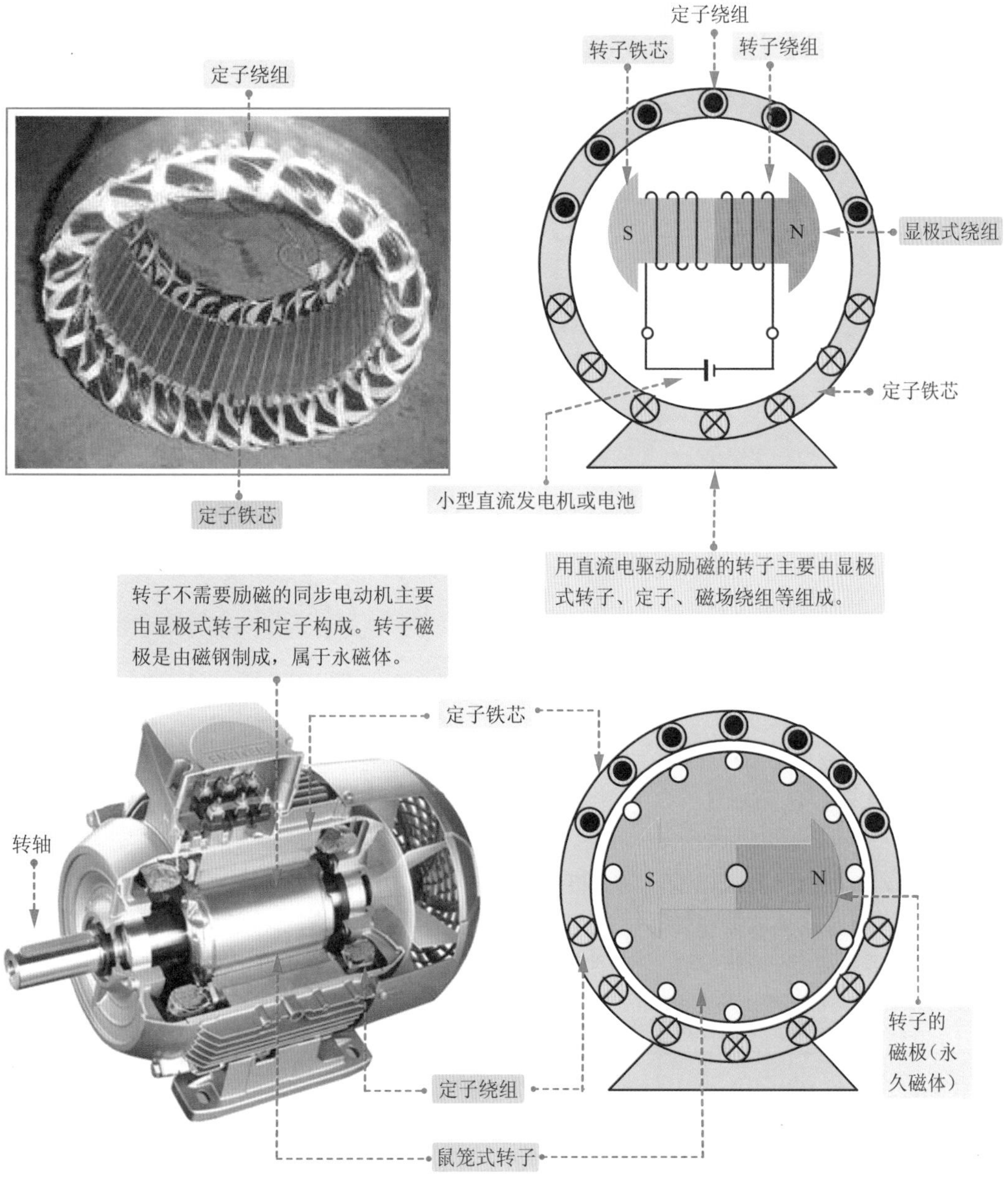

图6-6　交流同步电动机的结构

交流同步电动机的转动原理如图6-7所示。

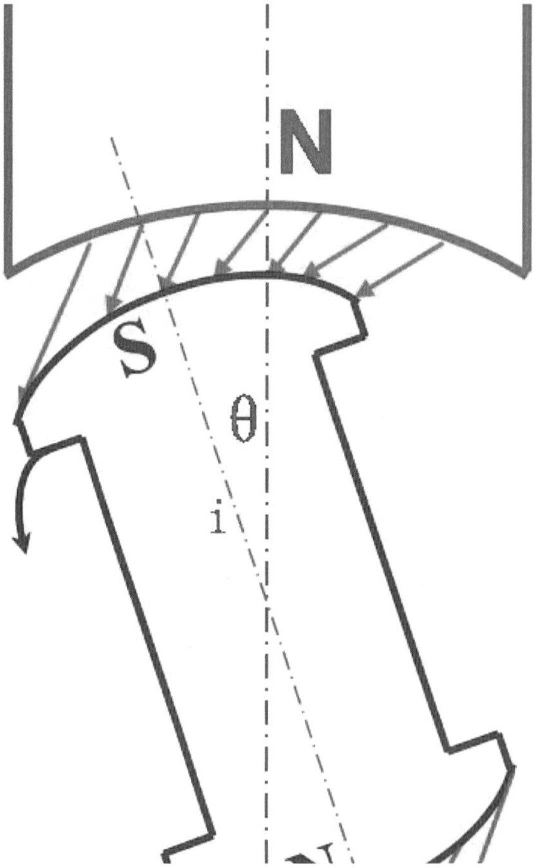

图6-7 交流同步电动机的转动原理

6.3 直流电动机

直流电动机是指将直流电能转换为机械能的电动机。电动机定子提供磁场，直流电源向转子的绕组提供电流，换向器使转子电流与磁场产生的转矩保持方向不变。根据是否配置有常用的电刷–换向器可以将直流电动机分为两类，包括有刷直流电动机和无刷直流电动机。

6.3.1 有刷直流电动机如何工作

有刷直流电机是指内含电刷装置的将直流电能转换成机械能的直流电动机，有刷直流电机主要由定子、转子、电刷和换向器等组成，如图6-8所示。

（3）换向极是安装在两相邻主磁极之间的一个小磁极，它的作用是改善直流电机的换向情况，使电机运行时不产生有害的火花。换向极结构和主磁极类似，是由换向极铁芯和套在铁芯上的换向极绕组构成，并用螺杆固定在机座上。

（4）有刷直流电动机的转子部分主要由转子铁芯、转子绕组等组成。转子绕组按一定规则嵌放在转子铁芯槽内，是直流电机的电路部分，也是感生电动势，产生电磁转矩进行机电能量转换的部分。

（5）电刷是石墨或金属石墨组成的导电块，放在刷握内用弹簧以一定的压力按放在换向器的表面，旋转时与换向器表面形成滑动接触。

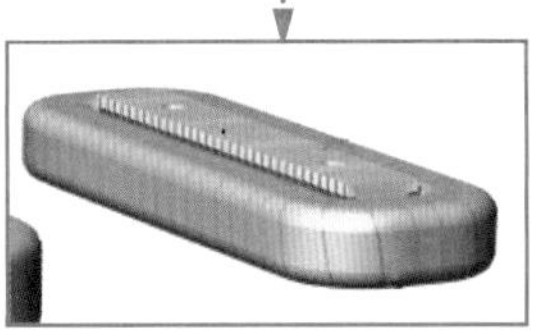

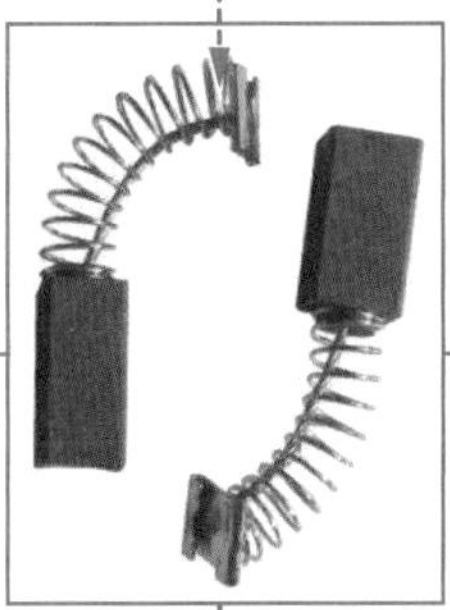

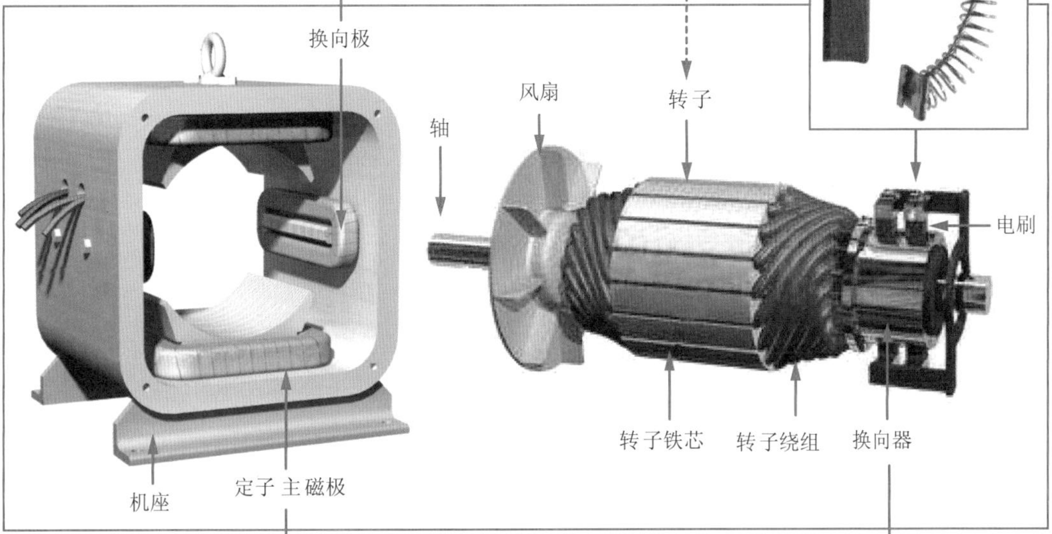

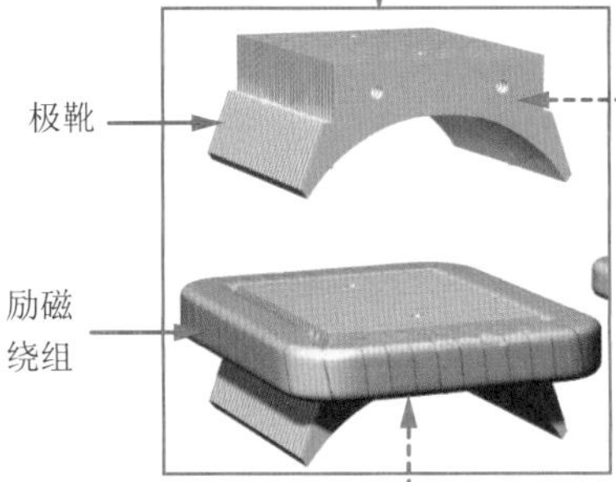

（2）磁极铁芯靠近转子一端的扩大的部分称为极靴，它的作用是使气隙磁阻减小，改善主磁极磁场分布，并使励磁绕组容易固定。磁极的个数一定是偶数，励磁绕组的连接必须使得相邻磁极的极性按N、S极交替出现。

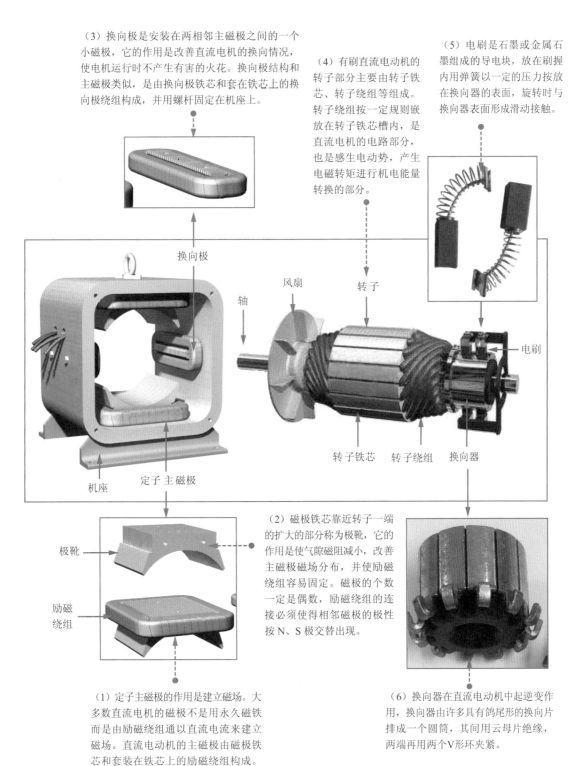

（1）定子主磁极的作用是建立磁场。大多数直流电机的磁极不是用永久磁铁而是由励磁绕组通以直流电流来建立磁场。直流电动机的主磁极由磁极铁芯和套装在铁芯上的励磁绕组构成。

（6）换向器在直流电动机中起逆变作用，换向器由许多具有鸽尾形的换向片排成一个圆筒，其间用云母片绝缘，两端再用两个V形环夹紧。

图6-8　有刷直流电动机组成结构

有刷直流电动机工作时，绕组和换向器旋转，定子（主磁极）和电刷不旋转，如图6-9所示。

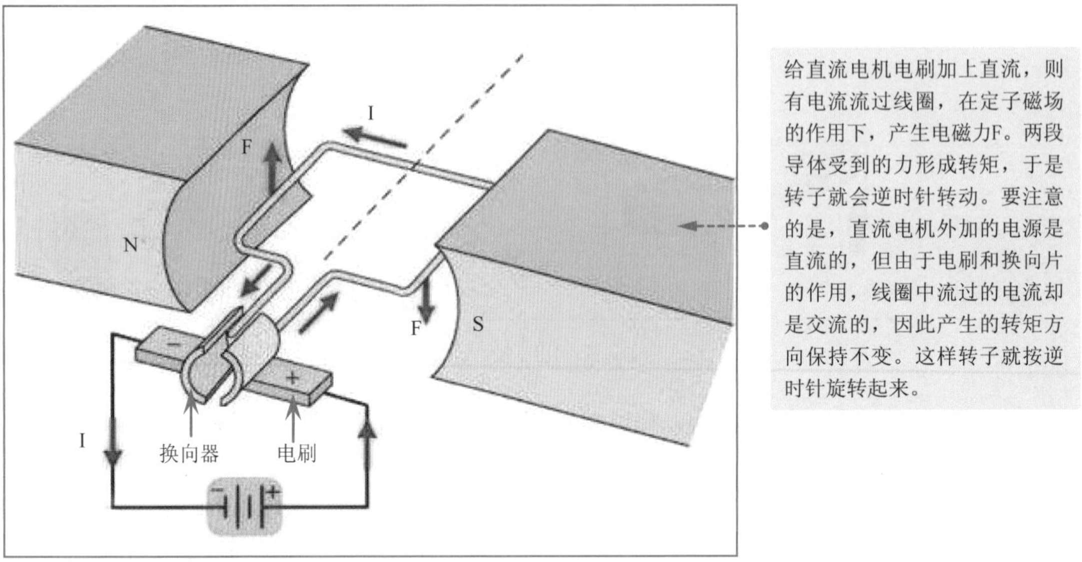

I
F
N
F
S
I
换向器
电刷
给直流电机电刷加上直流，则有电流流过线圈，在定子磁场的作用下，产生电磁力F。两段导体受到的力形成转矩，于是转子就会逆时针转动。要注意的是，直流电机外加的电源是直流的，但由于电刷和换向片的作用，线圈中流过的电流却是交流的，因此产生的转矩方向保持不变。这样转子就按逆时针旋转起来。

图6-9　有刷直流电动机工作原理

6.3.2　无刷直流电动机如何工作

无刷直流电动机是指没有电刷和换向器的直流电动机，与有刷直流电动机不同，无刷直流电动机线圈部分是不转的，旋转的部分是由永久磁铁组成的转子，如图6-10所示。

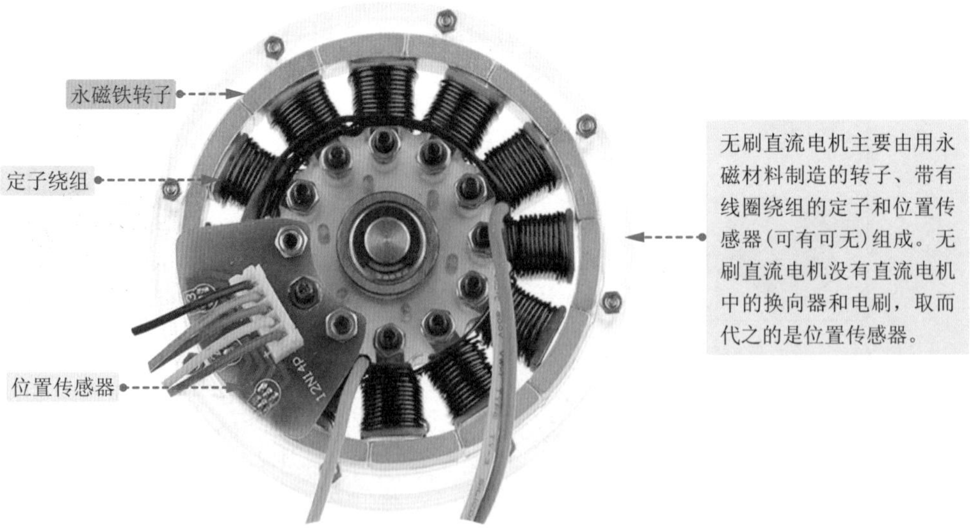

无刷直流电机主要由用永磁材料制造的转子、带有线圈绕组的定子和位置传感器(可有可无)组成。无刷直流电机没有直流电机中的换向器和电刷，取而代之的是位置传感器。

图6-10　无刷直流电动机结构

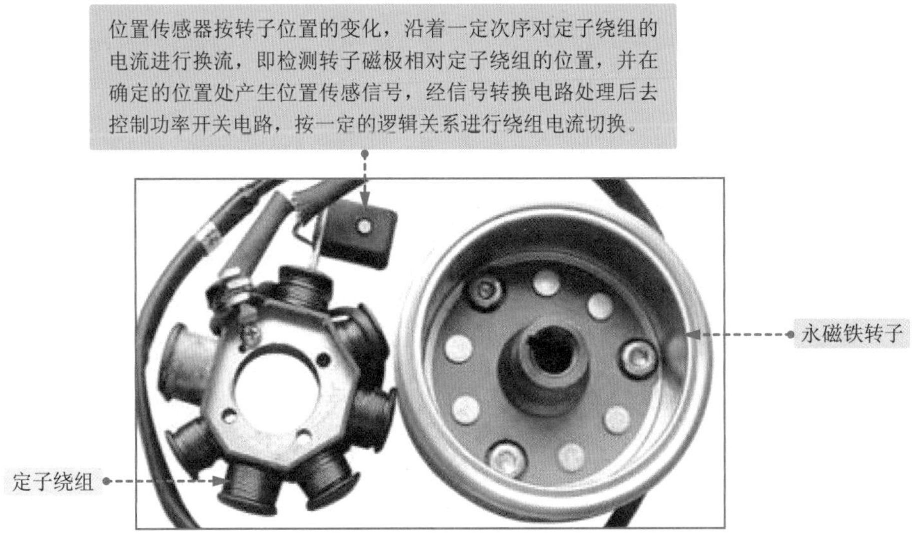

位置传感器按转子位置的变化，沿着一定次序对定子绕组的电流进行换流，即检测转子磁极相对定子绕组的位置，并在确定的位置处产生位置传感信号，经信号转换电路处理后去控制功率开关电路，按一定的逻辑关系进行绕组电流切换。
永磁铁转子
定子绕组

图6-10　无刷直流电动机结构（续）

既然无刷直流电动机的绕组部分是固定的，那怎样才能产生变化的磁场使电动机运转起来呢？那就需要通过不断改变绕组的电流方向来产生变化的磁场，从而驱动永久磁铁转子不停转动，如图6-11所示。

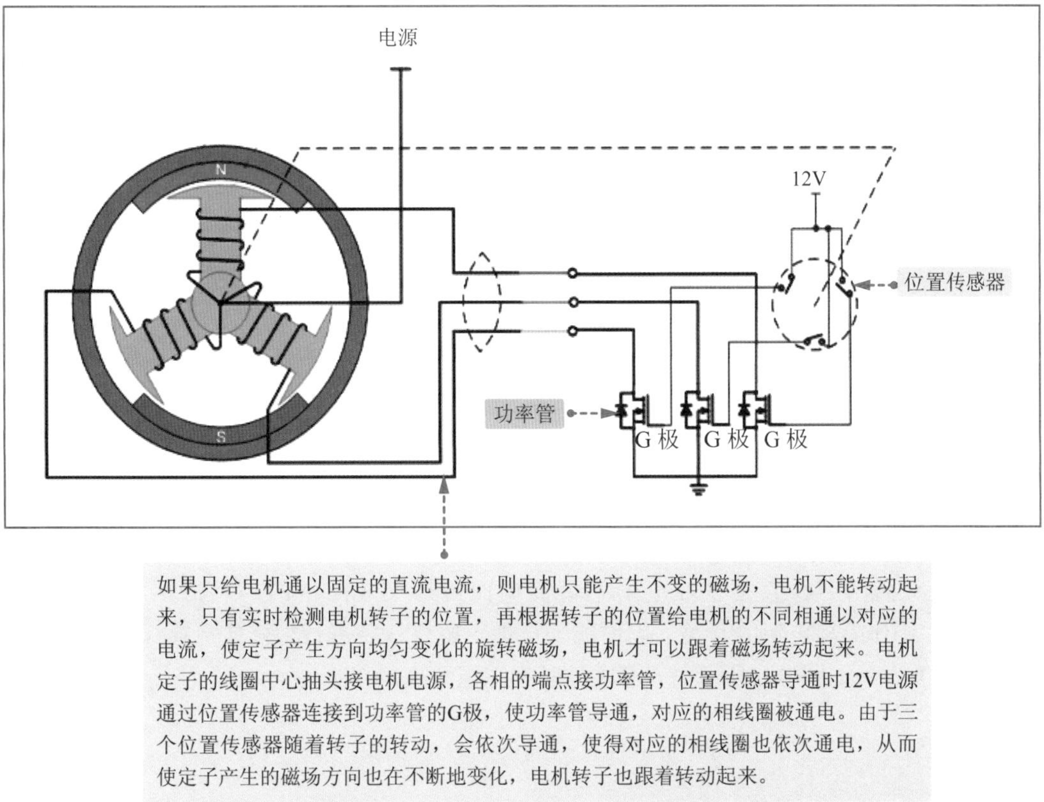

电源
N
S
12V
位置传感器
功率管
G 极
G 极
G 极
如果只给电机通以固定的直流电流，则电机只能产生不变的磁场，电机不能转动起来，只有实时检测电机转子的位置，再根据转子的位置给电机的不同相通以对应的电流，使定子产生方向均匀变化的旋转磁场，电机才可以跟着磁场转动起来。电机定子的线圈中心抽头接电机电源，各相的端点接功率管，位置传感器导通时12V电源通过位置传感器连接到功率管的G极，使功率管导通，对应的相线圈被通电。由于三个位置传感器随着转子的转动，会依次导通，使得对应的相线圈也依次通电，从而使定子产生的磁场方向也在不断地变化，电机转子也跟着转动起来。

图6-11　无刷直流电动机工作原理

6.4 掌握电动机常用电气控制元件

电动机的控制元件是一种能根据外界的信号和要求，手动或自动地接通、断开电路，以实现对电动机的切换、控制、保护、检测、变换和调节的元件或设备。电动机的常用电气控制元件有很多种。如闸刀开关、熔断器、继电器、接触器等。

6.4.1 按钮开关

按钮开关是一种应用十分广泛的控制元件。在电气控制电路中，主要用于手动发出控制信号，如图6-12所示。

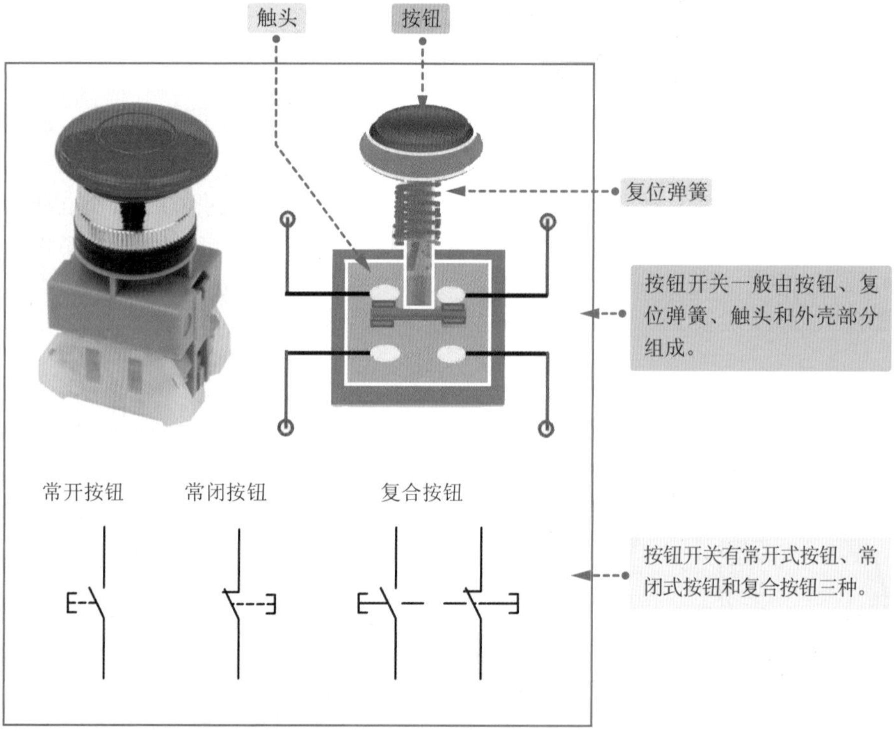

图6-12　按钮及内部结构

6.4.2 刀开关

刀开关又名闸刀，它是手控电器中最简单而使用又较广泛的一种低压电器（不大于500V），通常用作隔离电源的开关，以便能安全地对电气设备进行检修或更换保险丝。刀开关的符号为“QS”，如图6-13所示为刀开关的基本知识和检测方法。

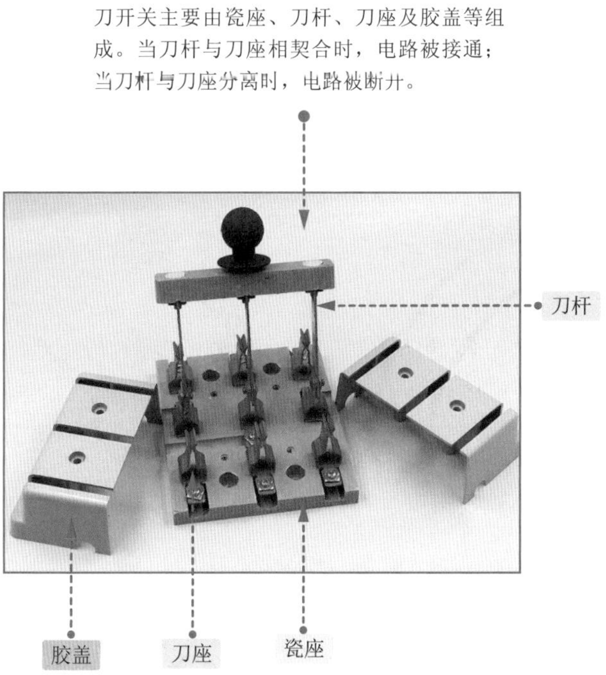

刀开关主要由瓷座、刀杆、刀座及胶盖等组成。当刀杆与刀座相契合时，电路被接通；当刀杆与刀座分离时，电路被断开。
刀杆
胶盖
刀座
瓷座

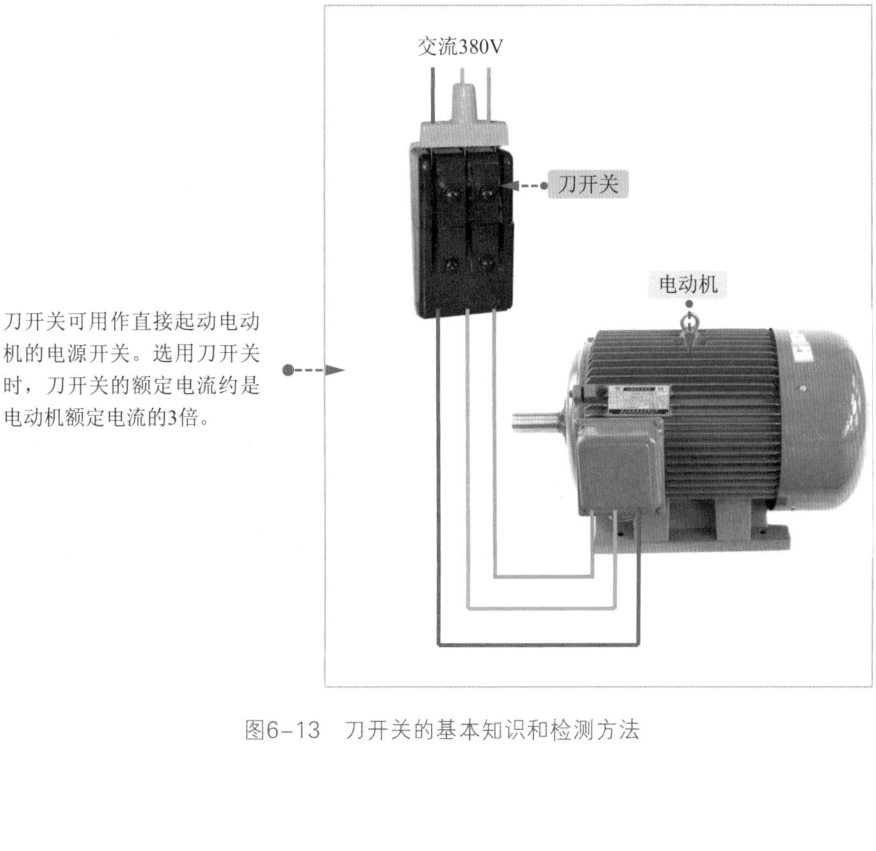

交流380V
刀开关
电动机
刀开关可用作直接起动电动机的电源开关。选用刀开关时，刀开关的额定电流约是电动机额定电流的3倍。

图6-13　刀开关的基本知识和检测方法

根据刀片数的多少，刀开关分单极（单刀）、双极（双刀）、三极（三刀）。允许通过电流各有不同。其中，HK系列胶盖闸刀，额定电流主要有：10A、15A、30A、60A；HS和HD系列刀开关额定电流主要有：200 A、400A、600 A 、1000 A和1500A；HH系列封闭式铁壳开关额定电流主要有：15A、30A、60A、100A、200A；HR刀熔开关额定电流主要有：100A、200A、400A、600A、1000A。

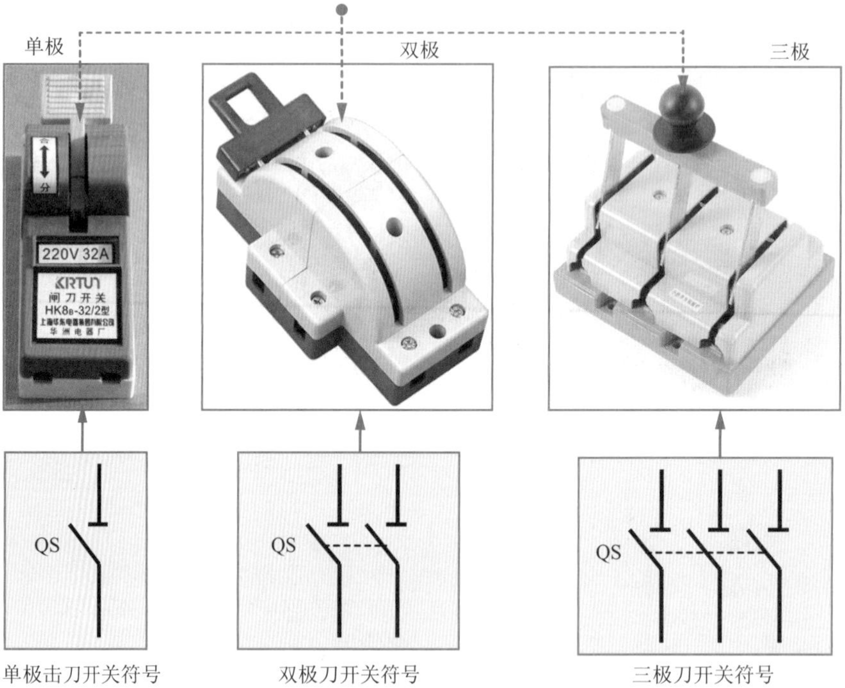

检查刀开关时，需要操作后现场检查刀开关是否合闸良好（或分闸正常），动触头刀杆横平竖直不偏不离，动静触头接触处行程到位。

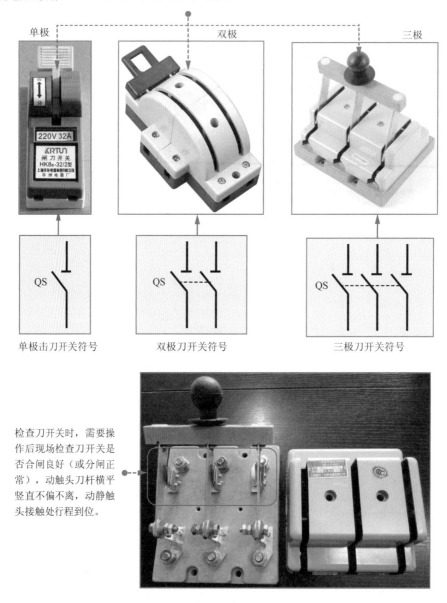

图6-13　刀开关的基本知识和检测方法（续）

6.4.3　断路器

断路器又称为自动空气开关，它是一种既有手动开关作用，又能自动进行失压、欠压、过载和短路保护的电器。断路器的符号为“QF”，如图6-14所示为断路器的结构。

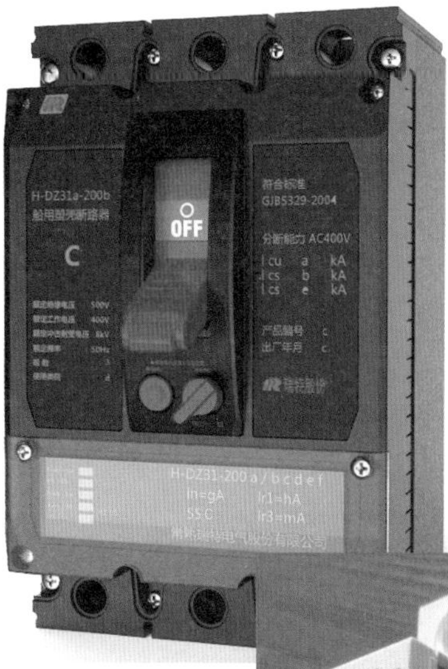

（1）断路器可用来分配电能，不频繁地启动异步电动机，对电源线路及电动机等实行保护，当它们发生严重的过载或者短路及欠压等故障时能自动切断电路，其功能相当于熔断器式开关与过欠热继电器等的组合。

断路器的符号

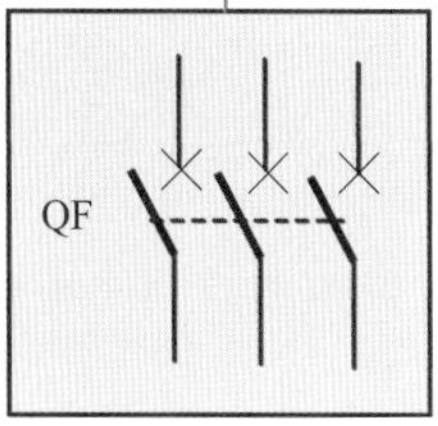

（2）日常家用断路器主要是低压断路器。低压断路器的主触点是靠手动操作或电动合闸的。当电路发生短路或严重过载时，过电流电磁脱扣器的衔铁吸合，使自由脱扣机构动作，主触点断开主电路。当电路过载时，热脱扣器的热元件发热使双金属片上弯曲，推动自由脱扣机构动作，主触点断开主电路。当电路欠电压时，欠电压电磁脱扣器的衔铁释放，也使自由脱扣机构动作，主触点断开主电路。当按下分励脱扣按钮时，分励脱扣器衔铁吸合，使自由脱扣机构动作，主触点断开主电路。

（3）断路器一般由触头系统、灭弧系统、操作机构、脱扣机构、外壳等构成。

图6-14　断路器的结构

（4）断路器按结构分：主要分为塑壳断路器和框架断路器（万能）。

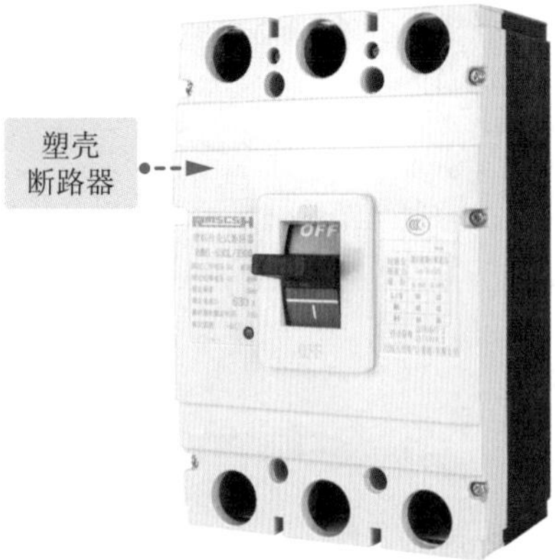

（5）塑壳断路器指的是用塑料绝缘体来作为装置的外壳，用来隔离导体之间以及接地金属部分。塑壳断路器能够在电流超过跳脱设定后自动切断电流。塑壳断路器通常含有热磁跳脱单元，而大型号的塑壳断路器会配备固态跳脱传感器。

（6）框架断路器也叫万能式断路器，主要适用于交流50Hz电压380V、660V或直流440V、电流至3900A的配电网络，用来分配电能和保护线路及电源设备的过载、欠电压、短路等，在正常的条件下，可作为线路的不频繁转换之用。

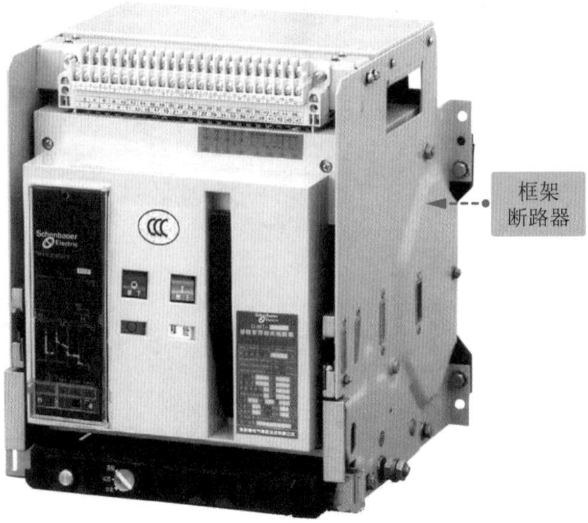

图6-14　断路器的结构（续）

6.4.4　接触器

接触器是一种由电压控制的开关装置，在正常条件下，可以用来实现远距离控制或频繁的接通、断开主电路。

1. 接触器的结构

接触器一般都是由电磁机构、触点系统、灭弧装置、弹簧机构、支架和底座等元件构成。接触器的符号为“KM”，如图6-15所示。

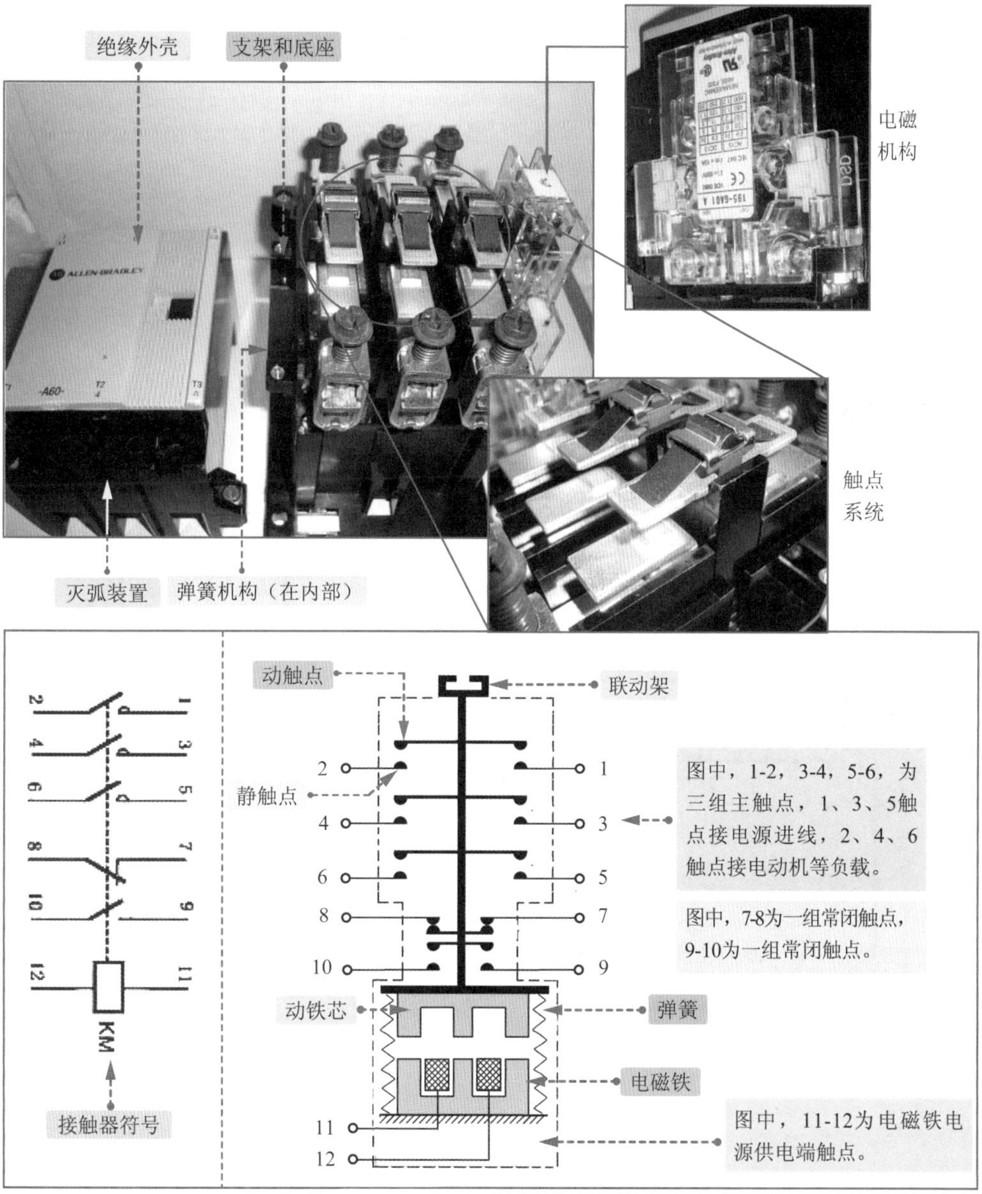

图6-15　接触器的结构

2. **接触器是如何工作的**

接触器主要控制的对象是电动机，可以用来实现电动机的启动，正、反转运动等控制。也可以控制电焊机、照明系统等电力负荷。接触器的工作原理是利用电磁力与弹簧弹力相配合，实现触头的接通和分断。如图6-16所示（以交流接触器为例讲解）。

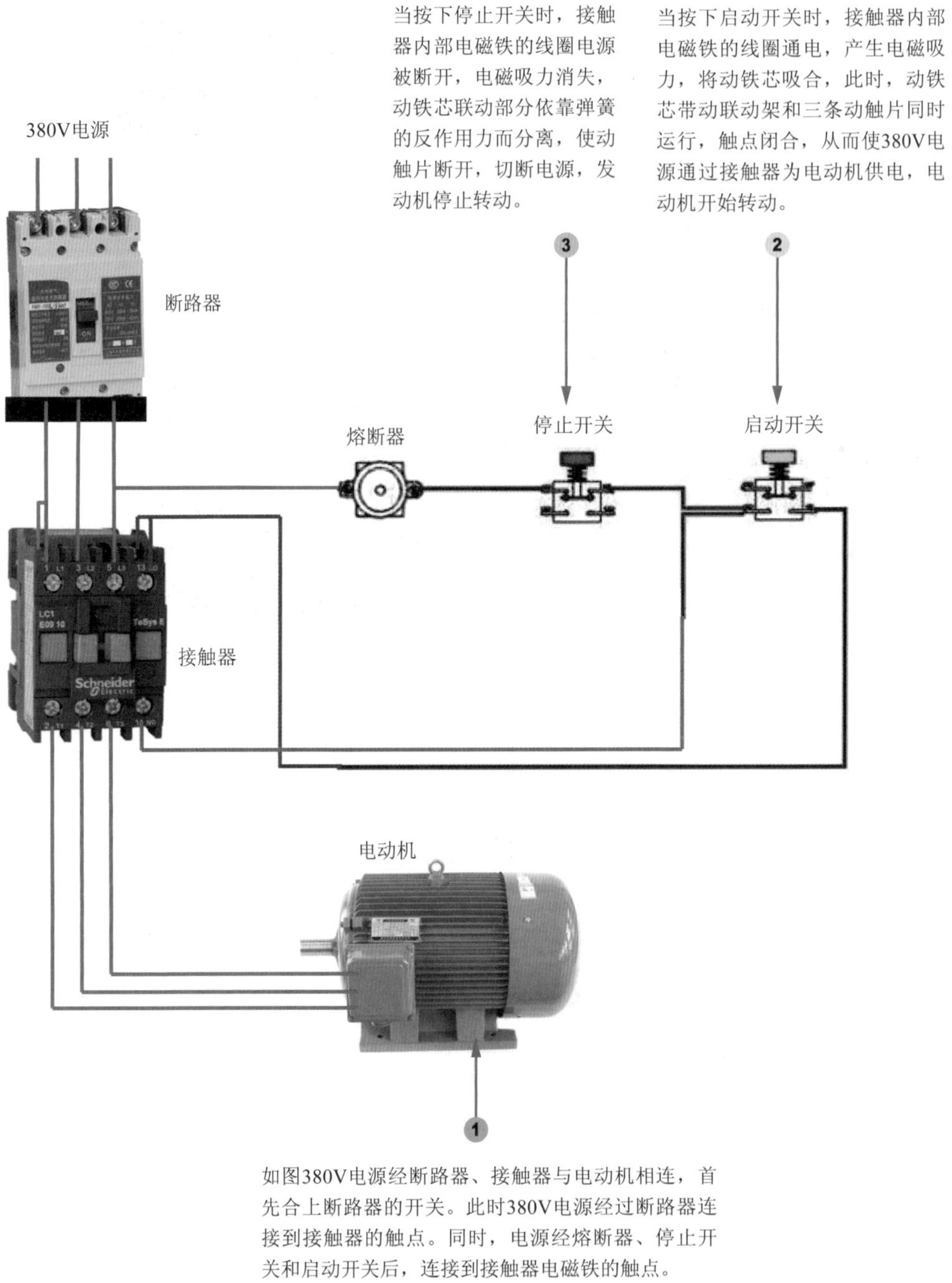

当按下停止开关时，接触器内部电磁铁的线圈电源被断开，电磁吸力消失，动铁芯联动部分依靠弹簧的反作用力而分离，使动触片断开，切断电源，发动机停止转动。
当按下启动开关时，接触器内部电磁铁的线圈通电，产生电磁吸力，将动铁芯吸合，此时，动铁芯带动联动架和三条动触片同时运行，触点闭合，从而使380V电源通过接触器为电动机供电，电动机开始转动。
380V电源
断路器
熔断器
停止开关
启动开关
3
2
接触器
电动机
1
如图380V电源经断路器、接触器与电动机相连，首先合上断路器的开关。此时380V电源经过断路器连接到接触器的触点。同时，电源经熔断器、停止开关和启动开关后，连接到接触器电磁铁的触点。

图6-16　接触器工作原理

3. 交流接触器与直流接触器有何区别

接触器分为交流接触器（电压AC）和直流接触器（电压DC），如图6-17所示。

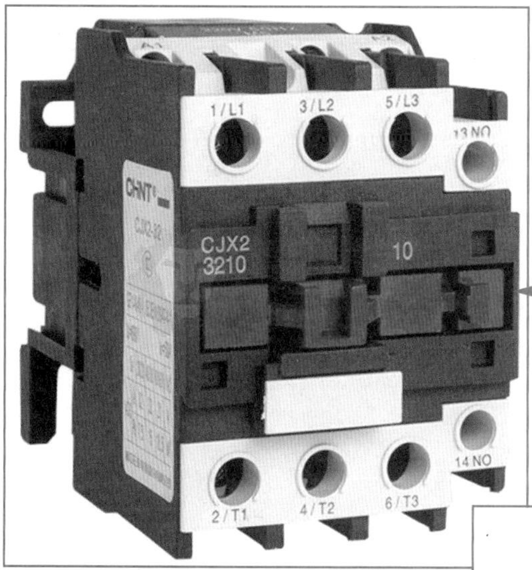

交流接触器利用主接点来开闭电路，用辅助接点来执行控制指令。主接点一般只有常开接点，而辅助接点常有两对具有常开和常闭功能的接点。交流接触器的动作动力来源于交流电磁铁，电磁铁由两个“山”字形的硅钢片叠成，并加上短路环。交流接触器在失电后，依靠弹簧复位。20A以上的接触器加有灭弧罩，以保护接点。交流接触器的接点，由银钨合金制成，具有良好的导电性和耐高温烧蚀性。

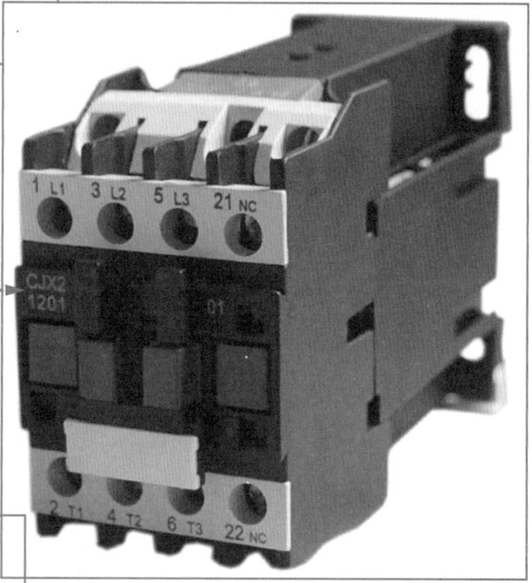

直流接触器是指用在直流回路中的一种接触器，主要用来控制直流电路（主电路、控制电路和励磁电路等）。直流接触器采用直流电磁铁，其铁芯与交流接触器不同，它没有涡流的存在，因此一般用软钢或工业纯铁制成圆形。由于直流接触器的吸引线圈通以直流，所以没有冲击的启动电流，也不会产生铁芯猛烈撞击的现象，因而它的寿命长，适用于频繁启停的场合。

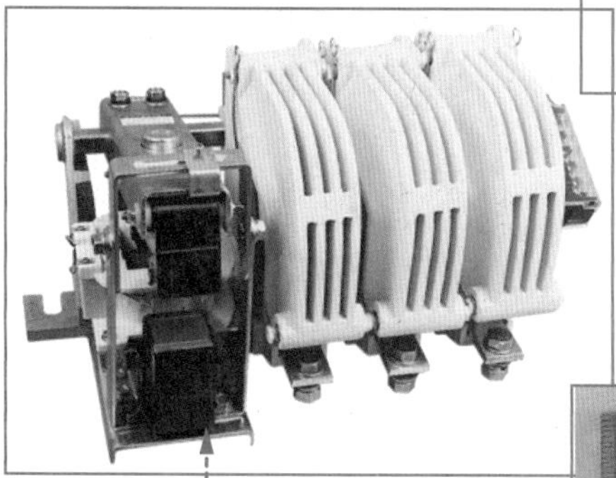

交流接触器和直流接触器的主要区别就是在铁芯和线圈上。交流接触器电磁铁芯存在涡流，所以电磁铁芯做成一片一片并叠加在一起，且一般做成E形。过零瞬间防止电磁释放，在电磁铁芯上加有短路环，线圈匝数少电流大，线径粗。

直流接触器电磁铁芯是整体铁芯，线圈细长，匝数特别多。如果把直流电接交流接触器，线圈马上会烧掉。交流电接直流接触器，接触器无法吸合。

图6–17　交流接触器与直流接触器的区别

4. 接触器和断路器有何不同

接触器和断路器的区别如图6-18所示。

断路器主要起保护作用。它的保护目前比较常用的是三段保护，即过载保护、短路短延时、短路长延时。还有一些欠压、过压等保护功能。具体视品牌、型号而定。它的分合闸可以手动也可以电动。

接触器主要用于工业控制，一般负载以电机居多，当然会在一些加热器、双电源切换等场合使用。在接触器的通断是通过控制线圈电压来实现的。接触器本身不具备短路保护和过载保护能力，因此必须与熔断器、热继电器配合使用。

图6-18　接触器和断路器区别

5. 接触器的接线方法

交流接触器的内部一般有3对主触点（1、3、5和2、4、6或L1、L2、L3和T1、T2、T3），1对常开触点（13NO和14NO）和1对常闭触点（21NC和22NC），1对控制线圈的接线端（A1和A2）。其中，主触点中的1、3、5或L1、L2、L3为A相、B相、C相电源进线，主触点中的2、4、6或T1、T2、T3为A相、B相、C相电源出线，如图6-19所示。

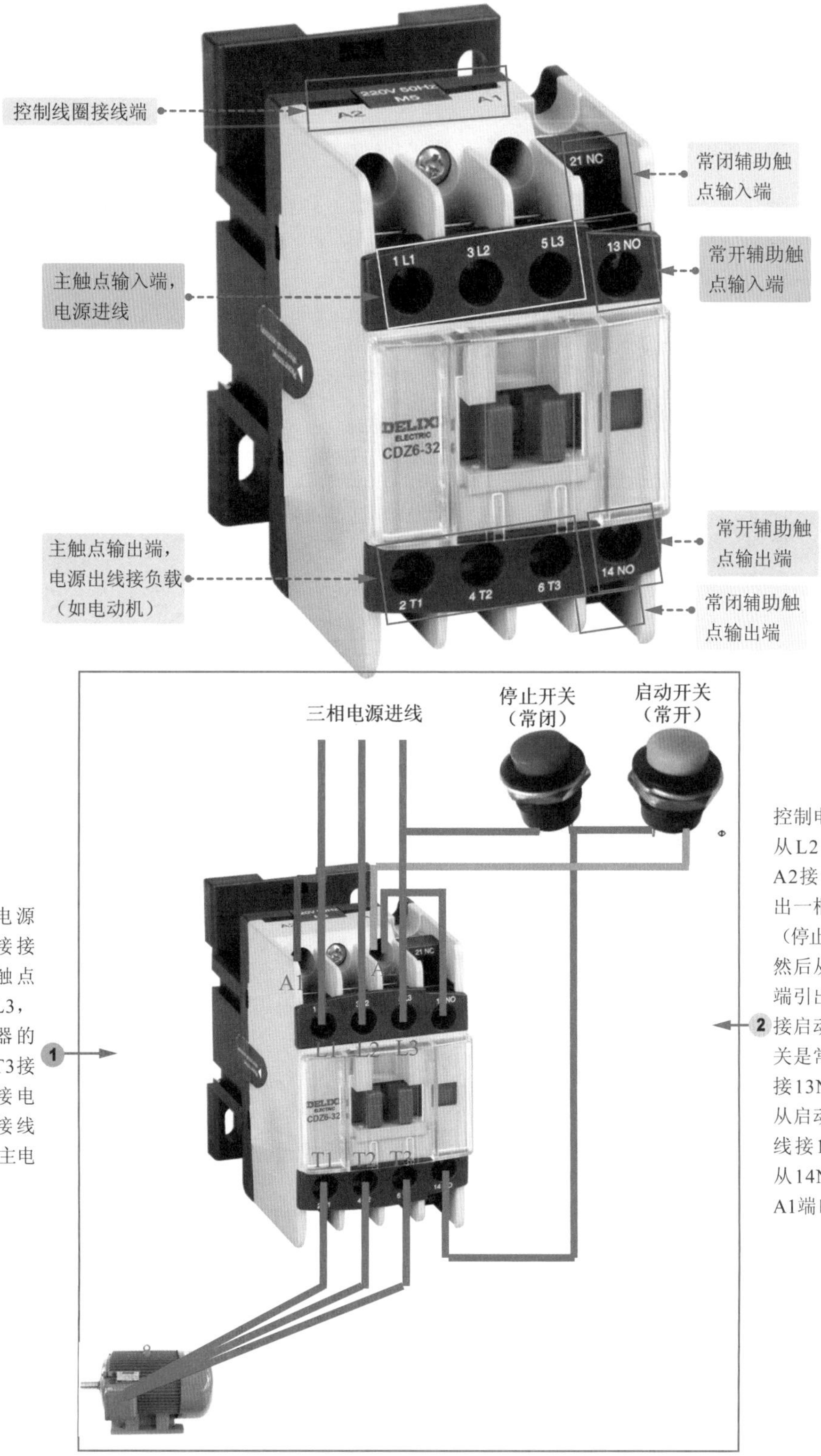

首先三相电源进线分别接接触器的主触点L1、L2、L3，再从接触器的T1、T2、T3接出三根线接电机的三个接线柱，以上是主电路。

控制电路接线：从L2引出一根线接A2接口，再从L3引出一根线接停止开关（停止开关时常闭的）然后从停止开关另一端引出两根线，一根接启动开关（启动开关是常开的）另一根接13NO端口。接着从启动开关另一端导线接14NO端口。再从14NO引出导线接A1端口。

图6-19　接触器的接线方法

6.4.5 继电器

继电器是一种电子控制开关，与一般开关不同，继电器并非以机械方式控制，而是一种以电流转换成电磁力来控制切换方向的开关。继电器实际上是用较小的电流去控制较大电流的一种“自动开关”。所以在电路中起着自动调节、安全保护、转换电路等作用。

1. 热继电器

热继电器是利用电流通过发热元件时产生热量而使内部触点动作的。热继电器主要用于电气设备发热保护，如电动机过载保护。

热继电器的符号为“FR”，热继电器的结构与工作原理如图6-20所示。

（1）热继电器由电热丝、双金属片、导板、测试杆、推杆、动触片、静触片、弹簧、螺钉、复位按钮和调节旋钮等组成。

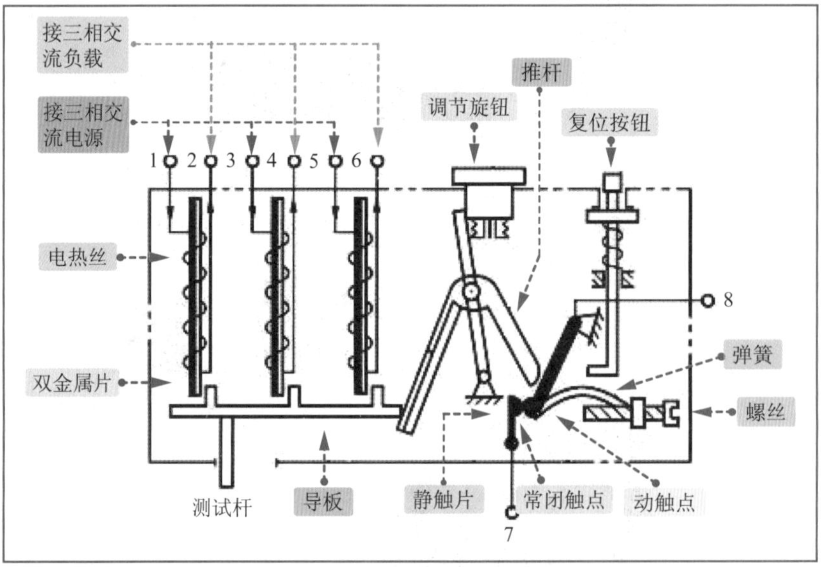

（2）热继电器的工作原理是：当电动机发生过电流且超过整定值时，流入电热丝的电流产生的热量，使具有不同膨胀系数的双金属片发生形变，当形变达到一定距离时，推动导板动作，使常闭触点断开（或常开触点闭合），从而使控制电路断开失电，继而其他元件动作使主电路断开，实现电动机的过载保护。

（3）热继电器动作电流的调节是通过旋转调节旋钮来实现的。调节旋钮为一个偏心轮，旋转调节旋钮可以改变传动杆和动触点之间的传动距离，距离越长动作电流越大，反之动作电流越小。

图6-20 热继电器的结构原理

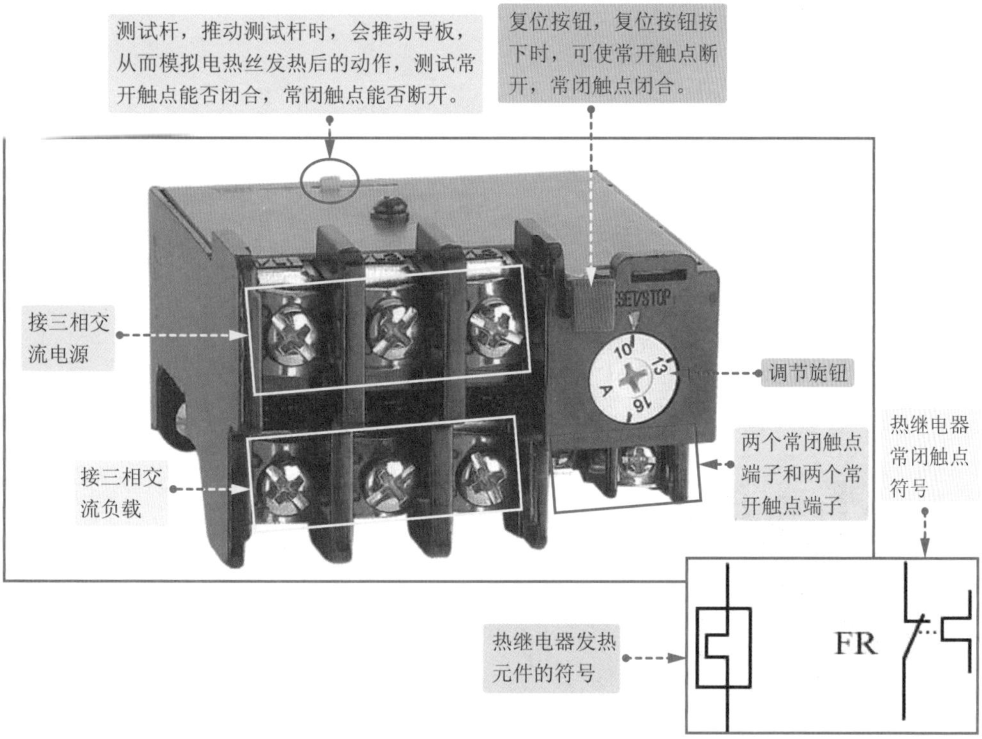

测试杆，推动测试杆时，会推动导板，从而模拟电热丝发热后的动作，测试常开触点能否闭合，常闭触点能否断开。
复位按钮，复位按钮按下时，可使常开触点断开，常闭触点闭合。
接三相交流电源

接三相交流负载
两个常闭触点端子和两个常开触点端子

热继电器发热元件的符号

图6-20　热继电器的结构原理（续）

2. 中间继电器

中间继电器用于继电保护与自动控制系统中，以增加触点的数量及容量。 它用于在控制电路中传递中间信号。中间继电器的符号为“KA”，中间继电器的结构原理如图6-21所示。

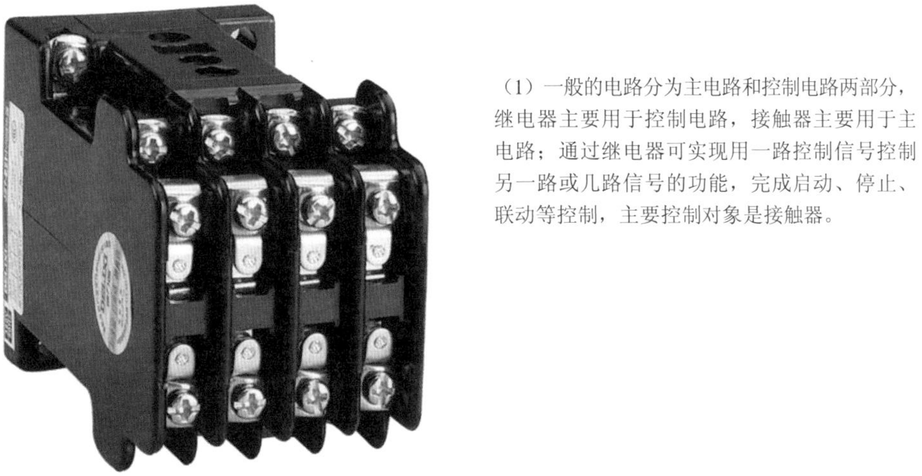

（1）一般的电路分为主电路和控制电路两部分，继电器主要用于控制电路，接触器主要用于主电路；通过继电器可实现用一路控制信号控制另一路或几路信号的功能，完成启动、停止、联动等控制，主要控制对象是接触器。

图6-21　中间继电器的结构原理

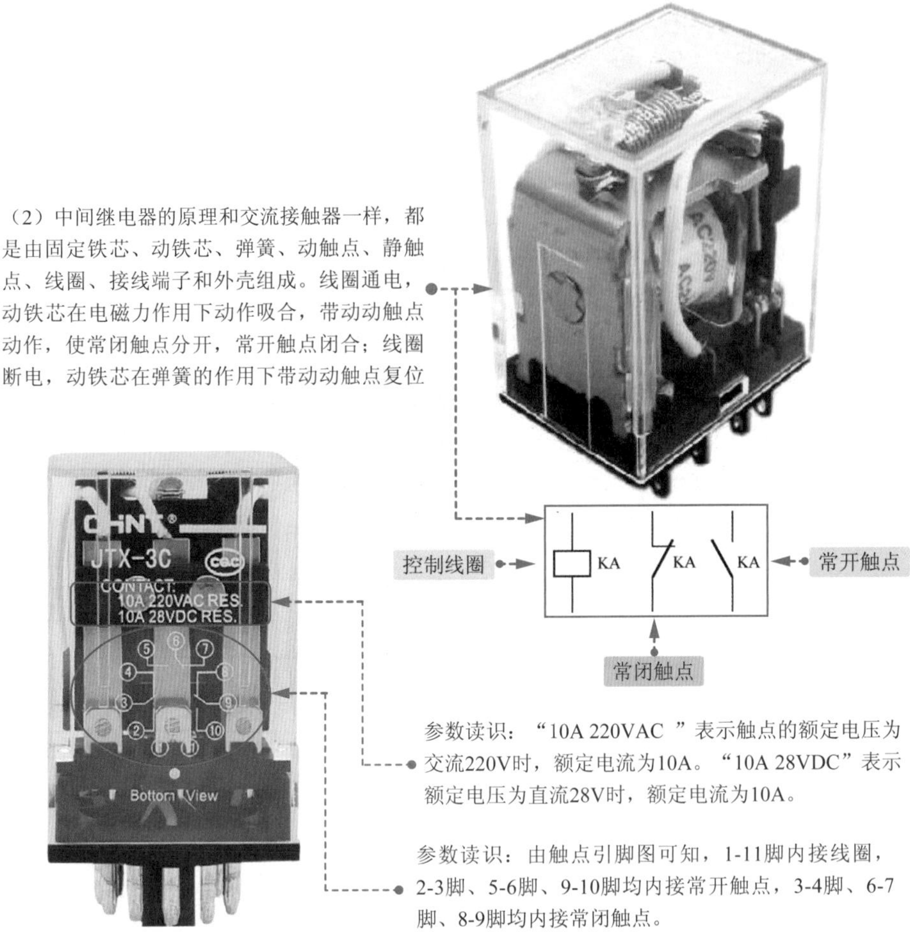
（2）中间继电器的原理和交流接触器一样，都是由固定铁芯、动铁芯、弹簧、动触点、静触点、线圈、接线端子和外壳组成。线圈通电，动铁芯在电磁力作用下动作吸合，带动动触点动作，使常闭触点分开，常开触点闭合；线圈断电，动铁芯在弹簧的作用下带动动触点复位
控制线圈
KA
KA
KA
常开触点
常闭触点
CHNT
JTX-3C
CONTACT:
10A 220VAC RES.
10A 28VDC RES.
Bottom View
参数读识：“10A 220VAC ”表示触点的额定电压为交流220V时，额定电流为10A。“10A 28VDC”表示额定电压为直流28V时，额定电流为10A。
参数读识：由触点引脚图可知，1-11脚内接线圈，2-3脚、5-6脚、9-10脚均内接常开触点，3-4脚、6-7脚、8-9脚均内接常闭触点。

图6-21　中间继电器的结构原理（续）

3. 时间继电器

时间继电器是一种延时控制继电器，它在得到动作信号后，并不是立即让触点动作，而是延迟一段时间才让触点动作。时间继电器分符号为“KT”，其主要用在各种自动控制系统和电动机的启动控制线路中。时间继电器分为通电延时继电器和断电延迟继电器。

（1）通电延时继电器

通电延时继电器就是当继电器的线圈通电后，其内部通电延时型常开和常闭触点延时后才动作。当线圈断电后，延时型触点立刻恢复常态。通电延时继电器如图6-22所示。

（2）断电延时继电器

断电延时继电器就是当继电器的线圈通电后，其内部断电延时型常开触点和常闭触点立刻动作。当线圈断电后，断电延时型常开触点和常闭触点延时后才恢复常态。断电延时继电器如图6-23所示。

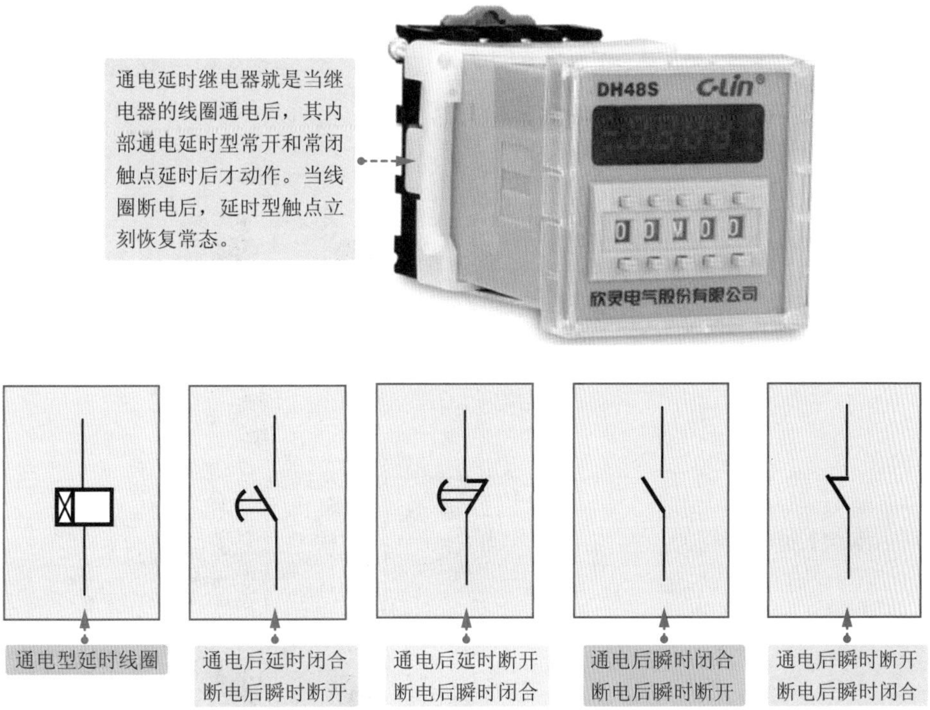
通电延时继电器就是当继电器的线圈通电后，其内部通电延时型常开和常闭触点延时后才动作。当线圈断电后，延时型触点立刻恢复常态。
DH48S
C-Lin
欣灵电气股份有限公司
通电型延时线圈
通电后延时闭合
断电后瞬时断开
通电后延时断开
断电后瞬时闭合
通电后瞬时闭合
断电后瞬时断开
通电后瞬时断开
断电后瞬时闭合

图6-22 通电延时继电器

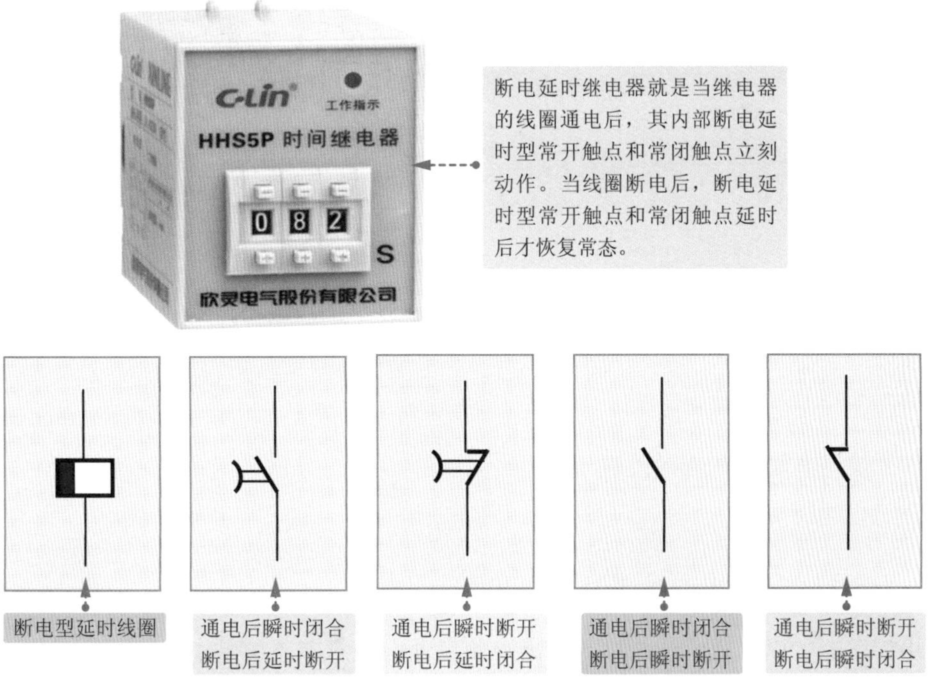
C-Lin
工作指示
HHS5P 时间继电器
0 8 2
S
欣灵电气股份有限公司
断电延时继电器就是当继电器的线圈通电后，其内部断电延时型常开触点和常闭触点立刻动作。当线圈断电后，断电延时型常开触点和常闭触点延时后才恢复常态。
断电型延时线圈
通电后瞬时闭合
断电后延时断开
通电后瞬时断开
断电后延时闭合
通电后瞬时闭合
断电后瞬时断开
通电后瞬时断开
断电后瞬时闭合

图6-23 断电延时继电器

6.4.6 熔断器

熔断器是一种保护电器，其广泛用于电气系统和电气设备的短路保护。熔断器有熔体和外壳等组成，熔体通常用熔点较低的铅锡合金、铜、银等材料制成，如图6-24所示。

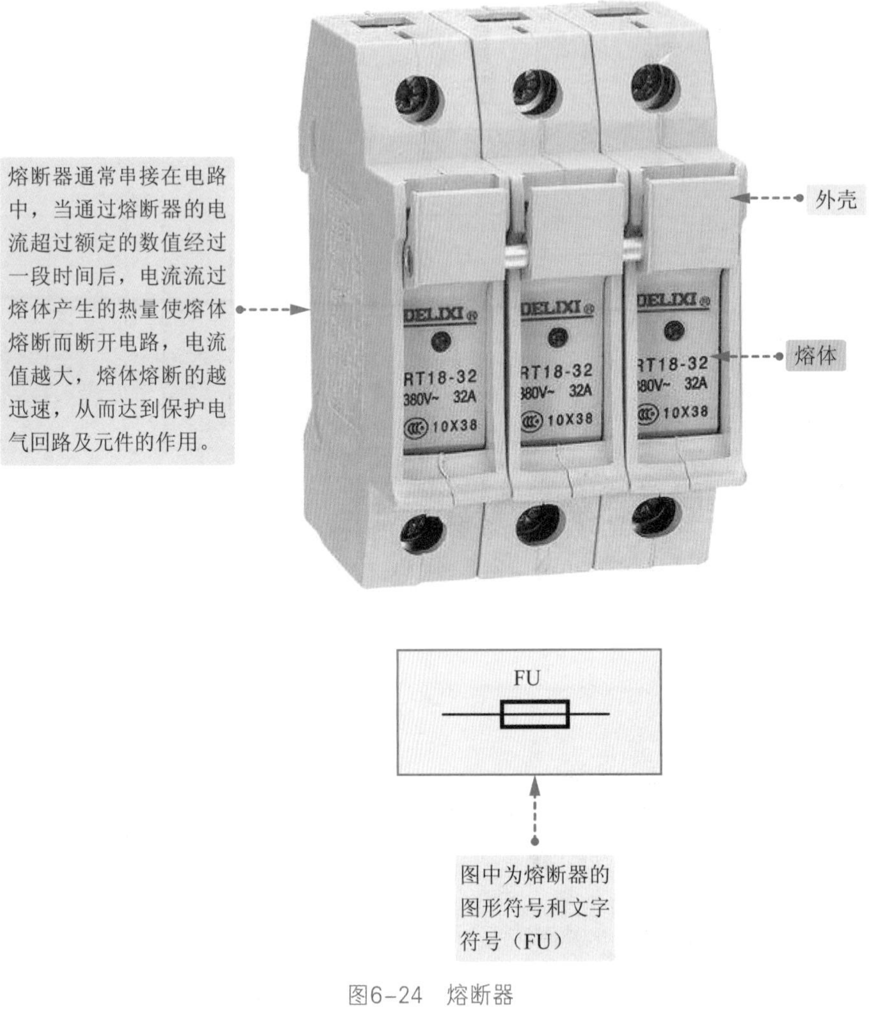
熔断器通常串接在电路中，当通过熔断器的电流超过额定的数值经过一段时间后，电流流过熔体产生的热量使熔体熔断而断开电路，电流值越大，熔体熔断的越迅速，从而达到保护电气回路及元件的作用。
外壳
熔体
DELIXI
RT18-32
380V~ 32A
10X38
FU
图中为熔断器的图形符号和文字符号（FU）

图6-24 熔断器

6.5 电动机的控制电路识图

6.5.1 三相异步电动机接触器控制启动电路识图

采用接触器可以实现电动机的远距离控制启动，接触器还可以作为电动机的失压保护元件。三相异步电动机接触器控制启动电路如图6-25所示。

图中，QF为断路器、KM为接触器、FR为热继电器（过载保护）、FU1和FU2为熔断器（短路保护）、SB1为常闭按钮、SB2为常开按钮。

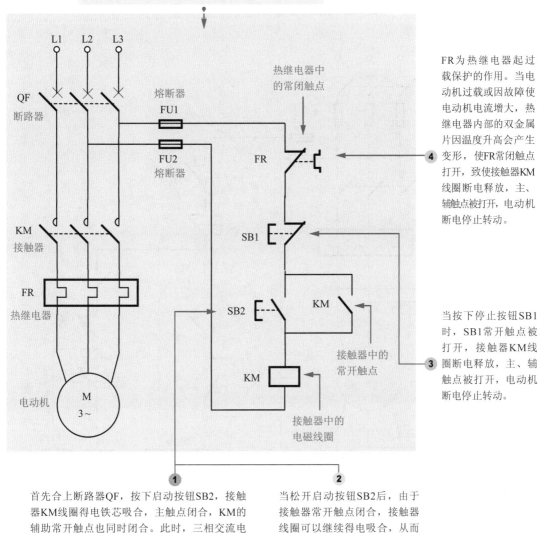

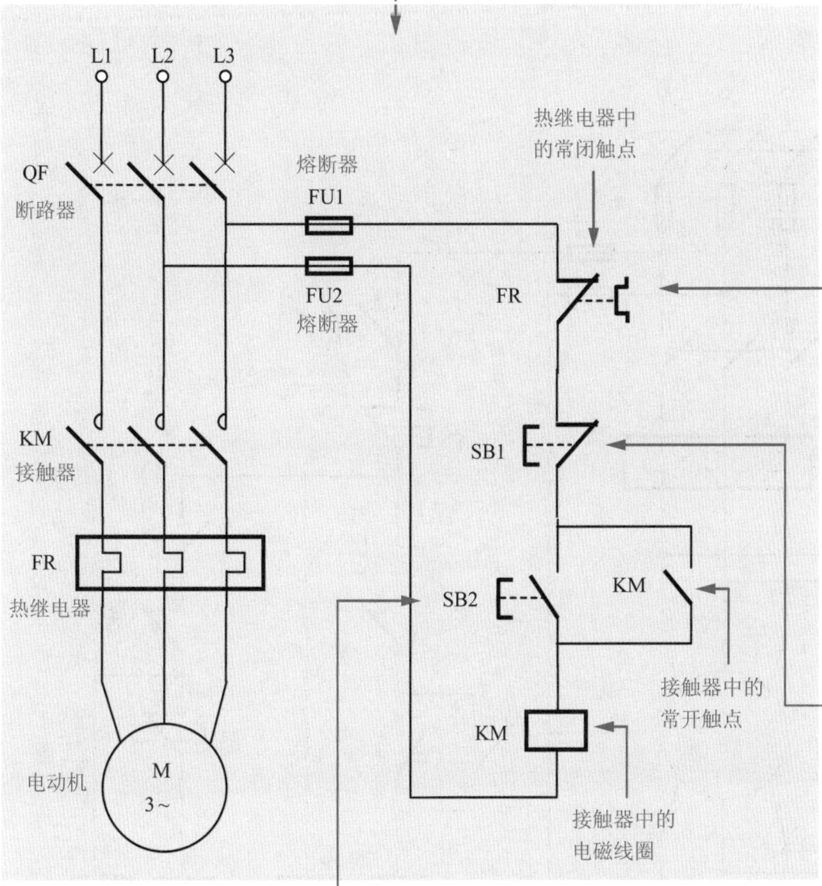

4 FR为热继电器起过载保护的作用。当电动机过载或因故障使电动机电流增大，热继电器内部的双金属片因温度升高会产生变形，使FR常闭触点打开，致使接触器KM线圈断电释放，主、辅触点被打开，电动机断电停止转动。

3 当按下停止按钮SB1时，SB1常开触点被打开，接触器KM线圈断电释放，主、辅触点被打开，电动机断电停止转动。

1 首先合上断路器QF，按下启动按钮SB2，接触器KM线圈得电铁芯吸合，主触点闭合，KM的辅助常开触点也同时闭合。此时，三相交流电通过断路器QF、接触器KM和热继电器FR后为电动机供电，电动机开始转动。

2 当松开启动按钮SB2后，由于接触器常开触点闭合，接触器线圈可以继续得电吸合，从而实现电路的自锁。

图6-25　三相异步电动机接触器控制启动电路

6.5.2　三相异步电动机Y-△启动控制电路识图

电动机启动时，定子绕组接成星形接法，定子绕组上的启动电压大约只有三角形接法的60%，启动电流和启动转矩只有三角形接法的1/3.但是这种启动方式只能适用于空载或是轻载启动的电动机。电动机Y-△启动控制电路如图6-26所示。

合上电源总开关QS后电路为备用状态。按下启动按钮SB2，接触器KM1电磁线圈KM1-a得电吸合，之后KM1常开触点KM1-b闭合，然后KM2线圈KM2-a得电吸合、时间继电器KT线圈得电吸合。接触器KM1和KM2的主触点闭合，电动机开始星形接法启动。

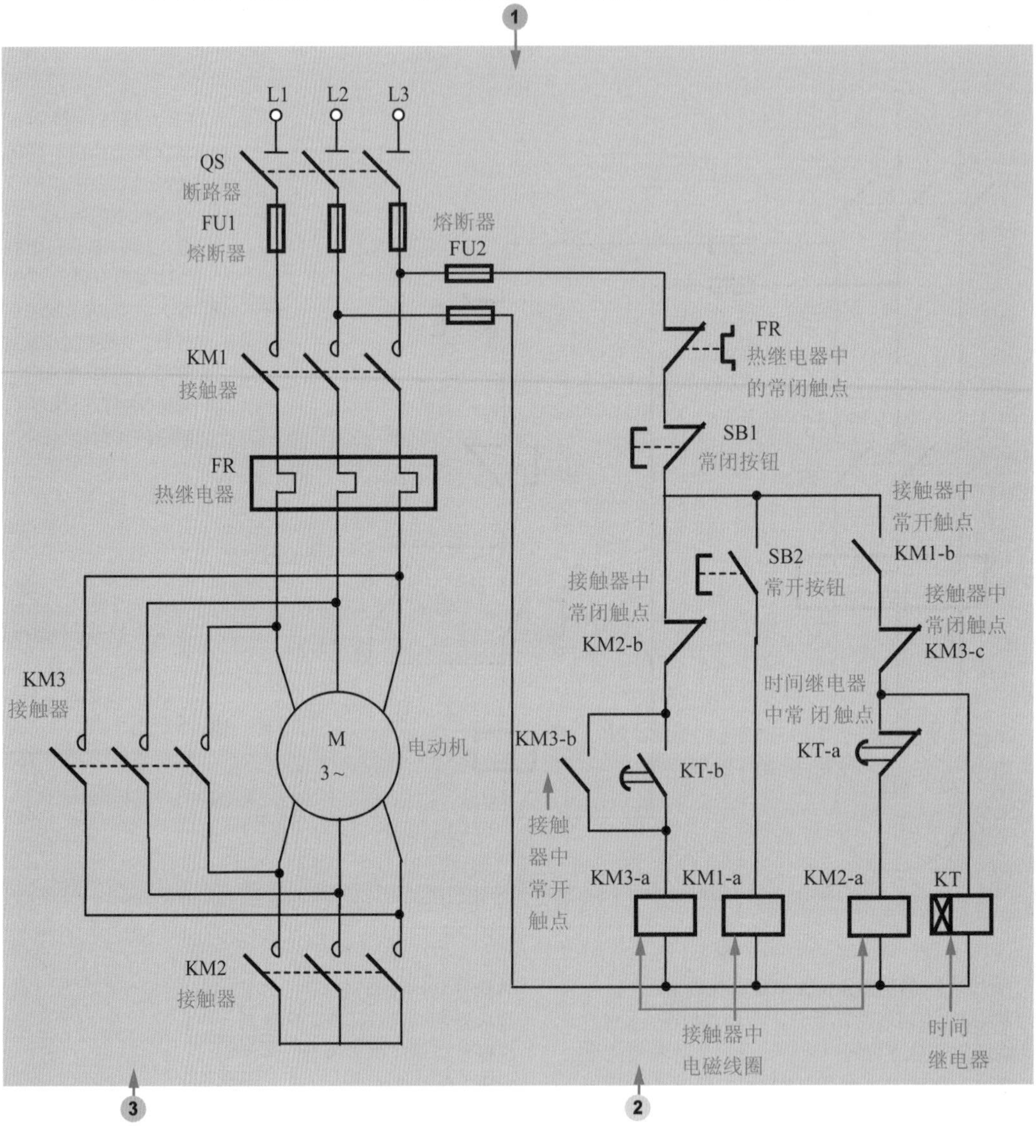

同时，接触器KM3中常闭触点KM3-c分离将KM2-a线圈电路断开，起到防止KM2误动作的作用。

接着时间继电器KT中常闭触点KT-a延长一段时间后断开，KM2-a线圈失电分离，接触器KM2的主触点断开，电动机短时间停电；与此同时，时间继电器KT中的常开触点KT-b延长一段时间后闭合，接触器KM3线圈KM3-a得电吸合，其主触点闭合，常开触点KM3-b闭合实现自锁，电动机开始转换为三角形接线运行。

图6-26　三相异步电动机Y-△启动控制电路

6.5.3　三相异步电动机连续运行带点动控制电路识图

连续运行带点动控制是指既可以让电动机连续运转，也可以让电动机按点动来运转（按下按钮开始运转，松开按钮停止运转）。电动机连续运行带点动控制电路如图6–27所示。

图中，QF为断路器、KM为接触器、FR为热继电器（过载保护）、FU1和FU2为熔断器（短路保护）、SB1为常闭按钮、SB2为常开按钮、SB3为复合按钮。

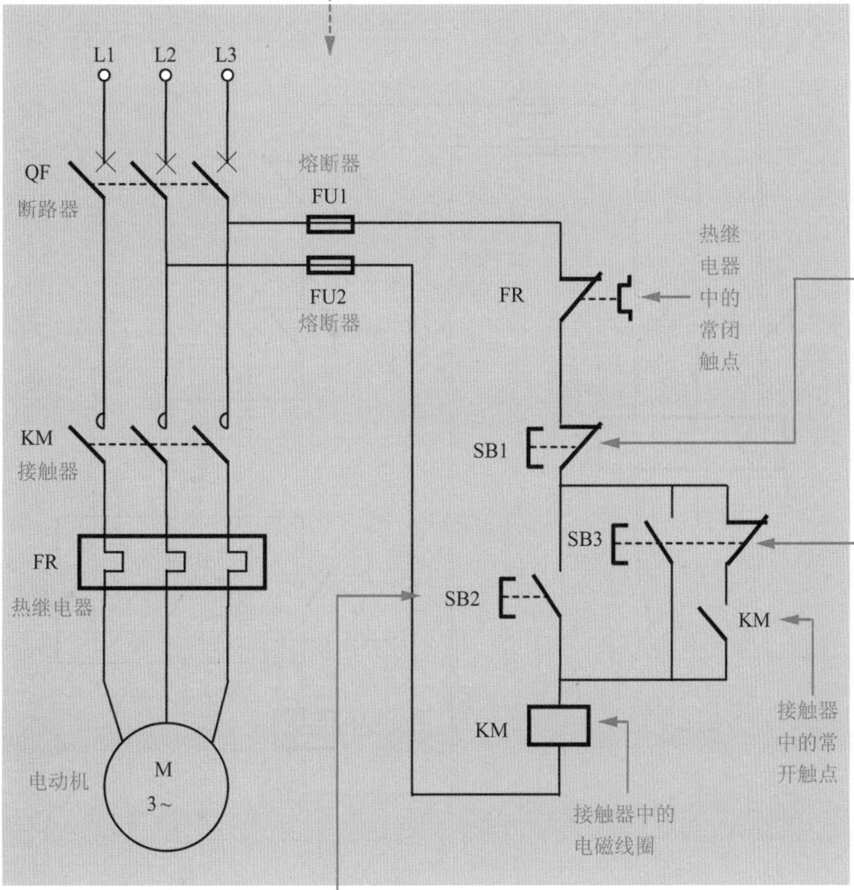

③ 当按下停止按钮SB1时，SB1常开触点被打开，接触器KM线圈断电释放，主、辅触点被打开，电动机断电停止转动。

④ 当需要点动运行时，先按下复合按钮SB3，然后按下SB2按钮，接触器KM线圈得电铁芯吸合，主触点闭合。此时，三相交流电为电动机供电，电动机开始转动。

① 当需要连续运行时，首先合上断路器QF，按下启动按钮SB2，接触器KM线圈得电铁芯吸合，主触点闭合，KM的辅助常开触点也同时闭合。此时，三相交流电通过断路器QF、接触器KM和热继电器FR后为电动机供电，电动机开始转动。

② 当松开启动按钮SB2后，由于接触器常开触点闭合，接触器线圈可以继续得电吸合，从而实现电路的自锁。

图6–27　三相异步电动机连续运行带点动控制电路

6.5.4　三相异步电动机两地控制连续运行电路识图

两地控制连续运行控制是指在两个地方分别设置操作按钮来控制一台设备运转。操作人员可以在任何一个地方启动或停止电动机，也可以在一个地方启动电动机，在另一个地方停止电动机。三相异步电动机两地控制连续运行电路如图6–28所示。

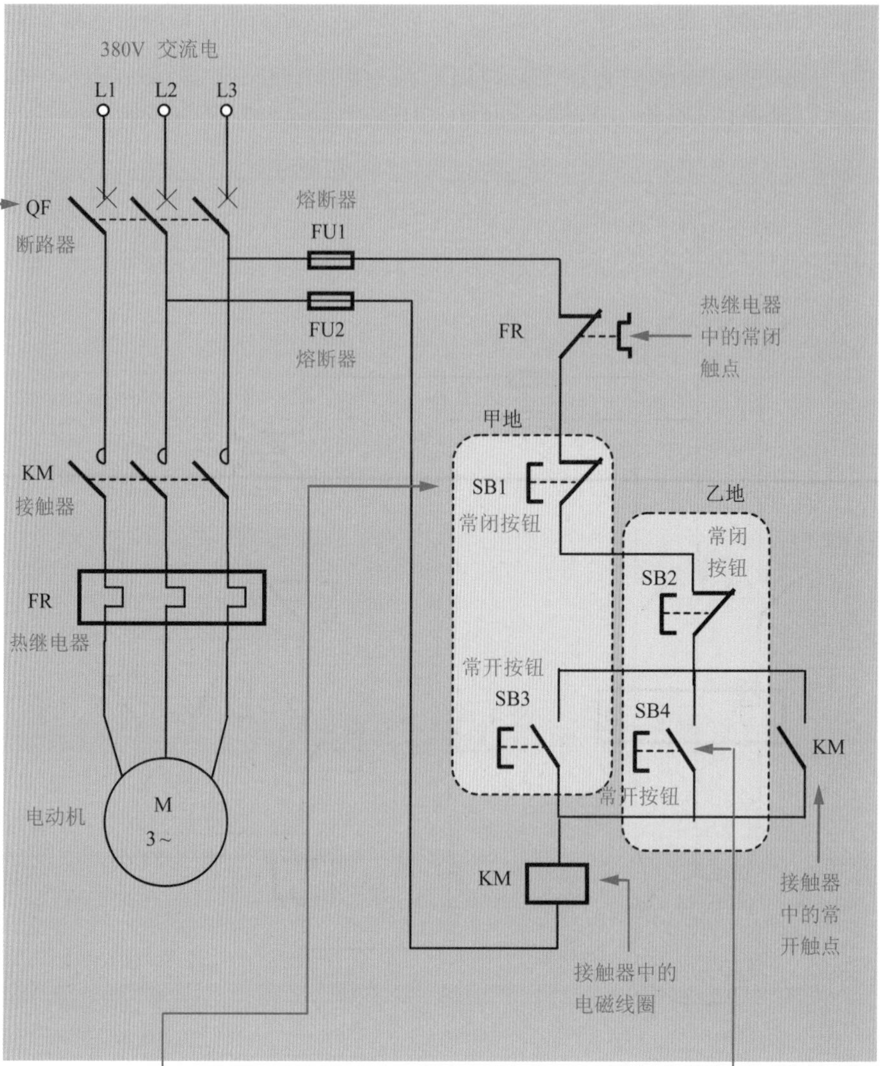

1. 当在甲地启动电动机时，首先合上断路器QF，按下启动按钮SB3，接触器KM线圈得电铁芯吸合，主触点闭合，KM的辅助常开触点也同时闭合。此时，三相交流电通过断路器QF、接触器KM和热继电器FR后为电动机供电，电动机开始转动。同时接触器常开触点闭合，从而实现电路的自锁。

2. 当在甲地按下停止按钮SB1时，SB1常开触点被打开，接触器KM线圈断电释放，主、辅触点被打开，电动机断电停止转动。

3. 当在乙地启动电动机时，按下启动按钮SB4，接触器KM线圈得电铁芯吸合，主触点闭合，KM的辅助常开触点也同时闭合。此时，三相交流电为电动机供电，电动机开始转动。同时接触器常开触点闭合，而实现电路的自锁。当在乙地按下停止按钮SB2或在甲地按下停止按钮SB1时，接触器KM线圈断电释放，主、辅触点被打开，电动机断电停止转动。

图6-28　三相异步电动机两地控制连续运行电路

6.5.5　三相异步电动机正、反向连续运行控制电路识图

三相异步电动机正、反向连续运行控制电路是指通过改变电动机电源相序来实现电动机正反转工作状态的控制电路。如图6-29所示。

当需要发动机正转时，首先合上断路器QF，按下复合按钮SB2-a，接触器KM1线圈得电铁芯吸合，主触点闭合，KM1的辅助常开触点也同时闭合。此时，三相交流电通过断路器QF、接触器KM1和热继电器FR后为电动机供电，电动机开始正向转动。同时，接触器KM1中的常闭触点打开，可以防止KM1和KM2同时动作造成电源短路。

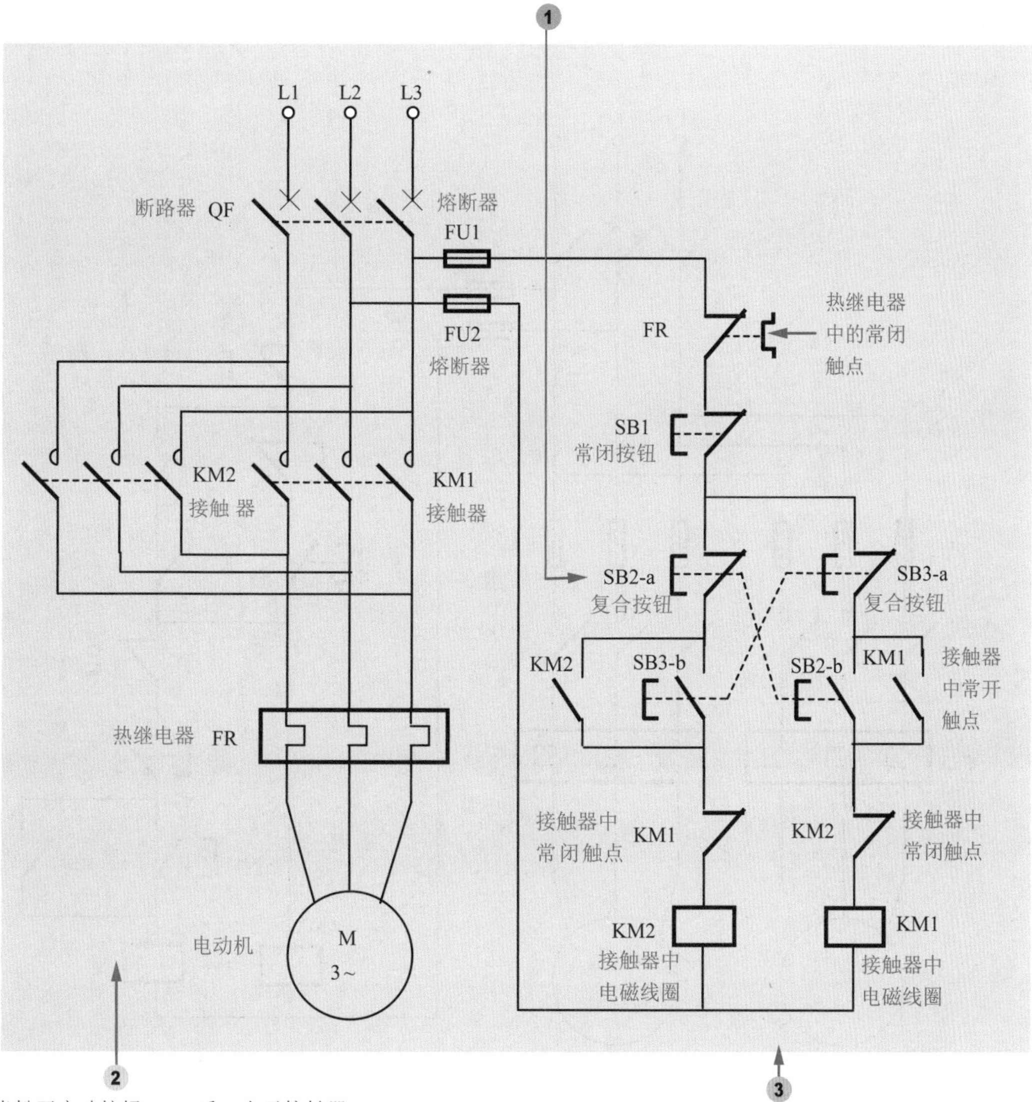

当松开启动按钮SB2-a后，由于接触器KM1常开触点闭合，接触器线圈可以继续得电吸合，从而实现电路的自锁。当按下SB1按钮后，接触器主触点分开，电动机停转。

当需要发动机反转时，首先合上断路器QF，按下复合按钮SB3-a，接触器KM2线圈得电铁芯吸合，主触点闭合，KM2的辅助常开触点也同时闭合。此时，电源通过接触器KM2为电动机供电而实现反转并自锁。

图6-29　三相电动机正、反向连续运行控制电路

6.5.6　两台三相异步电动机顺序启动、顺序停止控制电路识图

顺序启动、顺序停止控制电路是指一个设备启动之后另一个设备才能启动，停止时，一个

设备停止后，另一个设备才能停止，常用于主、辅设备的控制，如图6-30所示。

首先合上断路器QF，按常开按钮SB2，接触器KM1线圈得电铁芯吸合，主触点闭合，此时，三相交流电通过断路器QF、接触器KM1和热继电器FR1后为电动机1供电，电动机1开始转动。同时，KM1的辅助常开触点也同时闭合，松开SB2后，KM1中线圈依旧有电吸合，电路实现自锁。

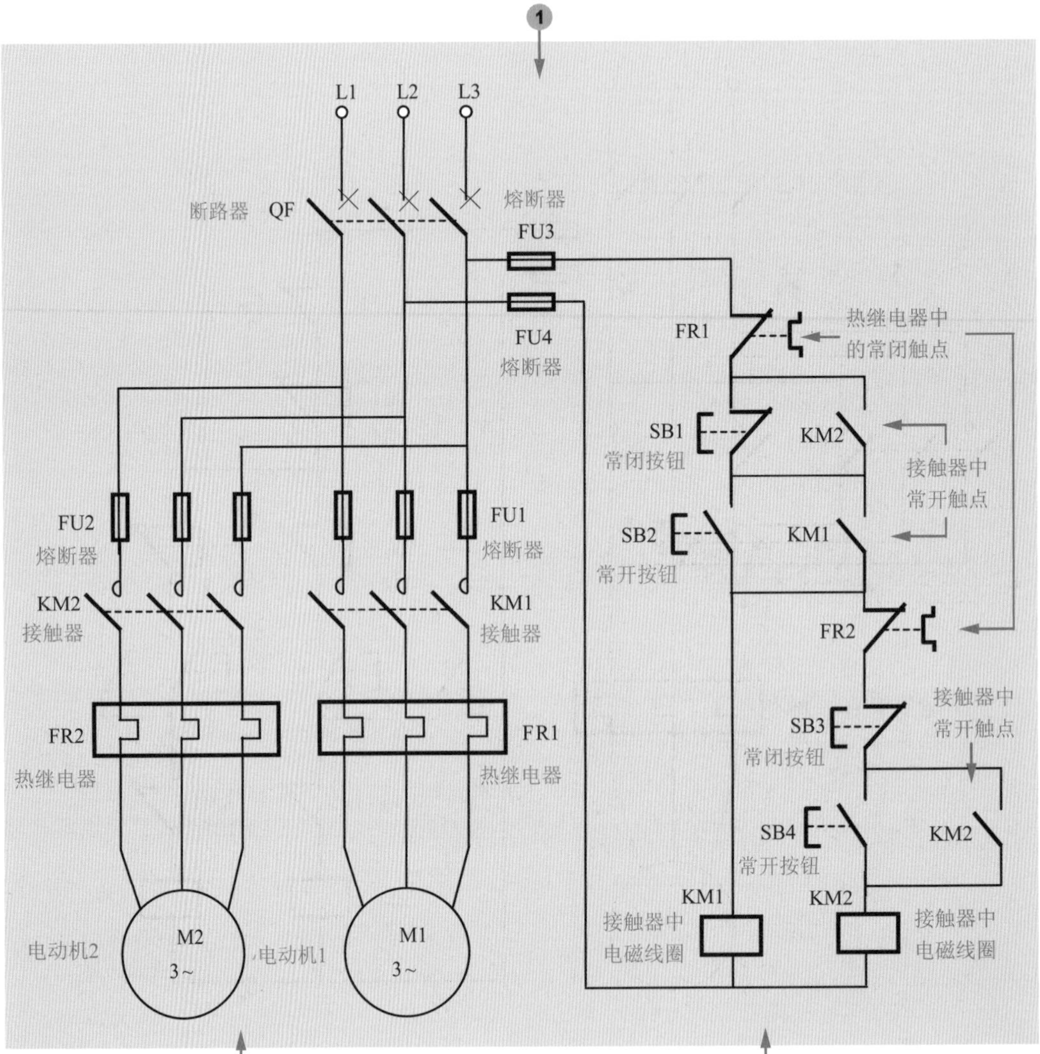

电动机1启动后，按常开按钮SB4，由于接触器KM1常开触点已经吸合，因此接触器KM2线圈得电铁芯吸合，主触点闭合，此时，三相交流电为电动机2供电，电动机2开始转动。同时，KM2的辅助常开触点也同时闭合，电路实现自锁。即要启动电动机2，必须先启动电动机1。

停止时，按常闭按钮SB1，由于接触器KM2辅助常开触点闭合，KM1接触器线圈依旧有电，无法停止电动机1。若先按常闭按钮SB3，接触器KM2线圈断电分离，电动机2断电停转，电动机1继续转动；再按SB1按钮，由于KM2内部常开触点已经分离断开，此时，KM1线圈断电分离，电动机1断电停止转动。即先按SB3后，SB1才起作用。

图6-30　两台三相电动机顺序启动、顺序停止控制电路

6.5.7　单相交流电动机正、反向连续运行控制电路识图

单相交流电动机的正、反向连续运动是指通过改变电动机电源相序来实现电动机正、反转工作状态的控制电路，如图6-31所示。

当需要发动机正转时，首先合上断路器QF，按下复合按钮SB2-a，接触器KM1线圈得电铁芯吸合，主触点闭合，KM1的辅助常开触点也同时闭合。此时，三相交流电通过断路器QF、接触器KM1和热继电器FR后为电动机供电，电动机开始正向转动。同时，接触器KM1中的常闭触点打开，可以防止KM1和KM2同时动作造成电源短路。

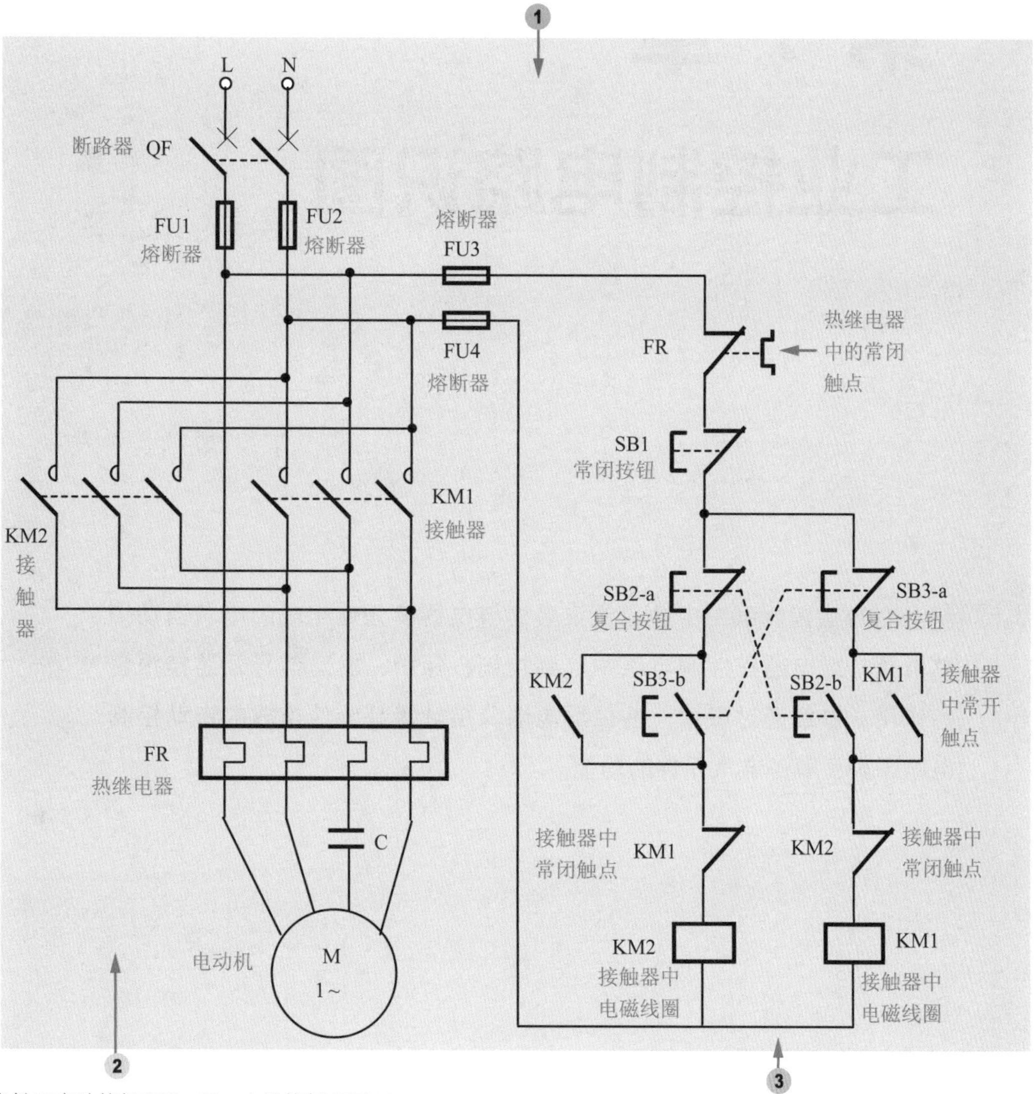

当松开启动按钮SB2-a后，由于接触器KM1常开触点闭合，接触器线圈可以继续得电吸合，从而实现电路的自锁。当按下SB1按钮后，接触器主触点分开，电动机停转。

当需要发动机反转时，首先合上断路器QF，按下复合按钮SB3-a，接触器KM2线圈得电铁芯吸合，主触点闭合，KM2的辅助常开触点也同时闭合。此时，电源通过接触器KM2为电动机供电而实现反转并自锁。

图6-31　单相电动机正、反向连续运行控制电路

第 7 章
工业控制电路识图

在工业控制系统中会应用许多由继电器等元件组成的电气自动控制电路，继电器在控制电路中起到控制、保护、发出信号及监控报警的作用。本章通过识读一些由继电器、接触器等元件组成的自动控制电路图来了解各电气元件的功能。

7.1 工业常用控制电路识图

7.1.1 皮带运输线自动控制电路识图

皮带运输线自动控制电路是由继电器组成的，使用的各种继电器较多，所以要先了解各种继电器的工作原理、接点的状态和相互间的控制关系。如图7–1所示。

（1）图中QS为电源总开关；FU1～FU5为熔断器；TA为停止按钮；QA为启动按钮；　SA1～SA3为自动空气开关；HL1～HL3为电动机运转指示灯；　M1~M3为三台电动机；DL为警铃；KT为时间继电器；KA、1KA～3KA为中间继电器；KM为交流接触器；　1XKA～3XKA为压力继电器（安装位置对应为电动机M1～M3）。

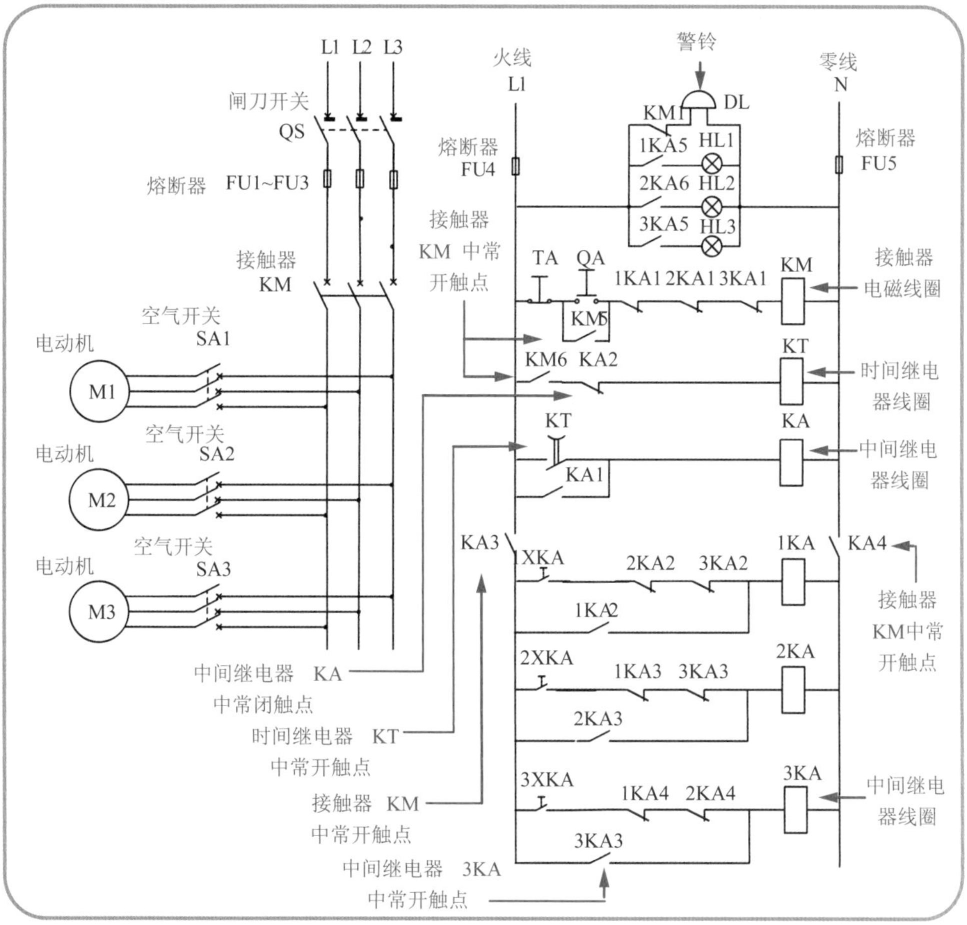

（2）时间继电器KT时间设定范围为0s～180s。电路中接触器KM共使用了六组触点，其中KM1常闭接点控制警铃报警，KM2～KM4常开接点在主电路中为电动机M1～M3供电，KM5常开接点为电路自保持用，KM6常开接点控制时间继电器KT线圈回路。

图7–1　皮带运输线自动控制电路组成

皮带运输线自动控制电路识图方法如图7-2所示。

（1）系统启动：合入电源中开关QS，电路处于备用状态。合入自动空气开关SA1～SA3，按下启动按钮QA，接触器KM线圈带电吸合，常开接点KM5闭合实现接触器自锁，KM6闭合使时间继电器KT线圈带电吸合，常开接点闭合使电动机M1～M3启动。

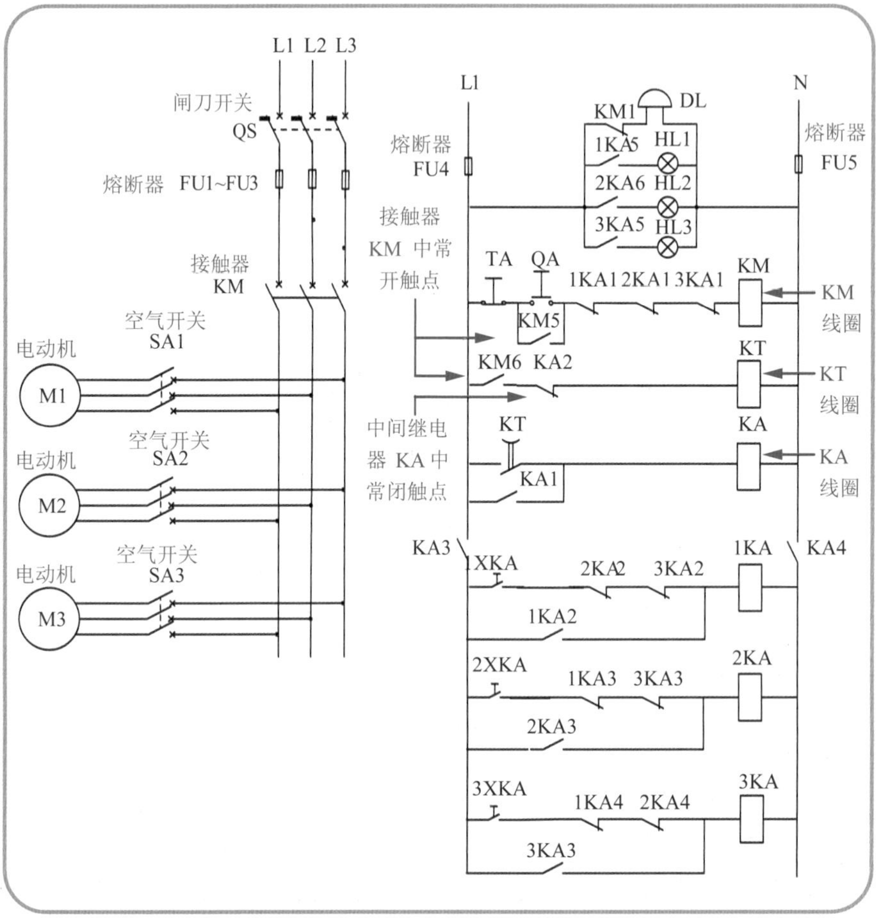

（2）保护回路开始工作：时间继电器KT线圈带电后，经过一段设定的时间后，其常开接点KT闭合，使KA线圈带电吸合，其常开接点KA3、KA4闭合，使保护回路带电进入工作状态。保护回路开始对系统进行监控。其常闭接点KA2打开，使时间继电器KT线圈失电停止工作。时间继电器延时接通保护回路的原因是考虑皮带运输机上带有负荷时启动较慢，所以要留出一定的延时投入保护回路后避免保护误动。

（3）保护原理：当电动机出现故障停运时，运输皮带上的物料会出现堆积下沉现象，使安装在皮带下的压力继电器动作。例如M1电动机故障，1XKA动作，使1KA线圈带电吸合，其常开接点1KA4闭合自保持，其常闭接点1KA1打开，接触器KM线圈失电，接触器KM2、LM3、KM4打开使电动机及系统停止运转。

（4）信号回路：保护动作后，接触器KM线圈失电返回，其常闭接点KM1返回，使警铃DL得电发出报警。继电器1KA的常开接点1KA5闭合，接通了指示灯1HL电源回路，1HL灯亮指示电动机M1故障导致保护动作系统停运。1KA的常闭接点1KA3、1KA4打开使2KA、3KA线圈回路不会带电，产生误报警。

（5）在系统实际运行中，可以通过TA按钮使系统停运，还可以在紧急时刻在现场断开任何一个电动机的空气开关，开启保护动作使系统停运。

图7-2　皮带运输线自动控制电路识图方法

7.1.2　中间继电器控制的动力配电箱电路识图

中间继电器控制的动力配电箱电路适用于一般企业的小型供电系统，如图7-3所示为由中间继电器控制的动力配电箱电路。

（1）图中，QS为电源总开关；FU1～FU3为熔断器；指示灯回路中R1～R3为降压电阻，对应HL1～HL3氖泡指示灯；KA为中间继电器；KM为交流接触器；SA1、SA2为空气开关。

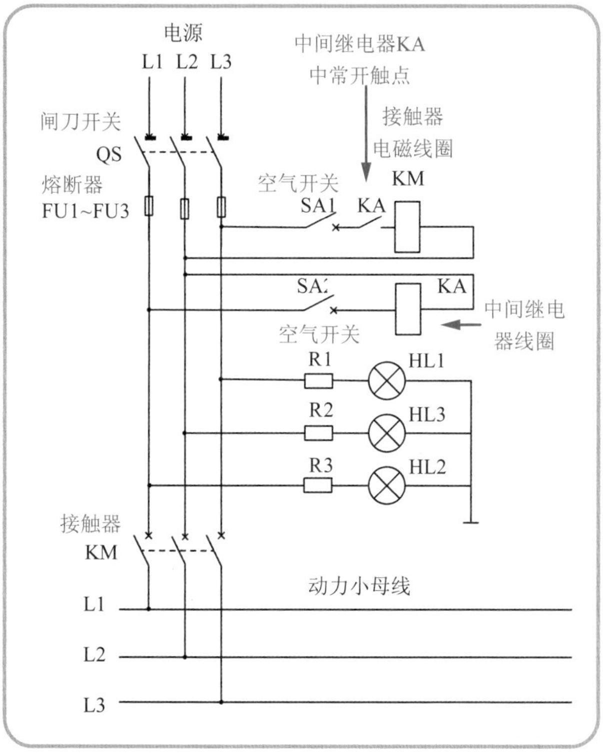

（2）动力箱供电：合上电源开关QS，电源电压正常指示灯HL1～HL3点亮。合入SA2，中间继电器KA的线圈得电吸合，其常开触点闭合；合上开关SA1，接触器KM线圈得电，KM主触点闭合，动力配电箱内小母线带电开始正常的供电。

（3）保护原理：当电源电压降低或是电源缺相时，中间继电器KA或接触器KM的线圈失电，例如KA线圈所接入的两相电源有缺相故障时，KA线圈失电，KA的常开接点返回打开，使KM线圈失电，KM的主电路触头打开，使动力配电箱内小母线失电。避免所带的设备因为缺相而损坏。相应相的指示灯灭，提示哪一相缺相以方便检修人员快速检查处理。

图7-3　中间继电器控制的动力配电箱电路识图

7.2　机床控制电路识图

机床是将金属毛坯加工成机器零件的机器，利用机床可以加工制造各种机器。机床的结构形式很多，有普通机床、六角机床、立式机床、专用机床、多刀机床及数控机床等。不同的机床，其电气控制线路复杂程度区别较大，简单的机床只使用一个或几个独立的拖动线路环节，复杂的则会应用变频和数控技术。

7.2.1 普通卧式机床控制电路识图

普通机床是一种应用广泛的金属切削机床，能够车削外圆、内圆、锥度、端面、螺纹、螺杆及特形面等。普通卧式机床控制电路识图方法如图7-4所示。

（1）图中，QS1、QS2、QS3为闸刀开关；FU1～FU4为熔断器提供短路保护，KM为交流接触器；FR1、FR2为热继电器提供电动机过载保护，SB2为常闭按钮开关，SB1为常开按钮开关，T为36V变压器，M1为主轴电动机，M2为拖动冷却泵，供给工作时的冷却液。

（2）控制电路工作原理：开始工作是先要合入电源开关QS1和冷却泵电源开关QS2，QS2合入后冷却泵开始工作。

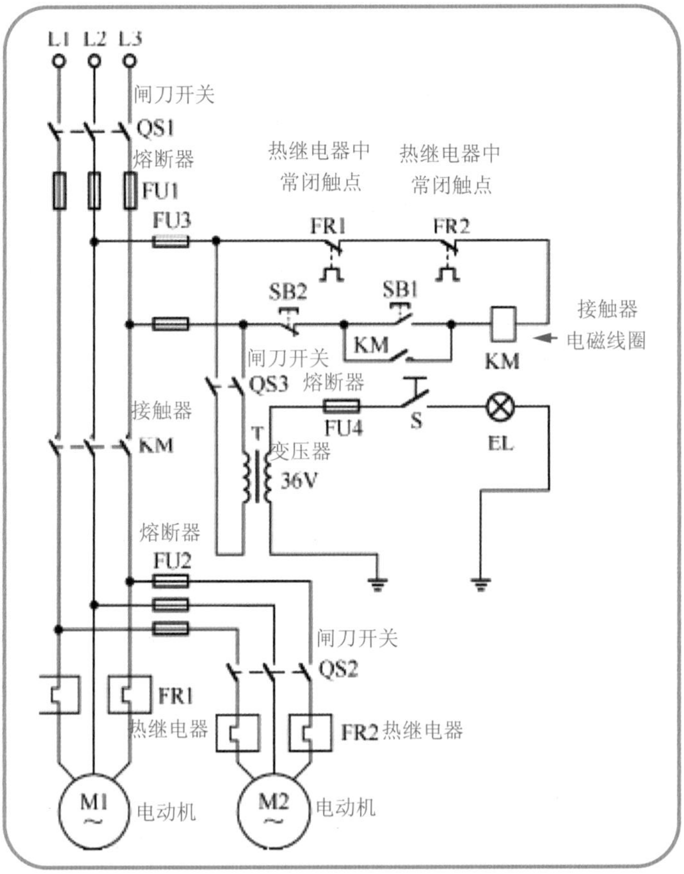

（4）当要停止工作时，按下停止按钮SB2，接触器KM电磁线圈失电分离，其主触点打开，主轴电动机断电停止工作。冷却泵电源开关拉开QS2，机床停止工作。

（3）按下启动按钮SB1，接触器KM电磁线圈得电吸合，其主触点闭合，电源通过闸刀开关QS1、接触器KM主触点、FR1热继电器为电动机M1供电，主轴电动机开始工作。当使用机床需要辅助照明时，合入QS3开关，合上照明开关T，辅助照明灯点亮。

图7-4 普通卧式机床的原理电路图

7.2.2 卧式万能铣床控制电路识图

卧式万能铣床主轴转速高、调速范围宽、调速平稳、操作方便，工作台装有完整的自动循环加工装置，是目前应用广泛的一种铣床。万能铣床的电气控制电路识图方法如图7-5所示（以X62W型万能铣床为例讲解）。

（1）图中万能铣床由3个电动机组成，共同完成各种加工时的动作功能。M1为主轴电动机，M2为工作进给电动机，M3为冷却泵电动机，M3为冷却泵电动机，它主轴电动机是通过换向开关QS5以及接触器KM2和KM3来完成正反转、反接制动及瞬动控制的，并可通过机械机构进行变速。M2的功能更为全面，它能进行正反转控制、快慢速控制、限位控制，并通过机械机构使工作台进行上下、左右、前后方向的运动。

（4）进给运动控制：进给运动需主轴电动机运转后才可以运转，工作台的前与后、左与右、上与下方向的运动是通过操作手柄和机械联动机构控制的相应方向的位置开关是进给电动机M2的正转或反转实现的。位置开关SQ1、SQ2控制工作台的右和左方向的运动，位置开关SQ3、SQ4控制工作台的前、下和后、上方向的运动。

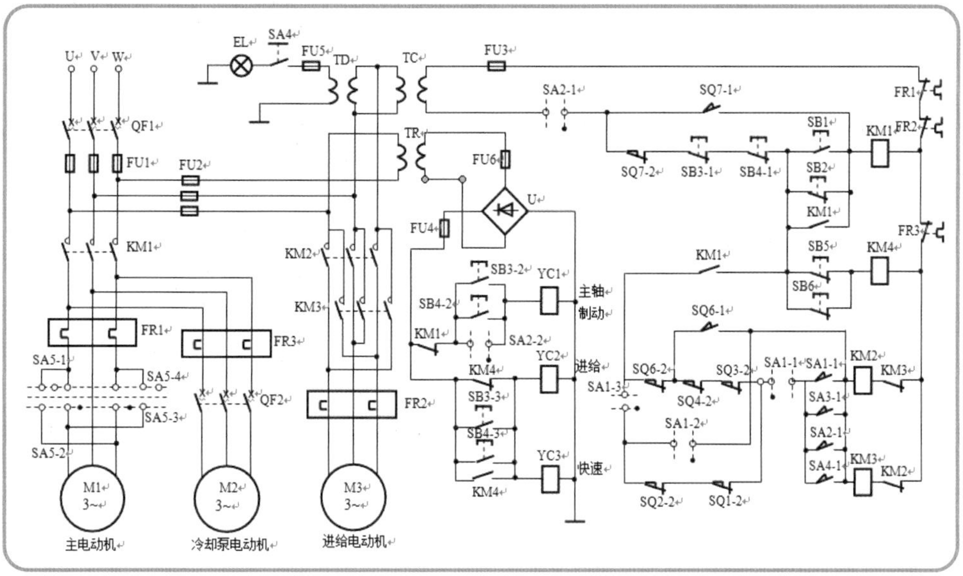

（2）主轴电动机启动：主轴电动机启动前需要选择主轴的转速，通过组合开关QF1达到接通位置，将转换开关SA5拨到需要的转动方向。按下启动按钮SB1或SB2，接触器KM1电磁线圈带电吸合，主触点闭合主电机启动，接触器KM1常开触点闭合实现自锁，其主触点闭合接通工作台进给电路。

（3）主轴电动机制动：为使主轴电动机精确的制动，主轴制动采用电磁离合器制动的方式，主轴制动器YC1由整流变压器TR经过变压整流后供电，当主轴电动机需要停车时，按下机床停车按钮SB3或SB4，接触器KM1失电，主轴电动机M1失电，电磁制动器YC1线圈带电，开始对主轴电动机制动。

图7-5　卧式万能铣床控制电路识图

7.2.3 普通卧式镗床控制电路识图

镗床根据用途的不同可分为卧式镗床、坐标镗床、金刚镗床及专业化镗床等。卧式镗床是一种功能十分强大的机床，主要用于加工各种复杂的大型工件，如箱体零件、机体等。卧式镗床电气控制电路识图方法如图7-6所示。

（1）M1为双速电动机，它可通过变速箱来带动平旋盘及主轴运动，同时还要润滑油泵转动；电动机M2用来带动主轴上的拖板做快速运动。

（2）主轴正反转控制以及点动控制可操作SB1F按钮和SB1R按钮，操作后KM1、KM2或KM3得电吸合使电动机M1运转，停车时操作SB2即可。如需点动应操作SB3F和SB3R 按钮，即可实现M1电动机点动。

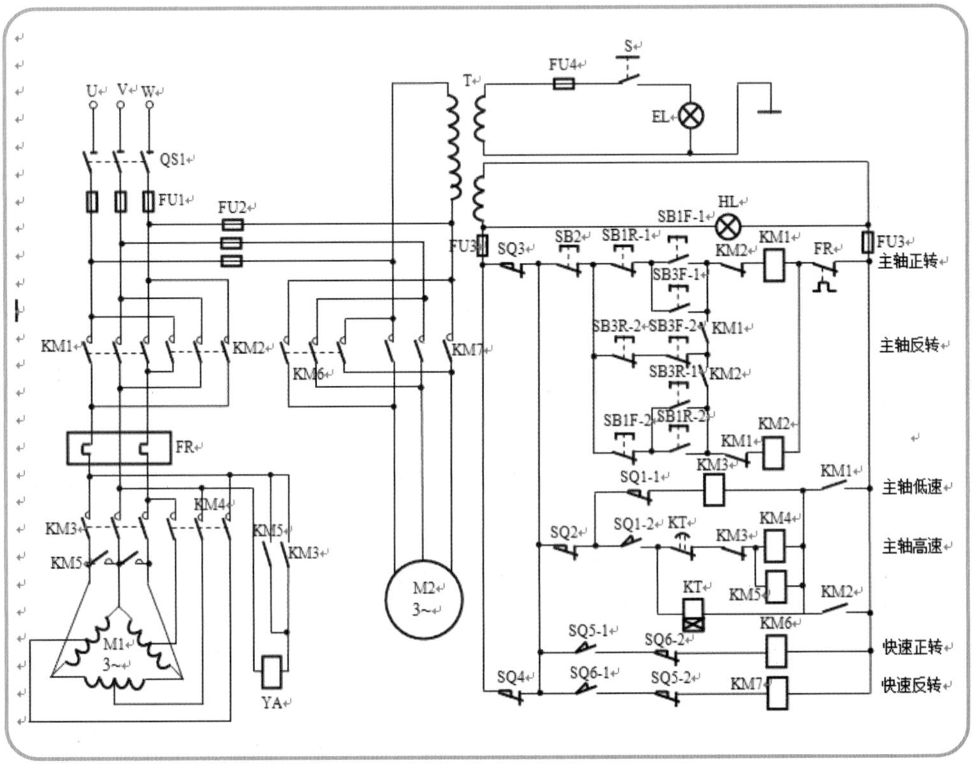

（3）当工作需要主轴制动时，按下停止按钮后，由于接触器KM3和KM5释放，从而断开电磁铁的电源，电磁铁制动装置在弹簧的作用下使杠杆将制动轮拉紧，使电动机尽快停转。如果在工作中想使主电动机由低速改变为高速运转时，可通过调速联动机构使SQ1行程开关动作，经时间继电器延时后，闭合接触器KM4和KM5线圈，使M1由三角形连接变成星形连接并高速运转。

（4）SQ2是与机床变速手柄相连的变速联动行程开关，当拉出机床变速手柄后，SQ2断开接触器KM3、KM4或KM5电路，从而使电动机停转。对于进给部件快速移动控制是由操作手柄操纵行程开关SQ5和SQ6来完成的，通过开关使KM6或KM7通电或断电，从而启动电动机M2做上拖板、下拖板等快速运动。

图7-6　卧式镗床电气控制电路识图方法

7.2.4　摇臂钻床控制电路识图

钻床是一种用途广泛的机床，在钻床上可以钻孔、扩孔、铰孔、攻丝及修刮端面等多种形式的加工。钻床的种类很多，有台式钻床、立式钻床、摇臂钻床、多轴钻床、卧式钻床、深孔钻床等。摇臂钻床控制电路识图方法如图7-7所示。

（1）图中，冷却泵电动机M1：由开关SA控制。主轴电动机M2：由接触器KM1控制。摇臂升降电动机M3：由接触器KM2、KM3控制电动机正反转。控制立柱夹紧和松开电动机M4。

（2）开始工作时，将十字开关SA1切换至左边，SA1的左接点闭合，低电压继电器 KV线圈带电KV常开接点闭合。然后将十字转换开关扳向右方位置，触点接通接触器KM1线圈，从而使主轴电动机M2通电工作运转，其主轴方向由主轴箱上的摩擦离合器手柄位置来决定正反方向。

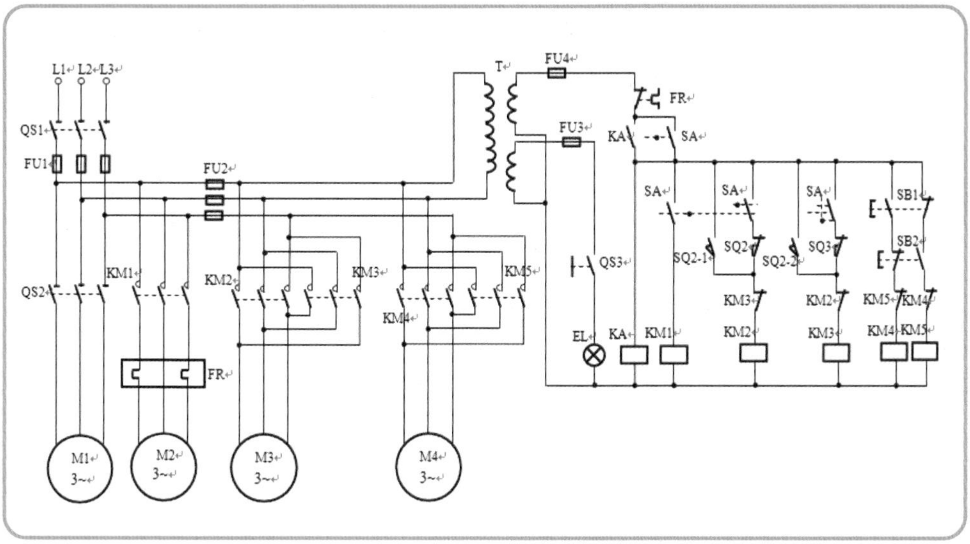

（3）如果将十字转换开关SA1手柄拨向中间位置，接触器KM1线圈断电，主轴停车。摇臂升降也同样由十字开关来完成，SA1位置向上时，接触器KM2得电吸合，M3正向运转，摇臂上升，但升到一定程度时，由限位开关SQ1来限位，停止上升。

（4）当需摇臂下降时，拨动SA1向下，接触器KM3线圈得电，从而使摇臂下降，当下降到极限值时由行程开关限位停止运行。立柱夹紧与松开由复合按钮SB1和SB2来完成，按下SB2时立柱松开，如果只按下SB1时，立柱夹紧，当松开按钮后，控制立柱夹紧与松开的电动机M4停止工作。如在工作时向工件上送冷却液，操作冷却泵开关SA2即可控制冷却泵M1的开停。

图7-7　摇臂钻床控制电路识图方法

7.2.5　平面磨床控制电路识图

磨床是利用砂轮的周边或端面对工件的外圆、内孔、端面、平面、螺纹及球面等进行磨削加工的一种精密加工机床。磨床的种类很多，有外圆磨床、内圆磨床、平面磨床、工具磨床、无心磨床及各种专用磨床，如螺纹磨床、齿轮磨床、导轨磨床等。其中外圆磨床和平面磨床应用最广。平面磨床控制电路识图方法如图7-8所示。

（1）当电源380 V通入磨床后，电源电压正常时欠电压继电器KA动作，KA常开触点闭合，为KM1、KM2触器的吸合做好准备。

（2）当按下SB1按钮后，接触器KM1的线圈得电吸合，液压泵电动机开始运转。由于接触器KM1的吸合，自锁触点自锁使M1电动机在松开按钮后继续运行。如工作完毕按下停止按钮，KM1失电释放，M1便停止运行。

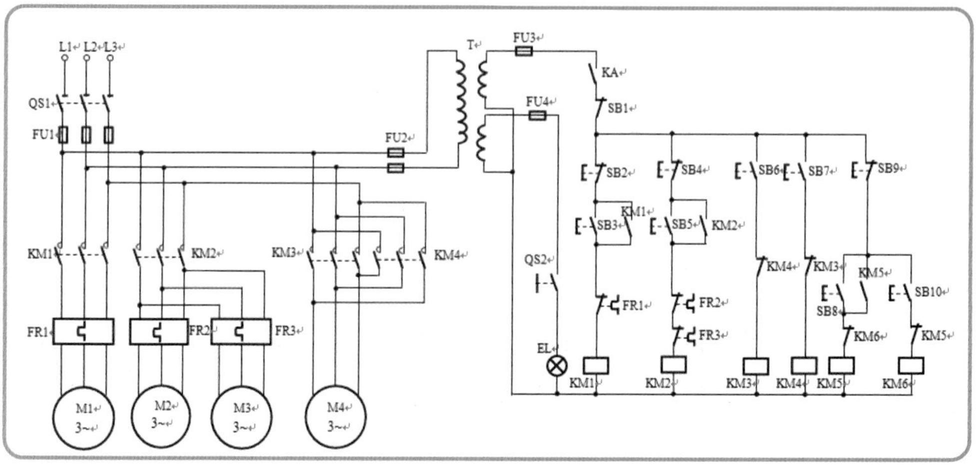

（3）如需砂轮电动机以及冷却泵电动机工作时，按下按钮SB3后，接触器KM2便得电吸合，此时砂轮机和冷却泵电动机可同时工作，正向运转。停车时只需按下停止按钮SB4，即可使这2台电动机停止工作。在工作中，如果需要操作升降电动机做升降运动时，按下点动按钮SB5或SB6即可升降；停止升降时，只要松开按钮即可停止工作。

（4）如需操动电磁工作台时，把工件放在工作台上，按下按钮SB7后接触器KM5吸合，即可把直流电110V电压接入工作台内部线圈中，使磁通与工件形成封闭回路，因此就把工件牢牢地吸住，以便对工件进行加工。当按下SB8后，电磁工作台便失去吸力。有时其本身存在剩磁，为去磁可按下按钮SB9，使接触器KM6得电吸合，工作台通入反向直流电进行退磁，待退完磁后松开按钮SB9即可将工件拿出。

图7-8　平面磨床控制电路识图方法

图中，M1为液压泵电动机，在工作中起到控制工作台往复运动的作用。M2为砂轮电动机，可带动砂轮旋转，起磨削加工工件的作用。M3为冷却泵电动机，带动冷却泵，为砂轮磨削工作起冷却的作用。M4为砂轮机升降电动机，用于调整砂轮与工件的位置。

M1、M2及M3电动机在工作中只要求正转，其中对冷却泵电动机还要求在砂轮电动机转动工作后才能使它工作。对升降电动机M4要求正反向均能转动。

控制线路中对M1、M2、M3动机装设有过载保护和欠电压保护能力，由热继电器FR1、FR2、FR3和欠电压继电器完成保护，而所有四台电动机的短路保护由熔断器FU1构成。电磁工作台控制线路首先由变压器变压后，经整流提供110 V的直流电压，供电磁工作台使用，它的保护线路由欠电压继电器、放电电容和电阻组成。

7.3 起重机械控制电路识图

起重运输机械在工业生产、民用建筑中使用较为广泛，可以提高工作效率，减轻人们的劳动强度。起重运输机械种类较多，如车间中常用的铲车、行车、电动葫芦、桥式起重机。建筑场所使用的塔式起重机等。

起重运输机械工作时需要频繁的操作电动机启动、调速、制动、反转。电路中用的电气元件较多，控制原理较为复杂。本节重点介绍实际生产工作中典型的电动葫芦控制电路、8挡位控制天车、桥式起重机控制电路、塔式起重机控制电路。

7.3.1 电动葫芦控制电路识图

电动葫芦是一种小型起重设备，具有结构紧凑，重量轻，体积小，零部件通用性强，操作方便等优点。它既可以单独安装在工字钢梁上，也可以配套安装在电动或手动单、双梁、悬臂、龙门架等起重机上。电动葫芦电路组成由升降电动机拖动的升降机构和移动电动机拖动的移动机构组成。升降电动机通过减速箱带动钢丝卷筒。

电动葫芦控制电路识图方法如图7-9所示。

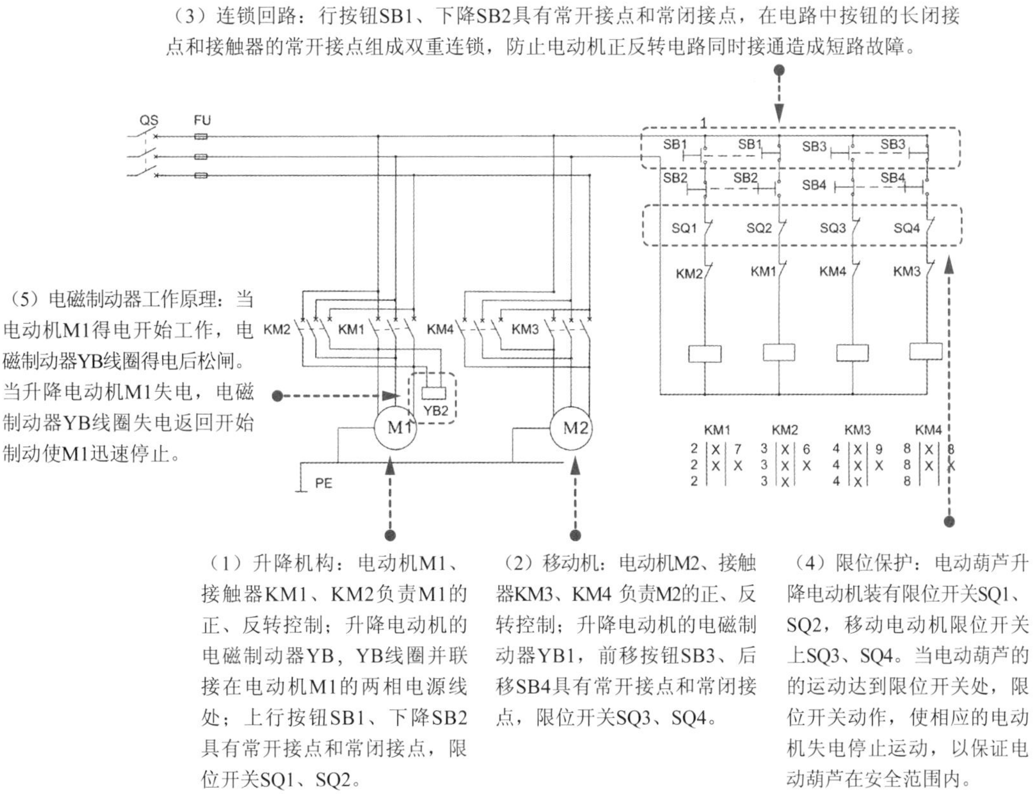

（3）连锁回路：行按钮SB1、下降SB2具有常开接点和常闭接点，在电路中按钮的长闭接点和接触器的常开接点组成双重连锁，防止电动机正反转电路同时接通造成短路故障。
QS
FU
SB1
SB3
SB2
SB4
SQ1
SQ2
SQ3
SQ4
KM1
KM2
KM3
KM4
YB2
M1
M2
PE
（5）电磁制动器工作原理：当电动机M1得电开始工作，电磁制动器YB线圈得电后松闸。当升降电动机M1失电，电磁制动器YB线圈失电返回开始制动使M1迅速停止。
（1）升降机构：电动机M1、接触器KM1、KM2负责M1的正、反转控制；升降电动机的电磁制动器YB，YB线圈并联接在电动机M1的两相电源线处；上行按钮SB1、下降SB2具有常开接点和常闭接点，限位开关SQ1、SQ2。
（2）移动机：电动机M2、接触器KM3、KM4 负责M2的正、反转控制；升降电动机的电磁制动器YB1，前移按钮SB3、后移SB4具有常开接点和常闭接点，限位开关SQ3、SQ4。
（4）限位保护：电动葫芦升降电动机装有限位开关SQ1、SQ2，移动电动机限位开关上SQ3、SQ4。当电动葫芦的的运动达到限位开关处，限位开关动作，使相应的电动机失电停止运动，以保证电动葫芦在安全范围内。

图7-9　电动葫芦控制电路识图方法

（6）电动葫芦向前移动：按下按钮SB3，KM3线圈得电，电动机M2主电路中KM3辅助接点闭合，电动机M2开始正向转动，电动葫芦沿着导轨向前移动。移动到位后松开SB3，电动机M2停电，电磁制动器YB2线圈失电，开始制动使M2迅速停止。

（7）电动葫芦向后移动：按下按钮SB4，KM4线圈得电，电动机M2主电路中KM4辅助接点闭合，电动机M2开始反向转动，电动葫芦沿着导轨向后移动。

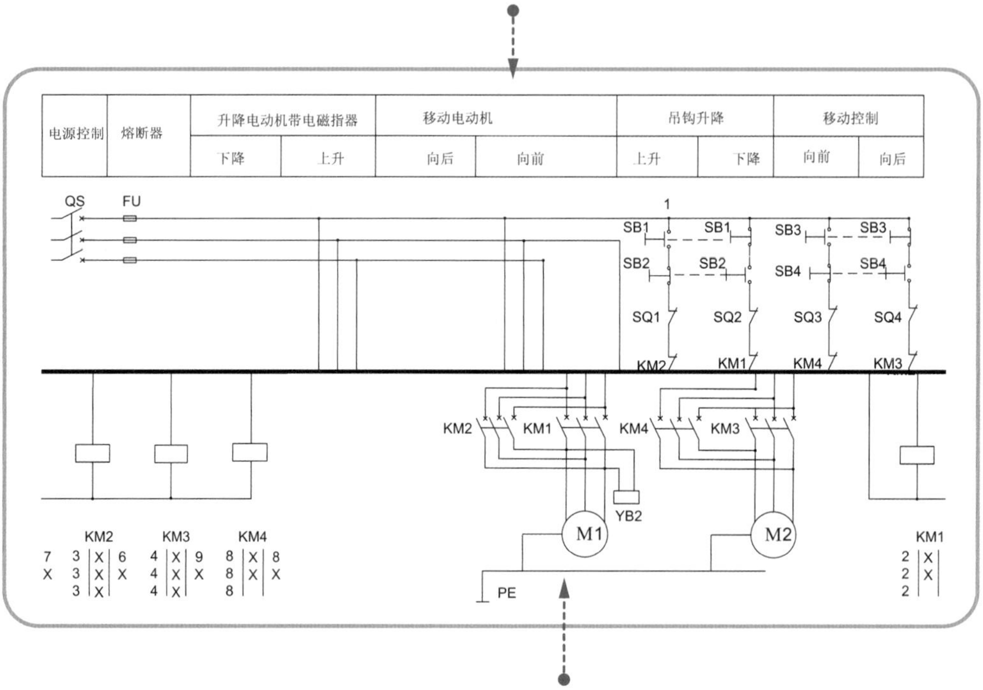

（8）电动葫芦吊钩上升：按下按钮SB1，KM1线圈得电，电动机M1主电路中KM1辅助接点闭合，电动机M1开始正向转动，经减速器带动钢丝卷筒转动，使吊钩上升。当吊钩上升到达位置后松开按钮SB1，电动机M1停电，电磁制动器YB线圈失电，开始制动使M1迅速停止。

（9）电动葫芦吊钩下降：按下按钮SB2，KM2线圈得电，电动机M1主电路中KM2辅助接点闭合，电动机M1开始反向转动，经减速器带动钢丝卷筒转动，使吊钩下降。当吊钩到达位置后松开按钮SB2，电动机M1停电，电磁制动器YB线圈失电，开始制动使M1迅速停止。

图7-9　电动葫芦控制电路识图方法（续）

7.3.2　天车控制电路识图

天车是一种安装在厂房中的起重运输机械，在机械加工、维修和制造生产工厂中得到广泛的应用。天车控制电路识图方法如图7-10所示。

（2）天车控制电路：按钮SB3控制行车电源断开；SB4控制天车电源接通。接触器KM2为天车三相电源控制执行元件。按钮SB5至SB10为天车动作按钮，点动使对应的接触器KM3至KM8动作，控制天车的上、下、左、右、前、后方向运动。限位开关SA1至SA6限制天车各个方向运动范围；电动机M使吊钩上、下动作，M2使天车左、右移动，M3使天车前、后移动。

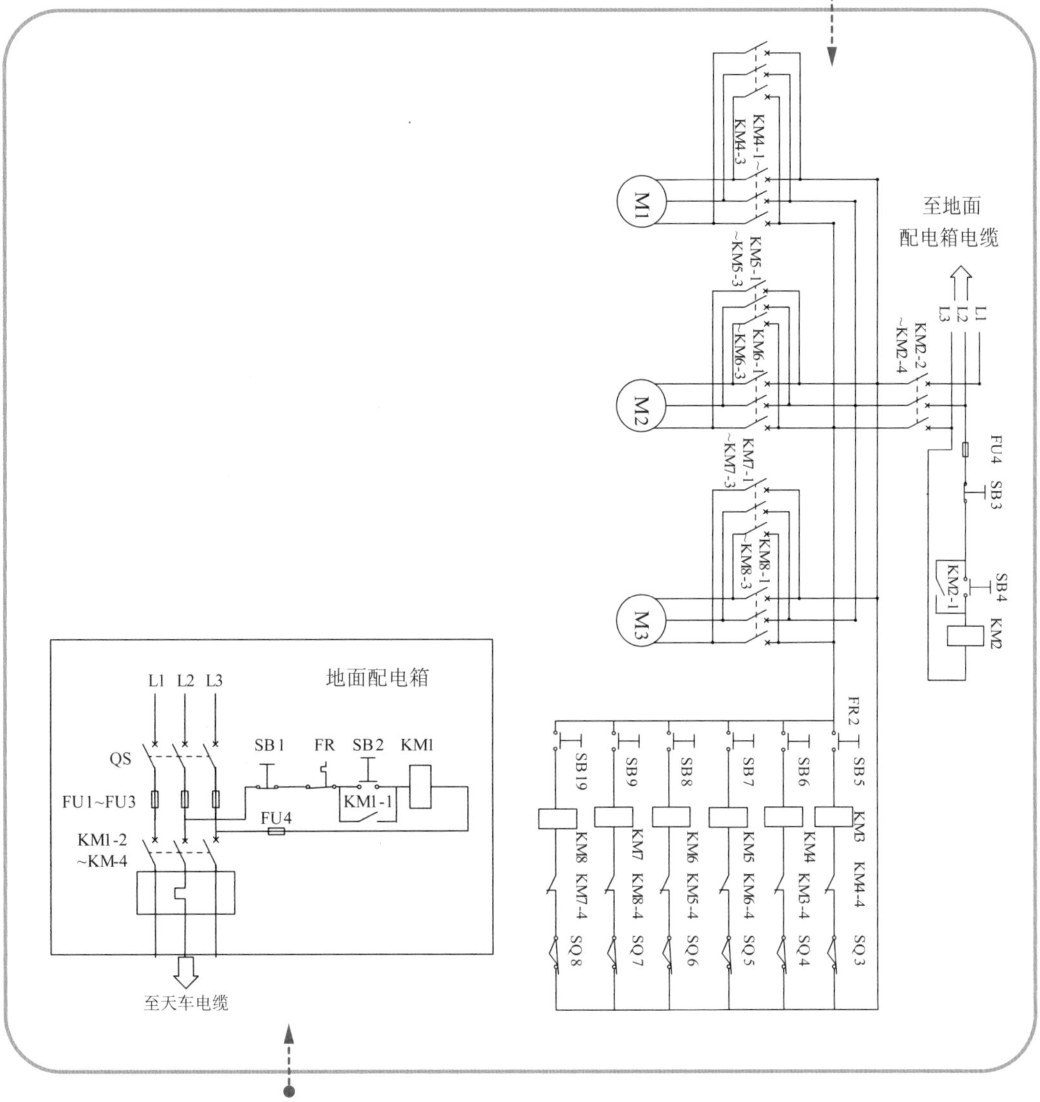

（1）地面配电箱：电源开关QS；熔断器FU1~FU4;热继电器FR；交流接触器KM按钮SB1控制电源接通，按钮SB2控制电源断开。

图7-10 天车控制电路识图方法

（4）天车电源控制：地面配电箱电源送至天车后，按下按钮SB4，接触器KM2线圈得电动作，常开接点KM2-1闭合自保持使KM2线圈一直带电工作，KM2在主电路中的常开接点KM2-2~KM2-4闭合，天车电源接通。天车停止按钮为SB3。

（5）线圈得电动作，在电动机M1主电路中的KM3-1~KM3-3接点闭合，电动机M1动作天车吊钩上行。如果一直按住按钮SB5或是按钮接点粘连，天车走到限位开关SA1处，限位开关SA1动作使接触器KM3线圈失电，电动机M1停止，以防止天车出现事故。

（3）地面配电箱：地面配电箱合上电源开关QS，按下按钮SB2，接触器KM1线圈得电动作，常开接点KM1-1闭合自保持使KM1线圈一直带电工作，KM1在主电路中的常开接点KM1-2~KM1-4闭合，地面配电盘向天车部分供电。停电时，按下按钮SB1，接触器KM1线圈失电，KM1在主电路中的常开接点KM1-2~KM1-4返回打开，地面配电盘停止向天车部分供电。

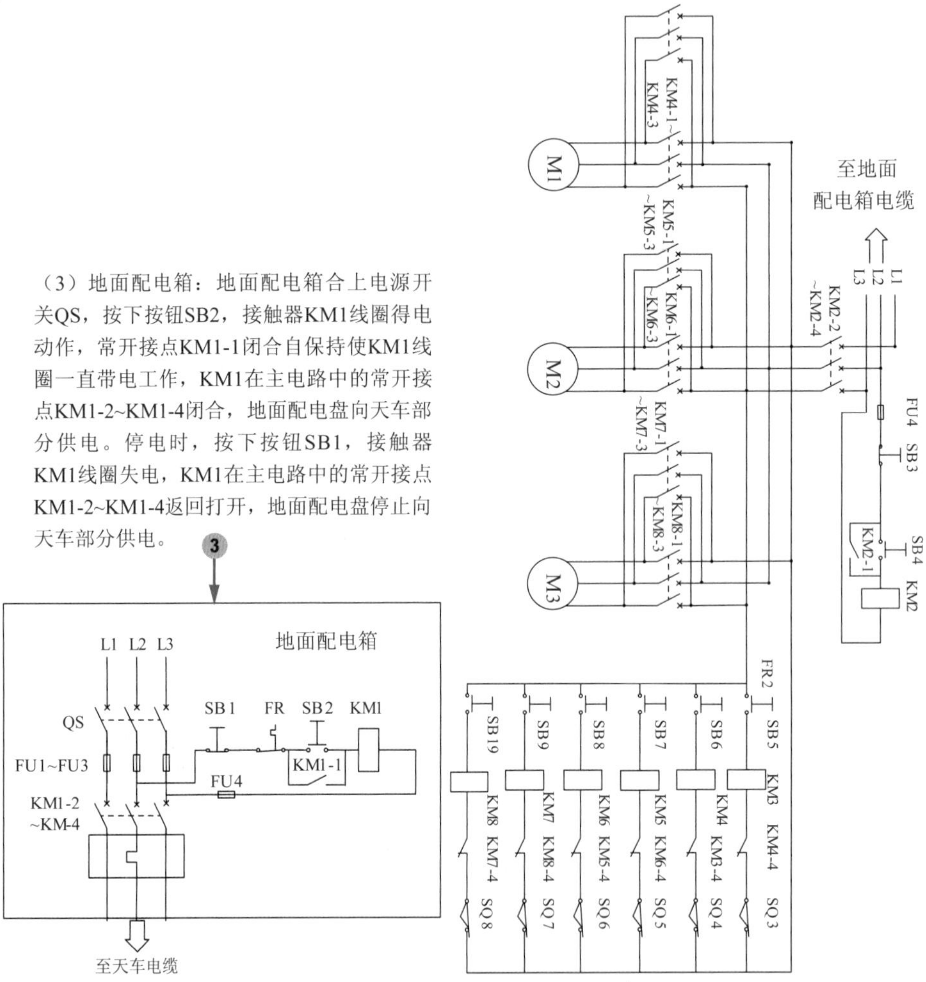

（6）按下行控制按钮SB6，接触器KM4线圈得电动作，在电动机M1主电路中的KM4-1~KM4-3接点闭合，电动机M1动作天车吊钩上行。

（7）其他方向运动控制与上、下运动一样。SB5~SB10控制天车各方向运动为点动，按钮返回天车相应的动作停止。电路中天车的上与下、左与右、前与后的运动时靠改变电动机M1~M3的正反转来实现的。

图7-10　天车控制电路识图方法（续）

7.3.3　桥式起重机控制电路识图

桥式起重机是装设于车间、仓库和料场上空进行物料吊运的起重设备。由于它的两端坐落在高大的水泥柱或者金属支架上，形状似桥，所以称为桥式起重机。桥式起重机的桥架沿铺设在两侧高架上的轨道纵向运行，可以充分利用桥架下面的空间吊运物料，不受地面设备的阻碍。它是使用范围最广、数量最多的一种起重机械。桥式起重机控制电路识图方法如图7–11所示。

（6）凸轮控制：电源开关QS1合入后，按下启动按钮SB，接触器KM线圈得电吸合并自保持。系统进入带电工作状态，可以使用QC1~QC3分别控制各个电动机动作。凸轮控制器是一种具有多个位置、多个触点的转换开关。QC1、QC2和QC3分别控制大车电动机M1、小车电动机M2、吊钩电动机M3。

（5）紧急开关SA（10），紧急情况下断开SA开关，使接触器KM线圈失电，整个系统电源失电。安全窗开关SQ1，安装在驾驶室到桥架去的窗口上，防止操作员上下桥架是发生意外。当安全开关SA、SQ1～SQ3都闭合好后，三个凸轮控制器控制手柄放在零位时，就接触器KM线圈才能得电吸合，起重机系统才能开始得电工作。

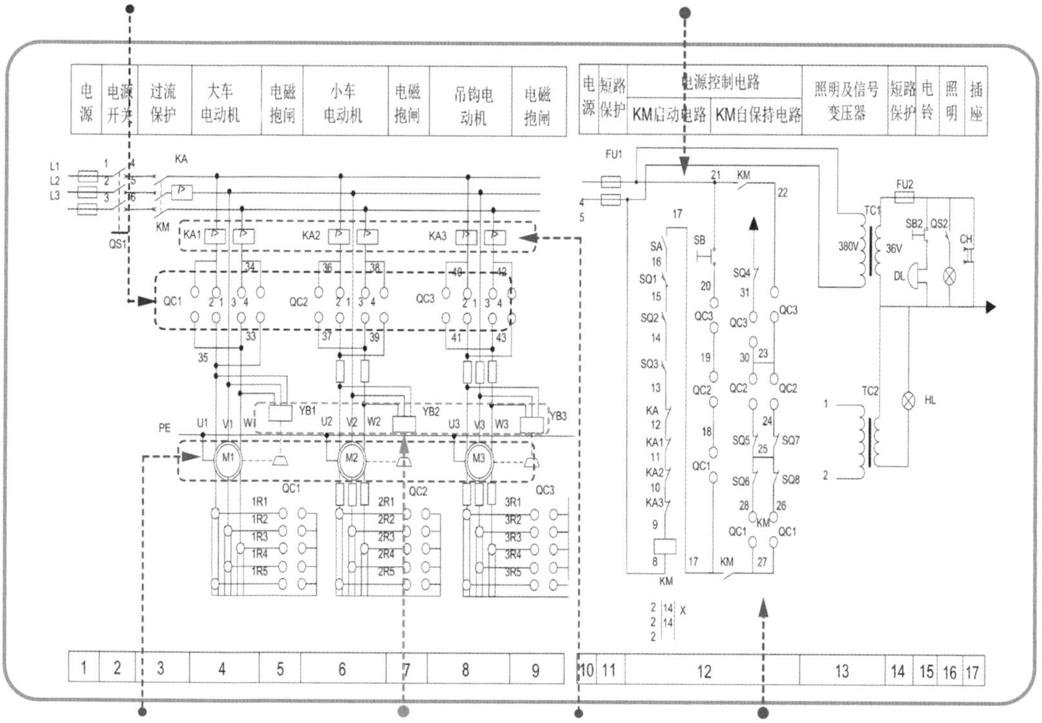

（1）5T桥式起重机共使用3台绕线式电动机，大车电动机M1、小车电动机M2、吊钩电动机M3。采用转子串接电阻（1R、2R、3R）进行启动和调速控制。使用凸轮控制器QC1、QC2、QC3分别对电动机M1、M2、M3的正反转控制和串接电阻的分级调整。

（2）电磁制动器YB1、YB2、YB3分别对应电动机M1、M2、M3，与电动机M1、M2、M3定子绕组并联，实现制动器得电松闸，失电抱闸制动的功能。

（3）电流继电器KA1、KA2、KA3为对应电动机M1、M2、M3的过流保护元件，KA为电源的过流保护元件。

（4）总控制器。电源回路中接触器KM得电吸合后，其主触点KM（2）闭合，电动机M1、M2、M3电源接通。操作凸轮控制器控制电动机工作。过流继电器常闭接点KA1（11-12）、KA2（10-11）、KA3（9-10）和KA（12-13）分别对应电动机M1、M2、M3和电源电路，串联接入KM线圈回路。

图7–11　桥式起重机控制电路识图方法

（7）系统准备工作：合入电源开关QS1，检查凸轮控制器QC1、QC2、QC3操作手柄置于零位，驾驶室舱口和桥架门关闭好，合上紧急开关SA。按下启动按钮SB（11），接触器KM（10）得电，其常开接点KM（21-22）、KM（17-27）闭合，其主触点KM（2）闭合电源接通，之后可就通过控制凸轮控制器操作系统了。
（8）小车向前移动控制：小车向前移动，将凸轮控制器QC2手柄向前方转入“1”位置。凸轮控制器触点QC2-1（36-37）、QC2-3（38-39）闭合，QC2-10闭合自保持，电动机M2启动运转，电磁制动器YB2得电松开抱闸，小车向前移动。
将凸轮控制器QC2手柄向前方由“1”转“2”位置，凸轮控制器触点QC2-1（36-37）、QC2-3（38-39）闭合，QC2-16闭合自保持，QC2-5闭合短接电阻2R5，电动机M2转速加快，小车前进速度加快。
凸轮控制器QC2手柄向前方转“3”、“4”、“5”三个挡位时，对应的触点QC2-6～QC2-7、QC2-6～QC2-8、QC2-6～QC2-8相应的会接通，短接电阻2R5、2R4、2R3、2R2、2R1，实现小车前进速度换挡。

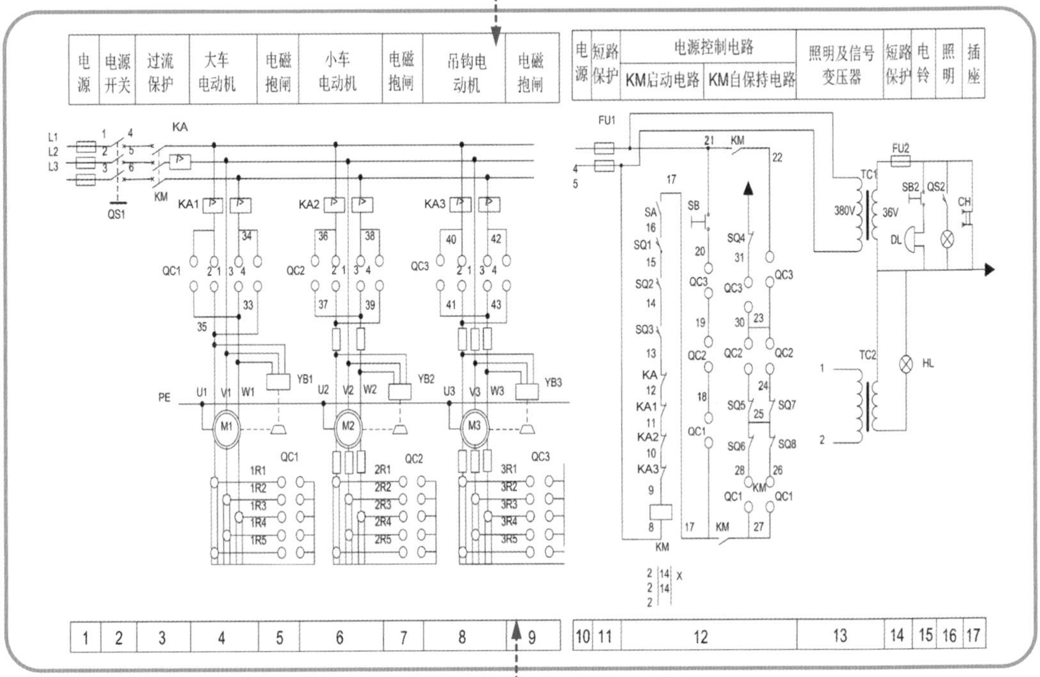

（9）小车向后移动控制：小车向后移动，将凸轮控制器QC2手柄向后方转入“1”位置。凸轮控制器触点QC2-1（36-37）、QC2-3（38-39）闭合，QC2-10闭合自保持，电动机M2启动运转，电磁制动器YB2得电松开抱闸，小车向前移动。
将凸轮控制器QC2手柄向前方由“1”转“2”位置，凸轮控制器触点QC2-1（36-37）、QC2-3（38-39）闭合，QC2-16闭合自保持，QC2-5闭合短接电阻2R5，电动机M2转速加快，小车前进速度加快。
凸轮控制器QC2手柄向前方转“3”、“4”、“5”三个挡位时，对应的触点QC2-6～QC2-7、QC2-6～QC2-8、QC2-6～QC2-8会分别接通，短接电阻2R5、2R4、2R3、2R2、2R1，实现小车前进速度换挡。
（10）大车控制操作凸轮控制器QC1、吊钩控制凸轮控制器QC2，工作原理与小车控制类似。

图7-11　桥式起重机控制电路识图方法（续）

7.3.4　塔式起重机控制电路识图

塔式起重机是一种使用转子串接电阻进行启动和调速控制，大型的起重运输机械设备。塔式起重机将动臂装在塔身上部的可以旋转，底座部分可以沿着轨道行走的大型起重机。塔式起重机控制电路识图方法如图7-12所示。

起重机开始工作前，需要检查凸轮控制器QM的控制手柄放在“零”位，QM的常闭接点在闭合状态，按下电源按钮SB2，主接触器KM动作，主触头KM【2】闭合接通系统主电源，辅助触头KM1-9【14】闭合，接通控制回路电源。系统进入准备工作状态。主接触器KM为主电源的控制元件及作为失压保护。过流继电器KA1、KA2接于主电源的两相上作为过载保护。

如果电动机M正转，则使QM的触点Q2、Q4闭合，Q1、Q3断开。如果电动机M反转，则使QM的触点Q2、Q4断开，Q1、Q3闭合。

熔断器FU1~FU5作为电路短路保护。

行走电动机M1：由接触器KM3（正转）、KM4（反转）控制行走方向。位置开关SQ3、SQ4安装在行车轨道两端，SQ3、SQ4接点接入控制回路中。

回转电动机M2：由接触器KM3（正转）、KM4（反转）控制行走方向。

变幅电动机M3：由接触器KM5（正转）、KM6（反转）控制，M3装有电磁制动器YB2。变幅电动机的控制为点动，上升超过限制幅度时限位行程开关断开，使变幅电动机停止运转。

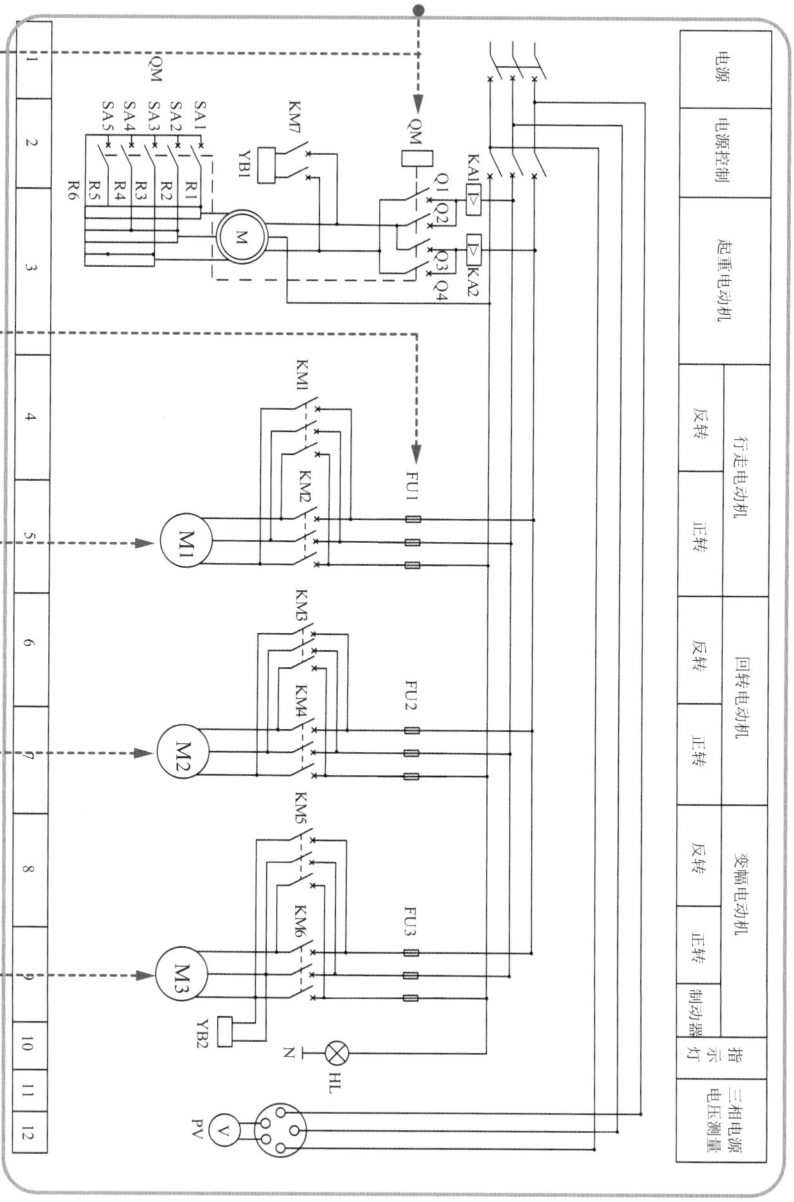

（a）塔式起重机电路主电路

图7-13　塔式起重机控制电路识图方法

行程开关SQ1~SQ4采用具有一个常开接点（接在警铃HA1回路中）和一个常闭接点（接在电动机控制回路中）的复合接点。在操作室内的所有操作（行走、上升、变幅）达到极限位置，都会使警铃HA1响起，提醒工作人员。操作室内装有脚踏警铃开关SF1，起重机的动作前，控制人员需要脚踏警铃开关SF1，使警铃HA1响起，提醒地面工作人员注意。SQ1、SQ2为起重的限位开关。

行走电动机M1和回转电动机M2控制电路见图中【15、16】单元、【17、18】单元为接触器控制电动机正反转电路。行走电动机M1控制电路中接入位置开关SQ3、SQ4，限制行车行走范围。

变幅电动机M3控制电路见图中【19、20】单元，设有电磁制动器YB2。起重电动机M控制电路见图中【19、20】单元。

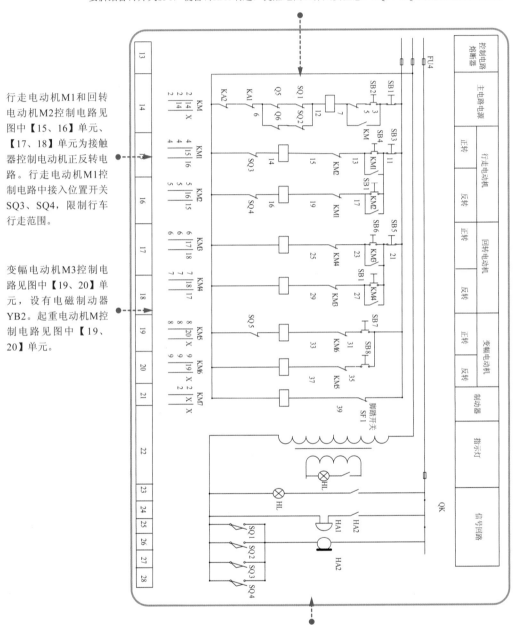

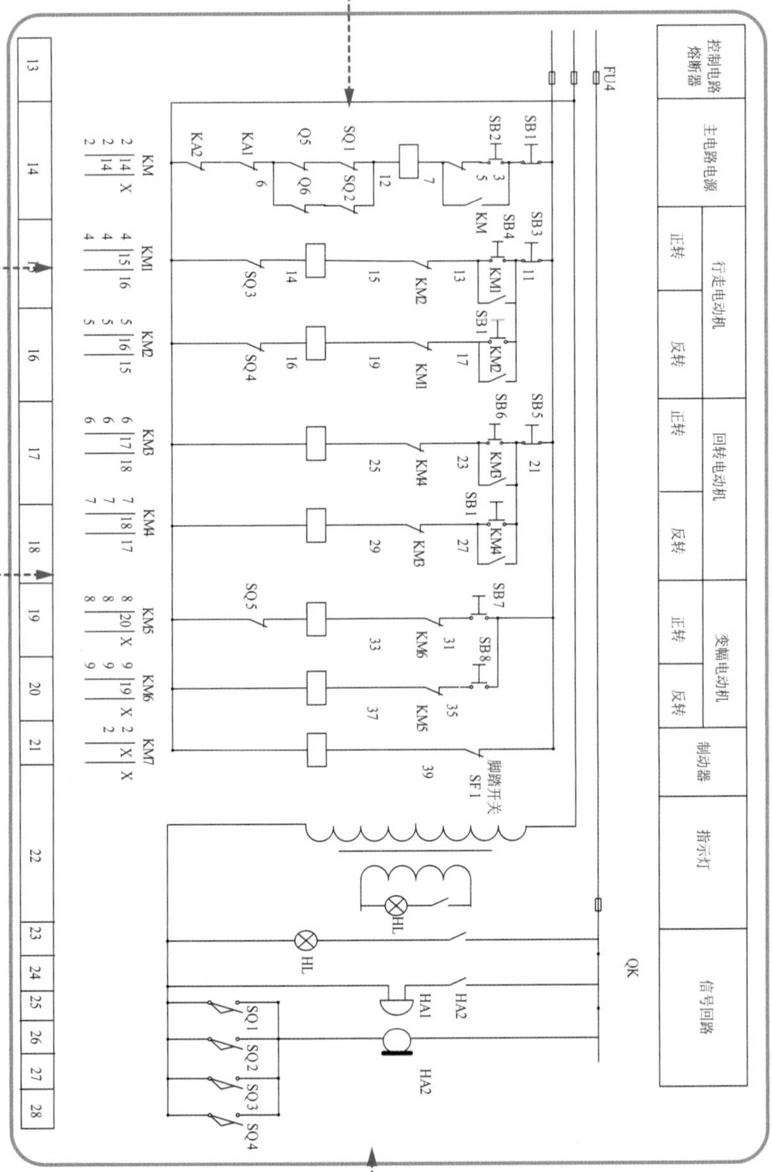

主电源送电后，启动和调速过程：电动机M启动转时，操作凸轮控制器QM，位置“1”SA1~SA5【2】在断开位置时，转子电路中串接的电阻全部接入，电动机M开始启动。电动机M转速提高后，将凸轮控制器手轮转至“2”位时，触点SA5闭合，串接电阻部分短接。将凸轮控制器手轮转至“3、4、5”位时，对应触点SA4、SA3、SA2、SA1闭合，串接电阻短接。

（b）塔式起重机电路辅助电路

图7-13　塔式起重机控制电路识图方法（续）

第 8 章 建筑电气系统识图

建筑电气系统是现代建筑的重要组成部分，现代建筑电气系统主要包括建筑供配电系统、建筑照明、通信与广播电视系统、消防及安保系统、防雷接地等。本章将重点讲解建筑电气系统读识方法。

8.1 建筑供配电系统识图

建筑供配电系统主要由供电系统、配电网、用电设备等部分组成。建筑供配电系统的供电方式根据负荷分级与供电要求设计。负荷是电网供给用户使用电能的功率或电流。

8.1.1 建筑供电系统采用的供电方案

建筑供配电系统使用的供电负荷一般为6~10kV高压，采用的高压供电方案主要包括单路电源供电方式、双路电源供电方式等。如图8-1所示。

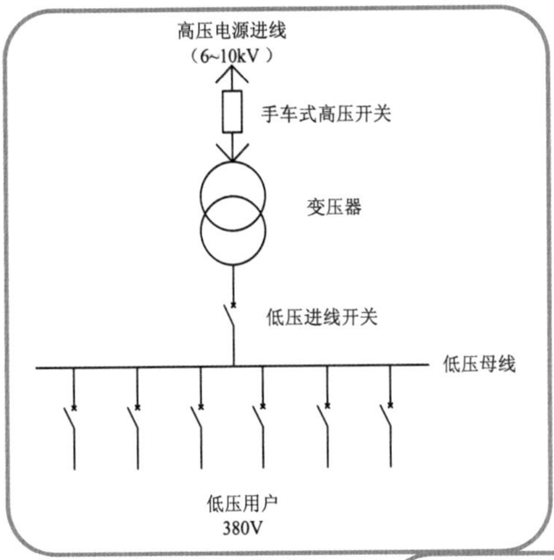

（1）单路电源由一路高压或低压电源供电。优点是结构简单、系统清晰明了、电气设备少，工程造价较低，维护检修方便；缺点是供电可靠性较低，一旦电源检修或出现故障时，整个系统会全部停电。所以只适用于供电可靠性要求不高的建筑场所。

（2）双路电源系统供电方式可以为一用一备或是分段工作（需要装设有联络开关）。使用联络开关及电源自动投入装置实现可以电源互供。优点是供电可靠性较高，缺点是使用的电气设备较多、系统较复杂，维护检修时间长，如果需要电源自动互供需要装设电源自动投入装置，整体工程造价较高。

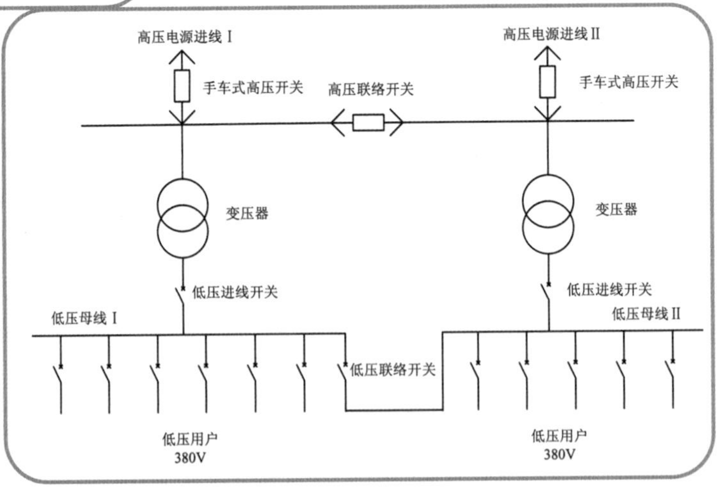

图8-1　建筑供电系统的供电方案

（3）双路电源加自备发电机供电方式是指在双路电源的供电的基础上增加应急自备发电机组的供电方式。这种供电方式可靠性高，但工程造价高，检修维护工作量大，系统复杂。只适用于供电可靠性要求很高的场所，如银行、证券、网络通信公司等场所。

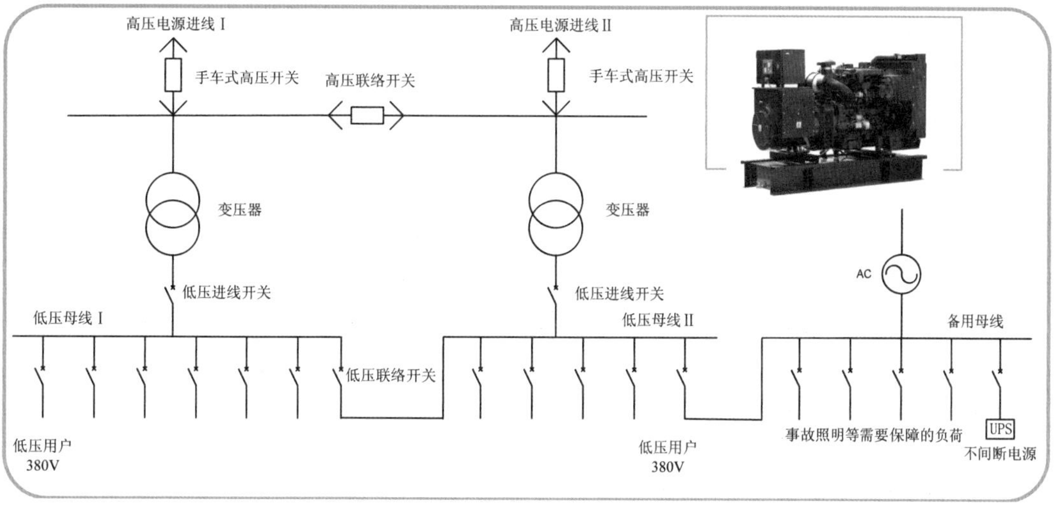

图8-1　建筑供电系统的供电方案（续）

8.1.2　建筑配电系统识图

配电系统是实现电能的接收和分配的，配电系统是由供电系统高电压等级转变为用户所使用的低电压等级的电气系统。如图8-2所示为建筑配电系统识图方法。

配电系统中
的配电柜
配电系统根据建筑规模的大小将高压供电线路（电缆）直接引入建筑物的变配电室，再降压为380V和220V低电压。其中380V三相电分配给建筑中电梯等用电设备，220V电压分配给照明灯用电设备。

图8-2　建筑配电系统识图

首先接通开关SB1，接触器KM1中的电磁线圈KM1-a得电吸合，其主触点接通，380V交流电开始向母线供电。同时接触器KM1中的常闭触点KM1-c断开，防止备用电源接通，起联锁保护作用。常开触点KM1-b闭合，指示灯HL1点亮。

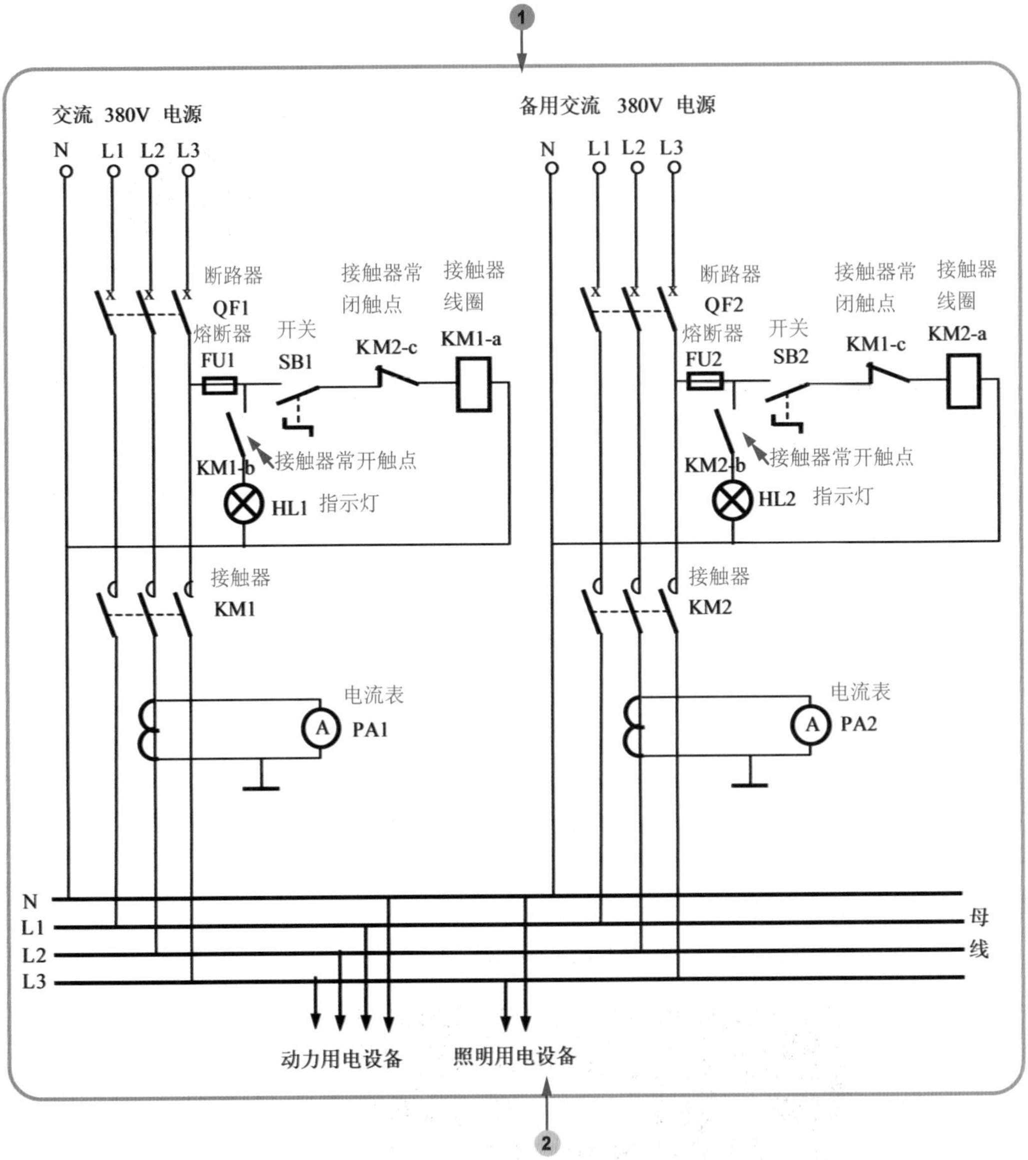

当常用380V电源出现故障或停电时，接触器线圈KM1-a失电，主触点复位分离，常闭触点KM1-b和KM1-c同时复位。此时接通断路器QF2和开关SB2，接触器KM2中线圈KM2-a得电吸合。其主触点接通，备用电源开始向母线供电。同时常闭触点KM2-c断开，防止常用电源接通，起联锁保护作用。常开触点KM2-b接通，指示灯HL2点亮。

图8-2　建筑配电系统识图（续）

8.2 电气照明系统识图

使用照明设备图形符号标注在建筑安装平面图中绘制布成的叫作照明系统电气图。照明系统电气图中详细标注了建筑的电气照明设备、相关电气线路的布置等信息。下面将重点讲解照明电气图的识图方法。

8.2.1 照明系统电气图识图

照明系统电气图通常包含下面的一些内容：照明系统的安装容量、计算容量、计算电流、配电方式、导线或电缆的型号、规格、数量、敷设方式及穿管管径、开关及熔断器的规格型号等。通过照明系统图可以了解建筑物内部电气照明配电系统的全貌，也是进行电气安装调试的主要图纸之一。

1. 一看线路进线线缆参数

看照明供电系统图时，首先看架空线路进线的路数、导线的型号、规格、敷设方式及穿管直径。如图8-3所示。

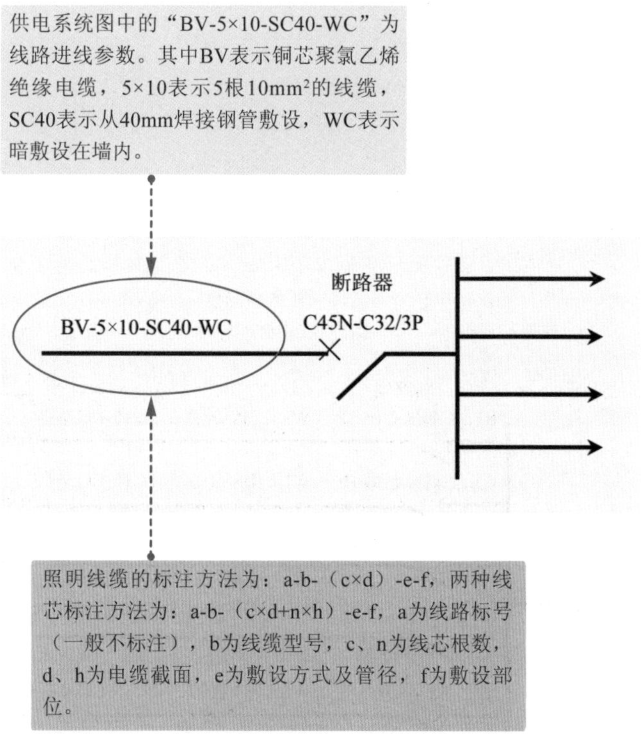

供电系统图中的“BV-5×10-SC40-WC”为线路进线参数。其中BV表示铜芯聚氯乙烯绝缘电缆，5×10表示5根10mm²的线缆，SC40表示从40mm焊接钢管敷设，WC表示暗敷设在墙内。
断路器
C45N-C32/3P
BV-5×10-SC40-WC
照明线缆的标注方法为：a-b-（c×d）-e-f，两种线芯标注方法为：a-b-（c×d+n×h）-e-f，a为线路标号（一般不标注），b为线缆型号，c、n为线芯根数，d、h为电缆截面，e为敷设方式及管径，f为敷设部位。

图8-3　线缆参数

2. 二看总开关及熔断器型号规格

在照明供电系统中主要使用熔断器作为断路设备，因此需要正确读识熔断器的型号规格。如图8-4所示。

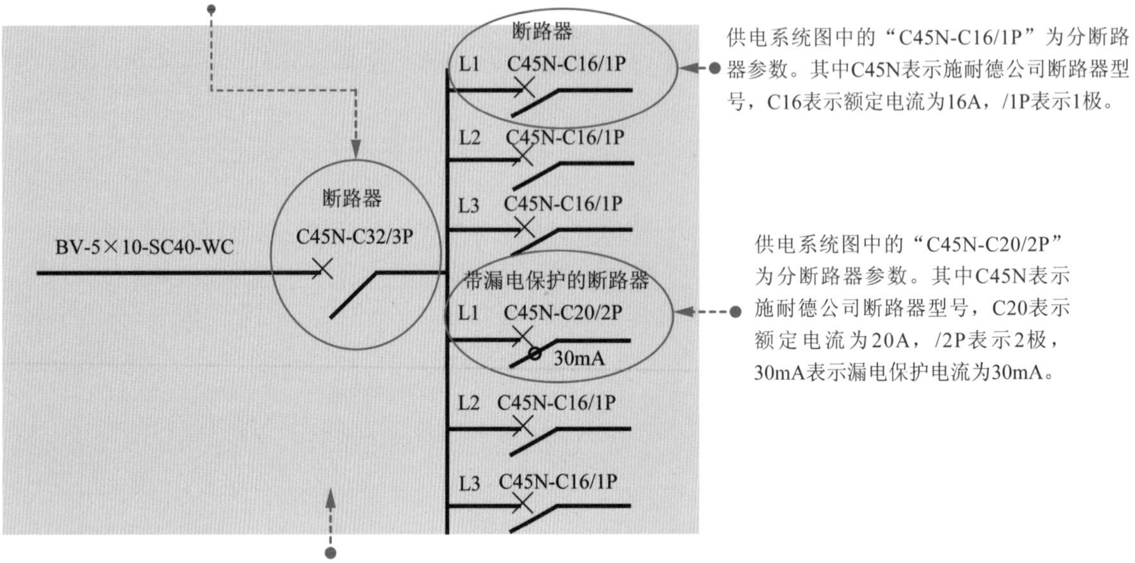
供电系统图中的“C45N-C32/3P”为总断路器参数。其中C45N表示施耐德公司断路器型号，C32表示额定电流为32A，/3P表示3极。
断路器
L1 C45N-C16/1P
L2 C45N-C16/1P
L3 C45N-C16/1P
断路器
C45N-C32/3P
BV-5×10-SC40-WC
带漏电保护的断路器
L1 C45N-C20/2P
30mA
L2 C45N-C16/1P
L3 C45N-C16/1P
供电系统图中的“C45N-C16/1P”为分断路器参数。其中C45N表示施耐德公司断路器型号，C16表示额定电流为16A，/1P表示1极。
供电系统图中的“C45N-C20/2P”为分断路器参数。其中C45N表示施耐德公司断路器型号，C20表示额定电流为20A，/2P表示2极，30mA表示漏电保护电流为30mA。
断路器的标注方法为：a-b-c/i，a为设备编号（一般不标注），b为设备型号（一般厂家自己编制），c为额定电流（单位A）、i为极数。

图8-4　熔断器型号规格

3. 三看出线回路数量及参数

照明供电系统图中会详细标注每个出线回路的用途、容量、电缆参数等，供电系统图读识方法如图8-5所示。

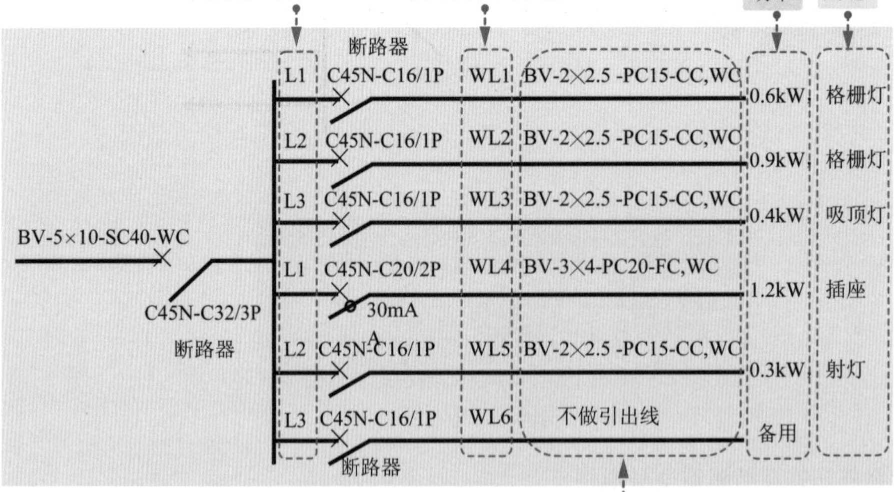
三相分配，L1/L2/L3分配要均衡
出线回路数，分别标注WL1~Wn，图中共有6个回路
回路功率
回路用途
断路器
L1 C45N-C16/1P WL1 BV-2×2.5 -PC15-CC,WC 0.6kW 格栅灯
L2 C45N-C16/1P WL2 BV-2×2.5 -PC15-CC,WC 0.9kW 格栅灯
L3 C45N-C16/1P WL3 BV-2×2.5 -PC15-CC,WC 0.4kW 吸顶灯
BV-5×10-SC40-WC
L1 C45N-C20/2P WL4 BV-3×4-PC20-FC,WC 1.2kW 插座
30mA
C45N-C32/3P
断路器
L2 C45N-C16/1P WL5 BV-2×2.5 -PC15-CC,WC 0.3kW 射灯
L3 C45N-C16/1P WL6 不做引出线 备用
断路器
分支回路线缆参数：BV表示铜芯聚氯乙烯绝缘电缆，2×2.5表示2根2.5mm²的线缆，PC15表示用从15mm聚氯乙烯硬质管敷设，CC表示暗敷设在顶板内，WC表示暗敷设在墙内。

图8-5　出线回路数量及参数

8.2.2 照明平面图读识方法

照明平面图上要表达的主要有电源进线位置，导线参数（型号、规格、根数、敷设方式），灯具安装参数（位置、型号、安装方式），各种用电设备的安装参数（型号、规格、安装位置等），如图8-6所示。

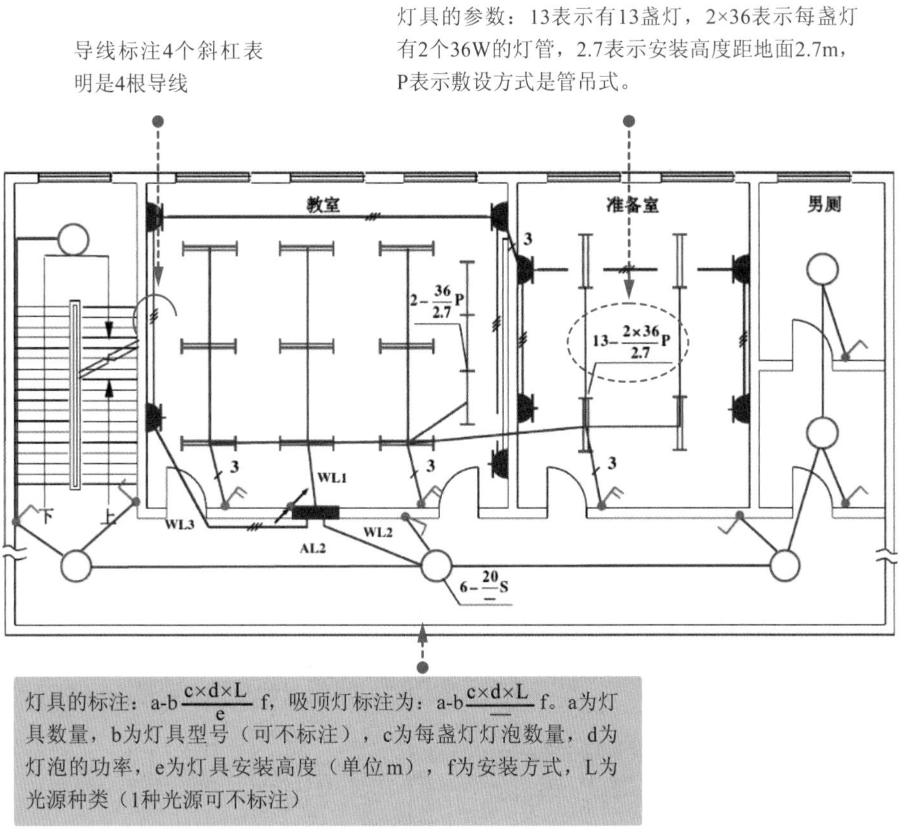

图8-6　照明平面图读识方法

8.3 电梯控制系统识图

电梯的电气系统比较复杂，下面以某型号自动扶梯为例来分析电梯控制系统的识图方法。电梯控制系统主要采用可编程控制器（PLC）组成的控制电路，按照功能将电气系统分成主电路、控制电路、信号电路三个部分进行分析。如图8-7所示。

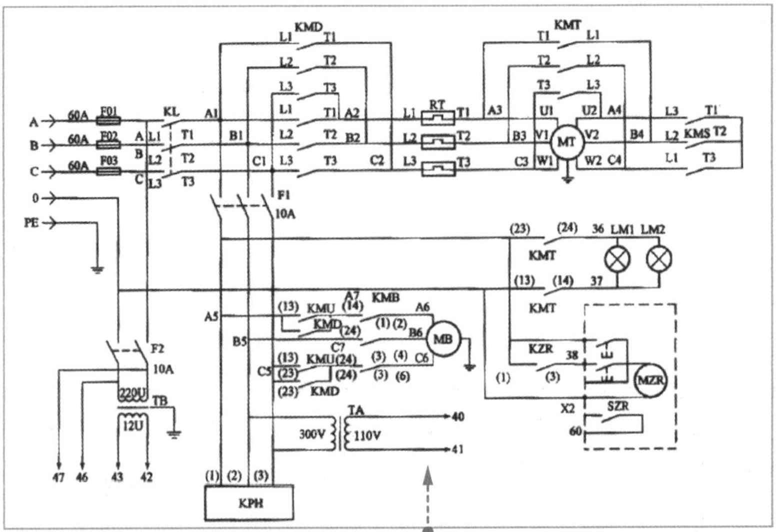

（1）主电路分析：自动扶梯的驱动电动机MT采用降压启动方式，驱动电动机为星形/三角形接线。在主电路中设置有热继电器RT提供电动机MT过载保护，相序继电器KPH防止电动机缺相或相序错误。电动机上行和下行接触器及星形 / 三角形启动运转的控制之间装设有电气联锁，并且装设有机械连锁装置。

（a）电梯控制系统主电路

（2）电梯正常运行：自动扶梯在上下入口处装设有电梯启动钥匙开关（TU、TD）和停止按钮（STU、STD），将电梯钥匙插入钥匙开关，旋转至工作运动方向位置，自动扶梯开始运转。电梯停止：自动扶梯运转时，如果需要停止运转，按下停止按钮（STU、STD），自动扶梯停止运转。

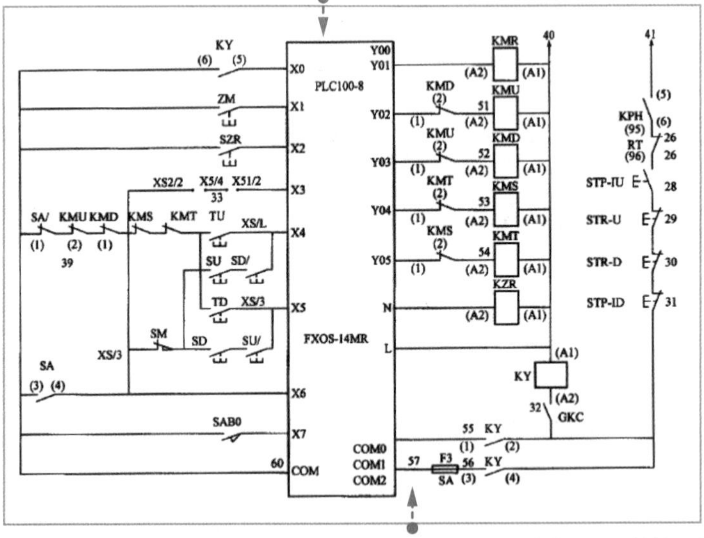

（3）电梯检修控制：自动扶梯检修运行由检修盒控制，“正常运行/检修运行”转换开关SA安装在自动扶梯控制箱中，电梯需要检修运行时，将检修盒插入控制箱的检修插座中。处于检修状态时，梯级启动钥匙开关失去控制功能。将“正常运行/检修运行”转换开关SA转换到检修位置，插入检修盒，合上主开关FL与F1、F2与F3。安全回路正常时，接触器KY吸合，显示屏显示“do”。可编程控制器在“RUN”状态，供电正常。打开检修合上停止开关，按动检修盒的上行按钮（SU）或下行按钮（SD），接触器KMU（或KMD）带电吸合—KMB带电吸合—制动电动机旋转，制动器松闸—制动器行程开关SAB0接通—KMS（星形接触器）带电吸合—扶梯启动。

（b）电梯控制系统控制电路

图8–7　电梯控制系统识图

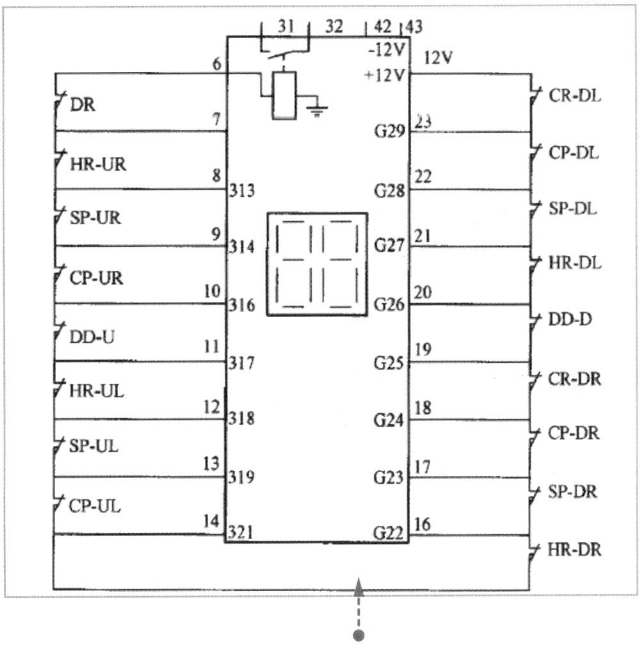

（4）电梯信号系统电路：控制系统设置有故障显示装置（GXS），可以快速判断安全回路保护开关状态及故障部位。在扶梯的常规安全回路的开关触点全部正常接通时，显示屏显示“do”。安全回路内的继电器吸合，启触点GKC接通。如果安全回路出现故障，开关触点有断开时，显示屏显示对应的故障代码。

（c）电梯控制系统信号电路

图8-7 电梯控制系统识图（续）

8.4 中央空调控制系统识图

中央空调根据使用冷媒（工作介质）的不同，可以分为水冷式中央空调和风冷式中央空调两种。风冷式中央空调使用空气作为工作介质；水冷式中央空调使用水作为工作介质。下面以水冷式中央空调为例讲解中央空调控制系统的识图方法。

水冷式中央空调系统工作时包括：冷凝器中冷却水循环、制冷剂循环和冷媒水循环三个循环过程。水冷式中央空调系统中一般设置有压力、流量等保护，在冷却水或冷媒水的流量、压力出现问题时，保护装置会停止系统运行。大容量的压缩机一般采用降压启动或卸载启动的方式，避免启动对电源系统的影响。大容量的压缩机具有多个工作缸，可以根据需要的制冷量由温度调节器控制投入的工作缸的数量。卸载启动时，将使部分压缩机工作缸停止工作，使压缩机轻载启动。

水冷式中央空调控制系统识图方法如图8-8所示。

（1）图中，电机主电路由冷却水泵M1、制冷水泵M2、压缩机M3组成。系统控制电路中SA为手动、自动控制选择开关，YV为电磁阀，YC1、YC2为温度继电器，KP1为压差继电器，KP2为高低压继电器。

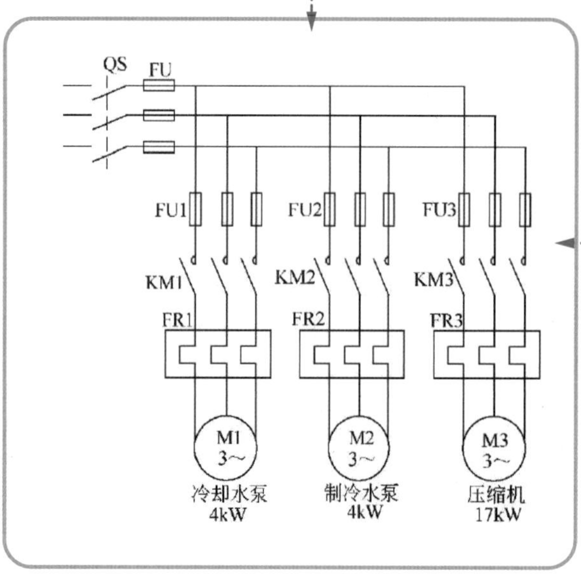

（2）合入电源开关QS后，电动机主电路和控制电路送电，控制面板上电源指示灯HL1亮。按下冷却水泵启动按钮SB2，冷却水泵M1开始运转，冷却水开始进入冷却水塔循环。按下制冷水泵启动按钮SB4，制冷水泵M2开始运转，冷媒水开始系统循环。控制面板上冷却水泵指示

（3）冷却水泵M1、制冷水泵M2启动组成后，压缩机控制回路中接触器KM1、KM2的常开辅助接点都在闭合状态。这时可以通过操作SA控制开关选择压缩机M3的控制方式。

（4）手动控制：将控制开关SA扳到“手动”位置，压缩机M3启动运行，电磁阀YV得电打开，制冷剂开始循环。这时温度控制由温度继电器YC1、YC2根据冷媒水的回风温度控制，当冷媒水的回风温度低于8℃时，YC1常闭接点返回，YC2常开接点闭合，电磁阀YV1得电打开压缩机旁路，加大压缩机制冷量，使冷媒水温度更低。当冷媒水的回风温度高于8℃时，温度继电器YC1动作常闭接点打开，温度继电器YC2返回常开接点打开，电磁阀YV1失电关闭压缩机旁路，减少压缩机制冷量。在手动控制时，压缩机M3靠手动操作SA开关控制启动和停止。

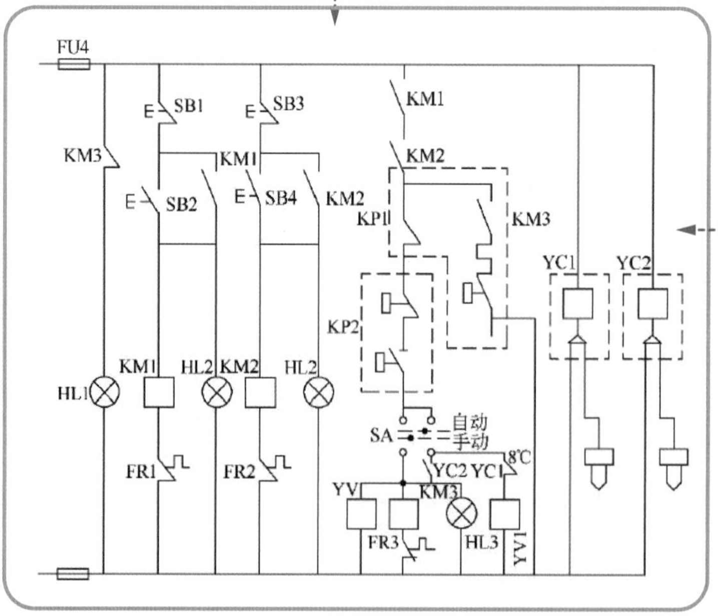

（5）自动控制：将控制开关SA扳到“自动”位置，压缩机的启动和停止完全靠温度自动控制启动和停止。温度控制由温度继电器YC1、YC2根据冷媒水的回风温度控制，当冷媒水的回风温度低于8℃时，YC1常闭接点返回，YC2常开接点闭合，电磁阀YV1得电打开压缩机旁路，加大压缩机制冷量，使冷媒水温度更低。当冷媒水的回风温度高于8℃时，温度继电器YC1动作常闭接点打开，温度继电器YC2返回常开接点打开，压缩机停止运转，电磁阀YV1失电关闭压缩机旁路。

图8-8　水冷式中央空调控制系统识图方法

8.5 保安监控系统识图

建筑物的安全监控系统是建筑物实现安全管理的重要系统，系统主要由电视监控、防盗报警、求救求助、煤气泄漏报警、消防报警等部分组成。下面以某楼宇门禁对讲系统图为例讲解保安监控系统识图方法，如图8-9所示。

（1）图中，系统由电源、门铃对讲话机电路和电磁锁电路组成。电源部分经过电源电路（TC）输出交流12V，用于电磁锁及指示灯。直流12V用于门铃对讲话机。

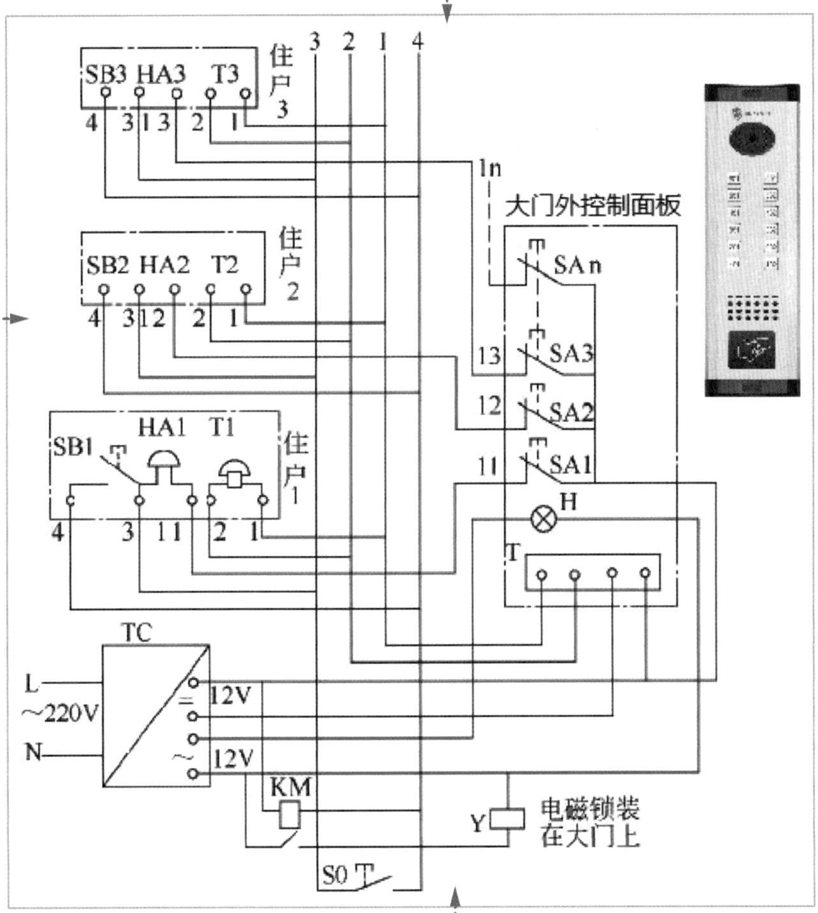

（2）电磁锁（Y）安装在单元门上通过接触器KM控制，住户按下门铃对讲话机的按钮SB1~SBn或电磁锁自身的按钮S0后，KM线圈带电动作，电磁锁开启。

（3）住户的门铃（HA）由大门外的控制面板上按钮SA1~San呼叫控制，按下对应住户的房号，如按下SA1，对应的住户1的门铃HA1带电振铃。

（4）住户对讲话机（T1~T0）与大门外控制面板上对讲话机（T）接在总线1、2上，住户拿起话筒（T1）可以与大门外的访客对话。

图8-9　保安监控系统识图方法

第 9 章 PLC 控制系统

PLC 是以自动控制技术、计算机技术和通信技术为基础而发展起来的新一代工业控制装置，目前 PLC 已经广泛应用于各行各业。本章将重点讲解变频器和 PLC 的应用。

9.1 PLC控制器的组成原理与接线方法

PLC（Programmable Logic Controller，可编程逻辑控制器）是一种具有微处理器的数字电子设备，用于自动化控制的数字逻辑控制器，可以将控制指令随时加载到内存内进行储存与执行。

9.1.1 PLC控制器有何作用

PLC控制器是在传统的顺序控制器的基础上引入了微电子技术、计算机技术、自动控制技术和通信技术而形成的一代新型工业控制装置。如图9-1所示。

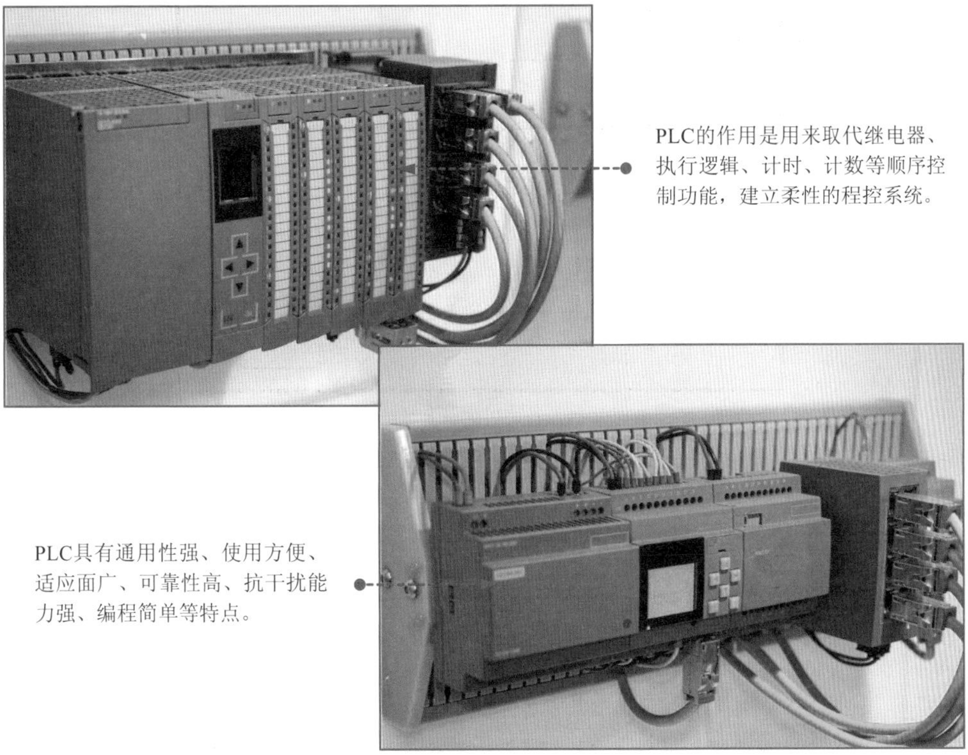

PLC的作用是用来取代继电器、执行逻辑、计时、计数等顺序控制功能，建立柔性的程控系统。
PLC具有通用性强、使用方便、适应面广、可靠性高、抗干扰能力强、编程简单等特点。

图9-1　PLC控制器的作用

9.1.2 PLC控制器组成结构

大多数PLC控制器的基本结构基本相同，主要由微处理器、存储器、通信接口、扩展接口、电源电路等组成。如图9-2所示。

PLC控制器一般采用循环扫描工作方式，在一些大、中型的PLC中增加了中断工作方式。当用户将用户程序调试完成后，通过编程器将其程序写入PLC存储器中，同时将现场的输入信号和被控制的执行元件相应地连接在输入模块的输入端和输出模块的输出端，接着将PLC工作方式选择为运行工作方式，后面的工作将由PLC根据用户程序去完成。

微处理器是PLC控制器的核心。微处理器通过地址总线、数据总线、控制总线与存储器、输入接口、输出接口、通信接口、扩展接口相连。它不断采集输入信号，执行用户程序，刷新系统输出。

电源电路主要为PLC的微处理器、存储器等电路提供5V、12V、24V直流电源，使PLC能正常工作。

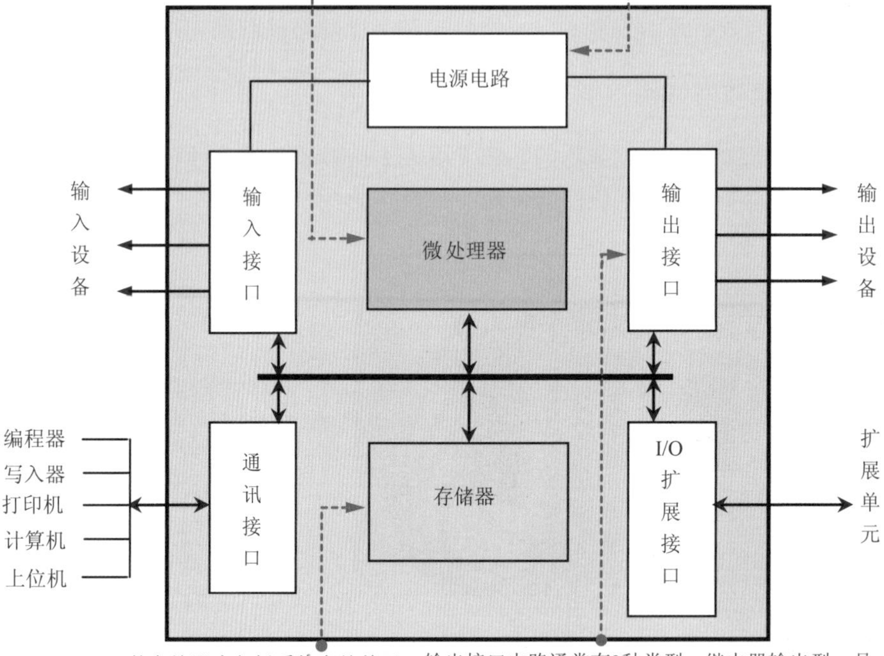

PLC的存储器内包括系统存储单元和用户存储单元两种。系统存储单元用于存放PLC的系统程序，用户存储器用于存放PLC的用户程序。

输出接口电路通常有3种类型：继电器输出型、晶体管输出型和晶闸管输出型。继电器输出接口可驱动交流或直流负载，但其响应时间长，动作频率低；而晶体管输出和双向晶闸管输出接口的响应速度快，动作频率高，但前者只能用于驱动直流负载，后者只能用于交流负载。

图9-2 PCL控制器组成原理

9.1.3　可编程序控制器的工作原理

可编程序控制器的工作原理如图9-3所示。

1.用户程序扫描

当PLC运行时，用户程序中有众多的操作需要执行，但CPU是不能同时执行多个操作的，只能按分时操作（串行工作）方式每一时刻执行一个操作，按顺序进行。由于CPU的运算处理速度很快，因而从外部宏观来看几乎是同时（并行）完成的。这种分时操作的工作过程称为PLC的扫描工作方式。

用扫描工作方式执行用户程序时，扫描是从第一条用户程序开始，在无中断或跳转控制的情况下，按程序存储顺序的先后，逐条执行用户程序，直到程序结束。然后再从头开始扫描执行，并周而复始地重复运行。每扫描完一次程序所用的时间称为一个扫描周期。一个扫描周期只有几毫秒。

PLC的扫描工作方式与电气控制的工作原理明显不同。电气控制装置采用硬逻辑的并行工作方式，如果某个继电器的线圈通电或断电，那么该继电器的所有常开和常闭触点无论处在控制线路的哪个位置上，都会立即同时动作；而对PLC扫描工作方式（串行工作方式），如果某个软继电器的线圈被接通或断开，所有的触点不会立即动作，必须等扫描到该触点时才会动作。但由于PLC的扫描速度快，所以PLC与电气控制装置在I/O的处理结果上并没有什么差别。

2.程序执行过程

PLC程序执行过程可分为三个阶段：输入采样阶段、程序执行阶段和输出处理阶段。

（1）输入采样阶段。CPU将全部现场输入信号（如按钮、限位开关、速度继电器等）的状态（通/断）经PLC输入端子读入映像寄存器，这一过程称为输入采样或扫描阶段。进入下一阶段即程序执行阶段时，输入信号若发生变化，输入映像寄存器也不会反应，只有等到下一个扫描周期的输入采样阶段时才被更新。这种输入工作方式称为集中输入方式。

（2）程序执行阶段。CPU从0000地址的第一条指令开始，依次逐条执行各指令，直到执行到最后一条指令。PLC执行指令程序时，要读入输入映像寄存器的状态（ON 或OFF，即1或0）和其他编程元件的状态，除输入继电器外，一些编程元件的状态随着指令的执行不断更新。CPU按程序给定的要求进行逻辑运算和算术运算，运算结果存入相应的元件映像寄存器，把将要向外输出的信号存入输出映像寄存器，并由输出锁存器保存。程序执行阶段的特点是依次顺序执行指令。

（3）输出处理阶段。CPU将输出映像寄存器的状态经输出锁存器和PLC的输出端子传送到外部去驱动接触器、电磁阀和指示灯等负载。这时输出锁存器的内容要等到下一个扫描周期的输出阶段时才会被刷新。这种输出工作方式称为集中输出方式。

图9-3　可编程序控制器的工作原理

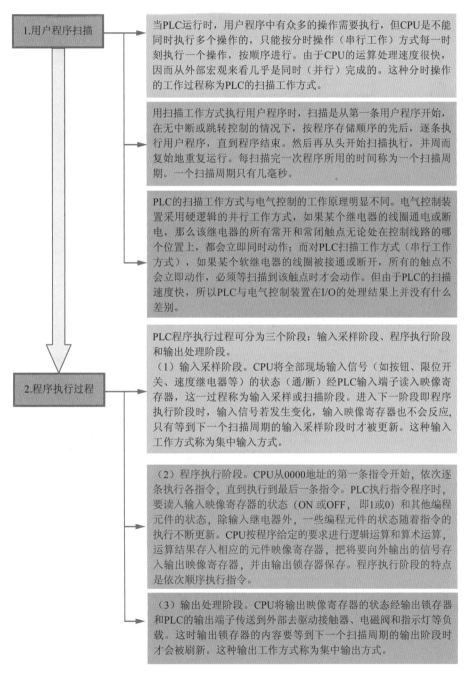

9.1.4 PLC控制器的接线形式

PLC控制器接线形式如图9-4所示。

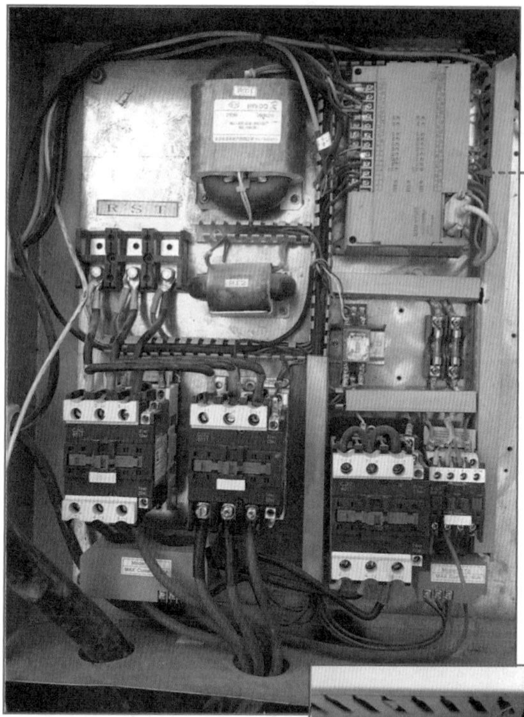

PLC控制器接线时，不能把电源接到其他端子上，否则后果很严重。如果现场有大功率的电焊机等易产生大量干扰波的电器时，一定要加上隔离变压器。走线时，不要把电源线、动力电、控制线捆绑在一起。特别是动力电，一定要和控制信号线保持0.5m以上的距离。

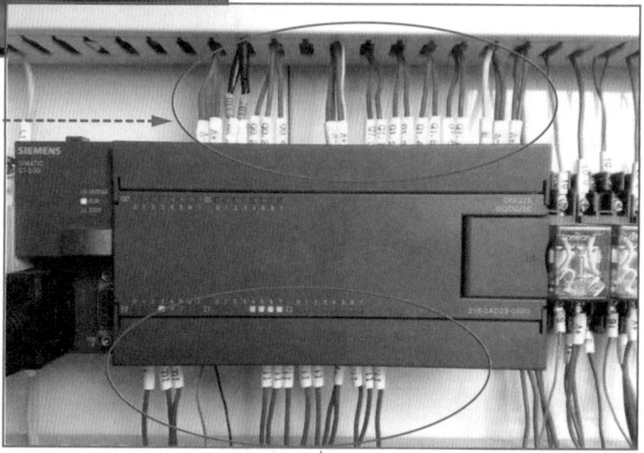

输入端子的接线。每个输入端子和公众端COM 接起来输入才有效，特别要注意的是，输入的公众端不能和输出的公众端COM接到一起。输入的线不能太长，一般不可超过0.5m，输入和输出要分开，一定要远离高压线。

输出端子的接线。输出端子会输出电压，一般应用于驱动接触器线圈等，负载的另一端接在公众端COM 上。特别是PLC采用晶体管输出的方式，一定要接上吸收二极管，防止负载接触器的线圈在断开时产生的高压击穿PLC的晶体管。同样也要远离高压线，防强干扰措施等。

图9-4 PLC控制器接线形式

9.1.5 传统控制与PLC控制方式对比

下面通过一个简单实例介绍使用PLC的控制方法。

某生产装置有两台电动机，要求M1、M2启动顺序控制：按下启动按钮SB1，电动机M1开始运转；经过10s延时以后，电动机M2开始运转；按下停止按钮SB2，电动机M1、M2同时停止运转。

1．采用继电器的控制方案

采用继电器控制电动机线路如图9–5所示。

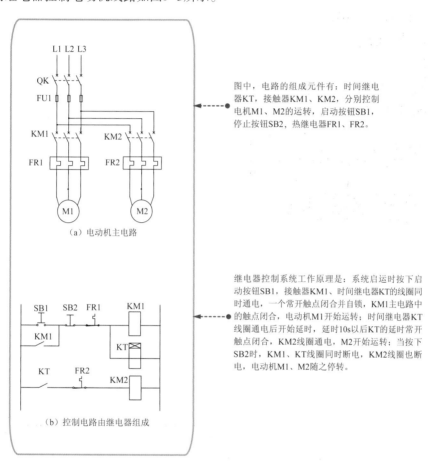

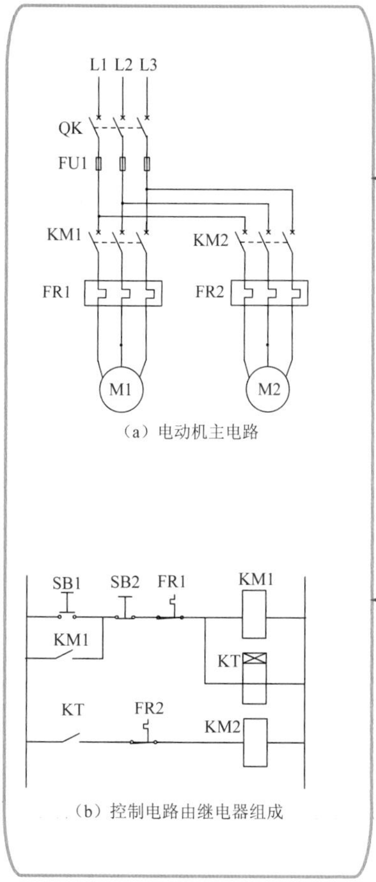

（a）电动机主电路

（b）控制电路由继电器组成

图中，电路的组成元件有：时间继电器KT，接触器KM1、KM2，分别控制电机M1、M2的运转，启动按钮SB1，停止按钮SB2，热继电器FR1、FR2。

继电器控制系统工作原理是：系统启运时按下启动按钮SB1，接触器KM1、时间继电器KT的线圈同时通电，一个常开触点闭合并自锁，KM1主电路中的触点闭合，电动机M1开始运转；时间继电器KT线圈通电后开始延时，延时10s以后KT的延时常开触点闭合，KM2线圈通电，M2开始运转；当按下SB2时，KM1、KT线圈同时断电，KM2线圈也断电，电动机M1、M2随之停转。

图9–5　采用继电器控制电动机线路

2．采用可编程序控制器的控制方案

采用可编程序控制器的控制方案如图9–6所示。

各输入、输出端子的地址确定下来，PLC控制系统的接线工作完成后。使用OMRON公司提供的CX Programmer编程软件，可以编制梯形图控制程序，如图9–7所示。

考虑硬件配置、接线和编程等问题。PLC选用OMRON的小型机CPM1A。输入端子的通道号为0，输入端子的编号分别为00，01，…（输入1编号为0.00）。输出端子的通道号为10，输出端子的编号也分别为00，01。在面板上，有一排输入端子和一排输出端子。输入端子和输出端子均有各自的公共接线端子COM。

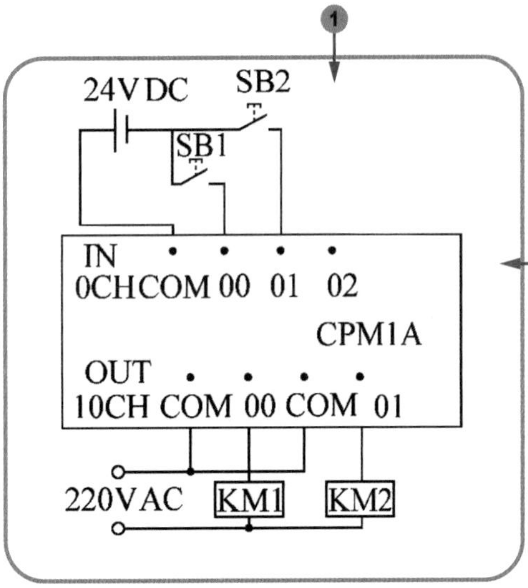

接线方式说明：系统启动按钮SB1、停止按钮SB2的一端分别接到编号为00与01的输入端子上，另一端与24V直流电源串联后接到输入公共端子COM上。接触器KM1、KM2线圈的一端分别接到输出端子10.00与10.01上，一端与220V交流电源串联后接到输出公关端子COM上。

图9-6　采用可编程序器控制方案

当按下上图中的SB2时，常闭触点0.01断开，输出继电器10.00、定时器TIM000的线圈均断电，输出继电器10.01的线圈也断电，两个输出触点10.00、10.01随之断开，KM1、KM2断电，电动机M1、M2停转。

PLC控制系统工作原理：按下上图中的启动按钮SB1时，常开触点0.00闭合，使输出继电器10.00的线圈得电，10.00的一个常开触点闭合并自锁，10.00对应的输出触点闭合，KM1得电，M1开始运转，同时定时器TIM000的线圈通电开始计时，经过10s延时后 TIM000的常开触点闭合，输出继电器10.01的线圈得电，10.01对应的输出触点闭合，KM2得电，M2开始运转。

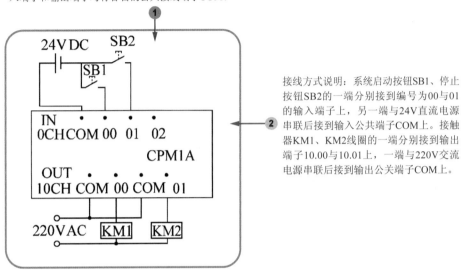

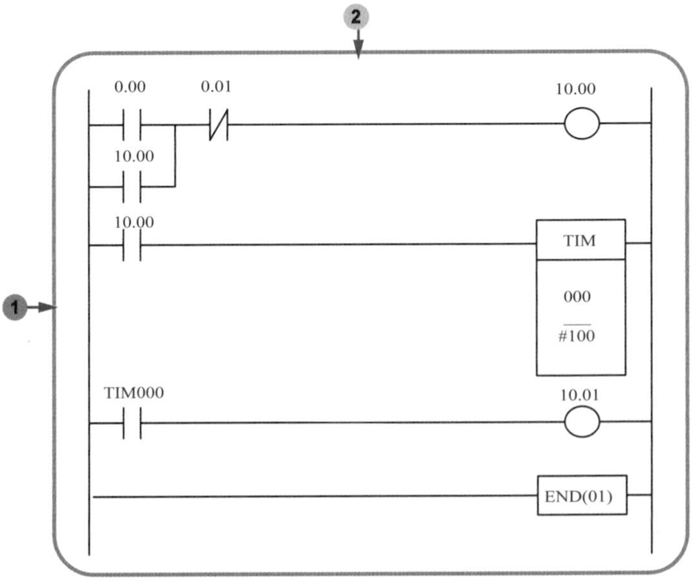

图9-7　梯形图控制程序

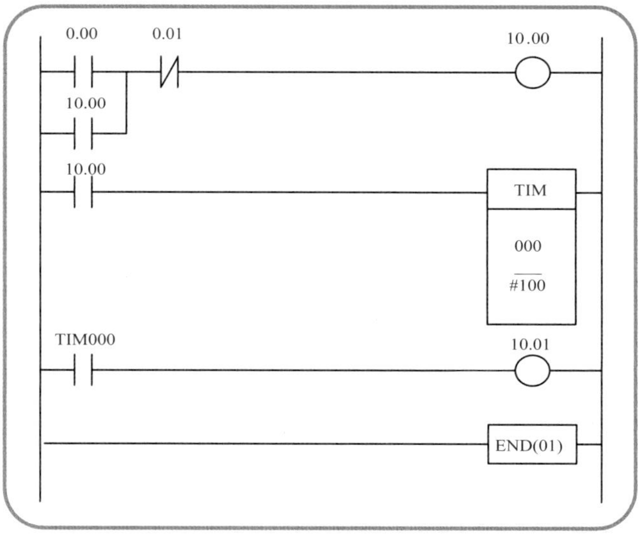

（1）PLC控制系统相对于继电器控制系统的优点有：组成控制系统简单、运行可靠性高；维护扩展方便、编程简单实用、条理清晰、工作量小。控制程序放在PLC的用户程序存储器中。系统运行时，PLC依次读取用户程序存储器中的程序语句，对它们的内容进行解释并加以执行，有需要输出的结果则送到PLC的输出端子，以控制外部负载的工作。

（2）梯形图控制程序是从继电器控制电路的原理图演变而来的。PLC内部的继电器并不是实际的硬继电器，每个继电器是PLC内部存储单元的一位，因此称为“软继电器”。梯形图是由这些“软继电器”组成的控制电路，但它们并不是真正的物理连接，而是逻辑关系上的连接，　称为“软接线”。PC内部继电器的线圈用“-○-”表示，常开触点用“┤├”表示，常闭触点用“┤/├”表示。当存储单元的某位状态为“1”时，相当于某个虚拟继电器线圈得电；当该位状态为“0”时，相当于该虚拟继电器线圈断电。软继电器的常开触点、常闭触点可以在程序中重复使用。

图9-7　梯形图控制程序（续）

9.2　PLC的编程语言

PLC是专为工业控制而开发的通用控制设备，主要使用者是广大工厂电气技术人员及操作维护人员。为了适应他们的传统习惯和掌握能力，通常采用面向控制过程、面向问题的“自然语言”编程。这些编程语言有梯形图LAD（Ladder Diagram）、语句表STL（STatement List）、逻辑功能图LFD（Logical Function Diagram）等。此外，为了满足熟悉计算机知识、熟悉高级编程语言人们的需求，一些大型的PLC也采用高级语言（如BASIC语言、C语言等）编程。

9.2.1　梯形图LAD编程

梯形图语言是PLC最常用的一种编程语言，是从原电气控制系统中常用的继电器、接触器控制电路梯形图演变而来的，沿用了电气工程师比较熟悉的电气控制原理图的形式，如继电器的触点、线圈以及串、并联术语等，梯形图最大的优点是形象、直观且编程容易。图9-8所示为两种梯形图的比较。

由图中可以看出，PLC的梯形图在形式上类似于继电器控制电路的梯形图。只不过它是用图形符号 ⊣/⊢、-○- ⊣⊢等连接而成。这些符号对应的编程元件依次为常开触点、常闭触点、继电器线圈。梯形图按自上而下、从左到右的顺序排列。一般每个继电器线圈对应一个逻辑行。

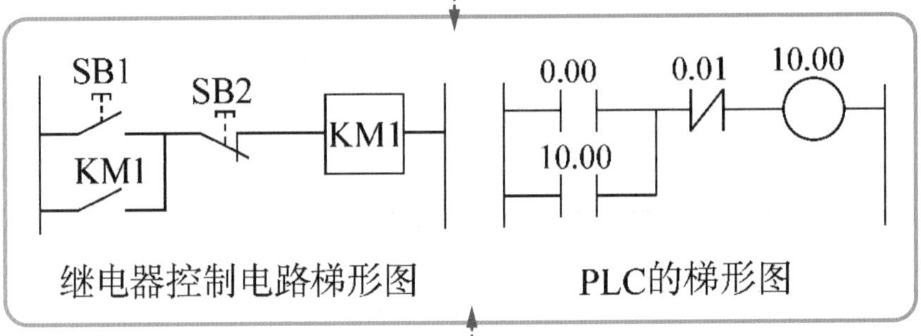

梯形图的最左边是起始母线，每一逻辑行必须从起始母线开始画起，然后是触点的各种连接，最后终止于继电器线圈。梯形图的最右边是结束母线，有时可以省去不画。梯形图中的每个编程元件应按一定规则加注字母和数字串 ，不同的编程元件常常用不同的字母符号和一定的数字串表示。

图9-8　继电器与PLC控制梯形图

9.2.2　语句表STL编程

语句表编程类似计算机中的助记符语言，是可编程控制器基础的编程语言。语句表STL编程如图9-9所示。

所谓语句表编程，是用一个或几个容易记忆的字符来代替可编程控制器的某种操作功能。每个可编程控制器生产厂家实用的助记符都不相同，因此同一个梯形图的语句形式也不相同。语句是用户程序的基础单元，每个控制功能有一个或者多个语句来执行，每一条语句是规定CPU如何动作的指令，并且PLC的语句也是有操作码和操作数组合而成的，所以作用和其表达式与计算机指令类似。

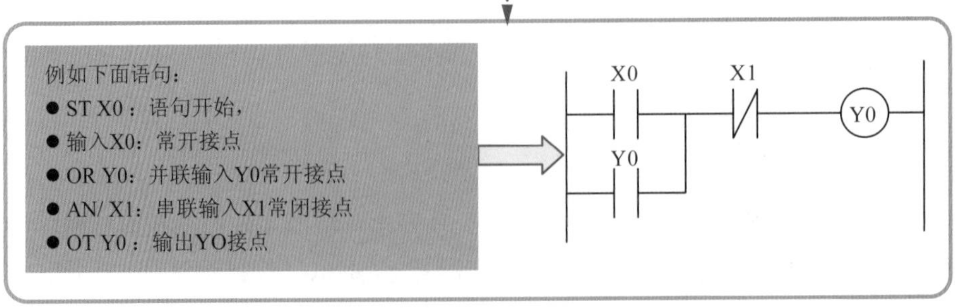

图9-9　语句表STL编程

9.2.3 逻辑功能图LFD编程

逻辑功能图采用功能块来表示模块所具有的功能，使用不同的功能模块代表不同的功能，逻辑功能图具有若干个输入端和输出端，分别连接到所需要的其他端子，完成所需的运算或控制功能。如图9–10 所示。

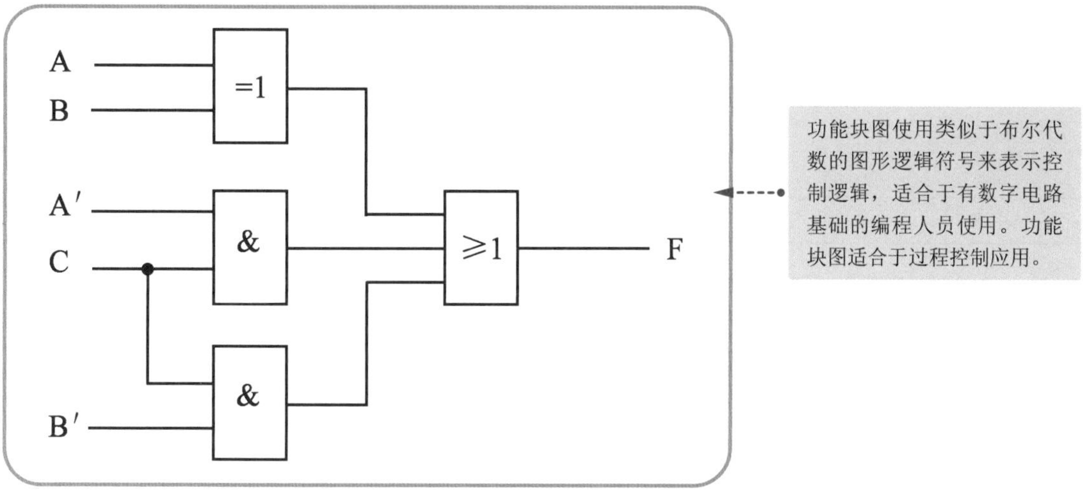

A
B
=1
A′
C
&
≥1
F
&
B′
功能块图使用类似于布尔代数的图形逻辑符号来表示控制逻辑，适合于有数字电路基础的编程人员使用。功能块图适合于过程控制应用。

图9–10　逻辑功能图

9.3 PLC控制技术的应用

可编程控制器在现代生产中的应用很多，下面列举一些生产中实用的可编程控制器控制系统来分析、理解可编程控制器控制电路的原理、使用的特点。

在下面的程序设计案例中使用了三菱公司的FX–2N型PLC，表9–1为FX–2N型PLC的基本指令名称。

表9-1　FX-2N型PLC的基本指令

指令名称	助记符	目标元件	说明
取指令	LD	X、Y、M、S、T、C	常开接点逻辑运算开始
取反指令	LDI	X、Y、M、S、T、C	常闭接点逻辑运算开始
线圈驱动指令	OUT	Y、M、S、T、C	驱动线圈输出
与指令	AND	X、Y、M、S、T、C	常开接点串联
与非指令	ANI	X、Y、M、S、T、C	常闭接点串联
或指令	OR	X、Y、M、S、T、C	常开接点并联
或非指令	ORI	X、Y、M、S、T、C	常闭接点并联
或块指令	ORB	Y、M、S、D、V、Z、T、C	串联电路的并联
与块指令	ANB	Y、M、S、D、V、Z、T、C	并联电路的串联

续表

指令名称	助记符	目标元件	说明
主控指令	MC	Y、M	公共串联接点的连接
主控复位指令	MCR	Y、M	MC的复位
置位指令	SET	Y、M、S	动作保持
复位指令	RST	Y、M、S、D、V、Z、T、C	操作复位
上升沿脉冲指令	PLS	Y、M	输入信号上升沿脉冲
下降沿脉冲指令	PLF	Y、M	输入信号下降沿脉冲
空操作指令	NOP		空操作
程序结束指令	END		程序结束

9.3.1 电动机Y/△启动控制系统

下面对照继电器组成的电动机Y/△启动控制电路和PLC组成控制电路的原理，分析了解这两种控制系统的特点。

1. 继电器组成的电动机Y/△启动控制电路

继电器组成的电动机Y/△启动控制电路，如图9-11所示。

合上电源总开关QK后电路为备用状态。按下启动按钮SB2，KM1线圈带电，KM1辅助接点闭合后KM2线圈、时间继电器KT线圈带电，KM1、KM2的主接点闭合，电动机开始星形接法启动。

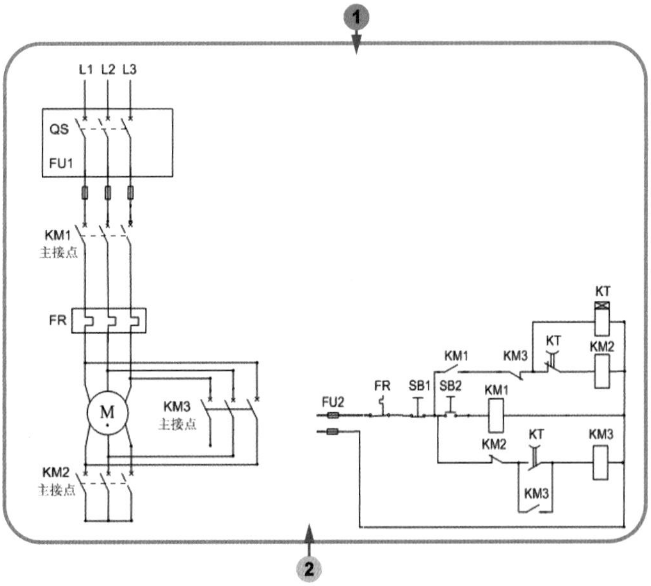

经过一个时间继电器KT预定的延时后，KT的常闭接点打开，KM2线圈失电，KM2的接点断开，电动机短时间停电；KT常开接点闭合，KM3线圈带电，KM3的主接点闭合，KM3常开辅助接点闭合自保持，电动机开始转换为三角形接线运行。KM3常闭辅助接点打开互锁将KM2线圈电路断开，起到防止KM2误动作的作用。

图9-11 继电器组成的电动机Y/△启动控制电气原理图

2. PLC控制电动机Y/△启动

使用PLC控制电动机Y/△启动的PLC接线和控制梯形图，如图9-12所示。表9-2为PLC控制电动机Y/△启动程序清单。通过读图可了解PLC程序清单并分析PLC控制电路的工作原理。

1 按下启动按钮SB1后，PLC的X000闭合，M100线圈带电。M100的接点1闭合自保持；Y001线圈带电，PLC输出Y001使接触器KM1线圈带电吸合；
2 M100接点2闭合使T0 K60线圈带电开始延时6秒；
3 M100接点3闭合使T10 K10线圈带电开始延时1秒；
4 T10延时1秒后T10接点闭合Y002线圈带电，PLC输出Y002使接触器KM2线圈带电吸合，电动机开始星形接法启动；

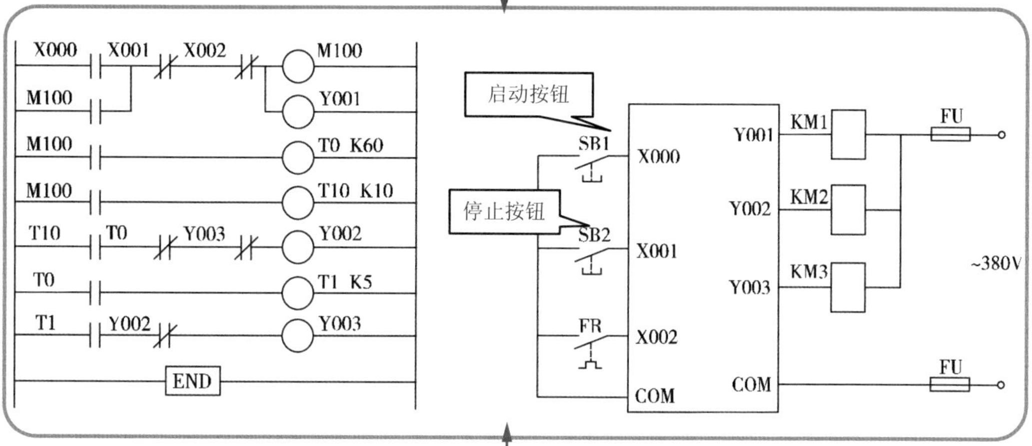

5 T0经过6秒延时后，T0常闭接点打开，使Y002线圈失电，接触器KM2失电；
6 T0常开接点闭合，使T1、K5线圈带电，经过0.5秒延时后，T1接点闭合，Y003线圈带电，接触器KM3带电，电动机开始转换为三角形接线运行。
7 Y003常闭接点打开，和T0接点使Y002和KM2线圈不会带电，防止电动机主电路中短路。

图9-12　PLC控制电动机Y/△启动控制梯形图和外部接线图

表9-2　PLC控制电动机Y/△启动程序清单

步　序	指令语句	器件号	功能说明
0	LD	X000	启动按钮输入
1	OR	M100	相当于中间继电器
2	ANI	X001	停止按钮输入
3	ANI	X002	热继电器过载保护接点输入
4	OUT	M100	常开接点
5	OUT	Y001	输出时接触器KM1带电
6	LD	M100	常开接点
7	OUT	T0 K60	延时6秒
8	LD	M100	常开接点
9	OUT	T10 K10	延时1秒

续表

步　序	指令语句	器件号	功能说明
10	LD	T10	延时1秒接点闭合
11	ANI	T0	T0常闭接点
12	ANI	Y003	与Y002互锁
13	OUT	Y002	输出时接触器KM2带电
14	LD	T0	T0常开接点
15	OUT	T1 K5	延时0.5秒
16	LD	Y002	与Y003互锁
17	ANI	Y003	输出时接触器KM3带电
18	OUT	END	语句结束

9.3.2　运料小车控制系统

自动化生产线上经常使用小车来实现自动往复式运料。运料小车M从A地点装好物料，运到B地点卸掉物料后，返回A地点继续装料。

1. 小车工作流程分析

如图9-13所示。假设工作开始前，运料小车停在A点左侧限位开关SQ2处，下面为小车工作流程：

1. 按下启动按钮X0后，储料斗Y2状态变为工作，打开闸门小车开始装料；
2. 小车装料同时用定时器T0开始计时，延时10s后关闭储料斗Y2的闸门；
3. 小车运动方向Y0 变为工作，小车开始右行，碰到限位开关SQ1后停下来；
4. 卸料Y3状态变为工作，小车开始卸料，同时用定时器T1定时；
5. 经过8秒延时后小车运动方向Y1状态变为工作，小车开始左行；
6. 碰到限位开关X2后返回初始状态，完成一次工作过程。

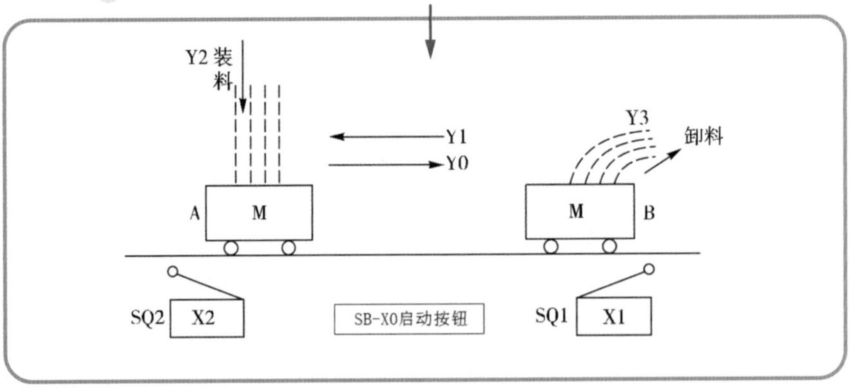

图9-13　自动运料小车工作示意图

2. PLC控制系统设计

采用PLC来控制自动运料小车的工作，PLC编程采用顺序功能图。使用PLC组成控制电路需要3个输入点，4个输出点，具体输入、输出分配见表9-3。

表9-3　输入、输出分配表

输　　入	功　　能	输　　出	功　　能
X0	启动按钮	Y0	小车右行
X1	右限位开关	Y1	小车左行
X2	左限位开关	Y2	装料
		Y3	卸料

根据运料小车工作控制要求，画出运料运料小车控制时序。根据输出Y0～Y3的工作／停止状态的变化，运料小车的一个工作周期分为装料、右行、卸料和左行4个步骤，再加上等待装料的初始步骤，一共有5个步骤。画出顺序功能图，如图9-14所示。设计出梯形图如图9-15所示。各限位开关、按钮和定时器提供的信号是各步之间的转换条件。

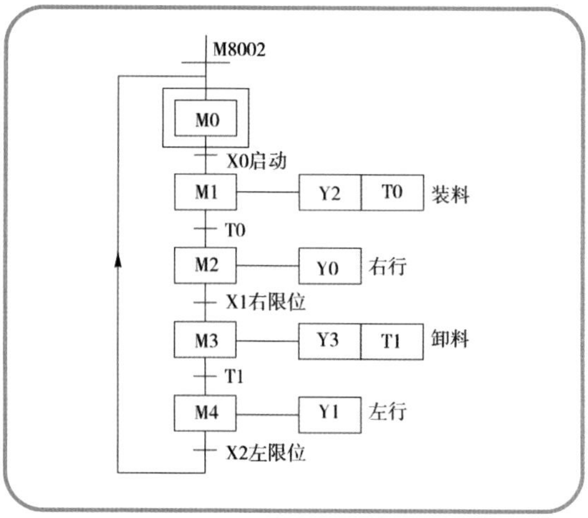

图9-14　运料小车功能图

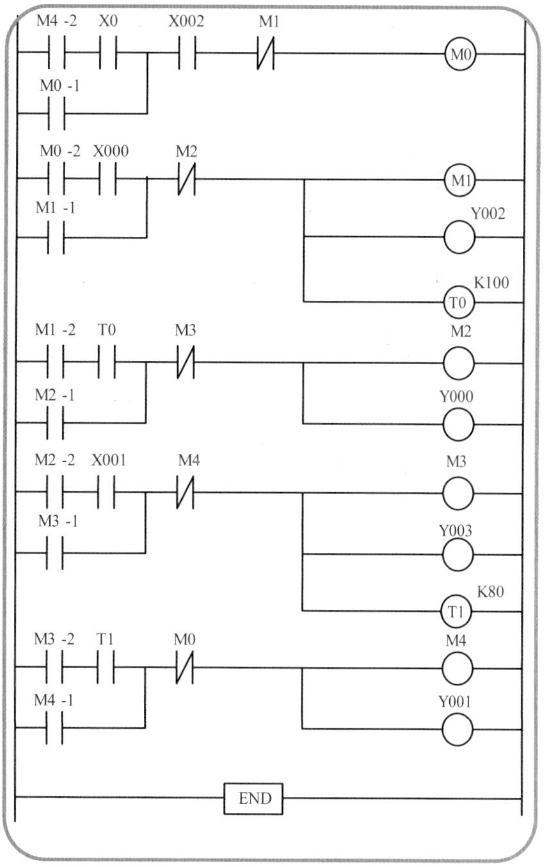

图9-15　运料小车梯形图

3. PLC控制原理和梯形图分析

电路元件组成：左限位开关X002、右限位开关X001、启动按钮X0、Y002输出（小车装料）、Y000输出（小车向右移动）、Y003输出（小车卸料）、Y001输出（小车向左移动）、时间继电器T1(8秒延时)。如图9-16所示。

小车开始工作：运料小车在左限位开关处，左限位开关接点X002接通，按下启动按钮X0，M0线圈带电，M0-1接通自保持，M0-2接通，使M1线圈带电，M1接点闭合自保持。Y002 线圈带电，小车开始装料。时间继电器T0线圈带电开始工作。

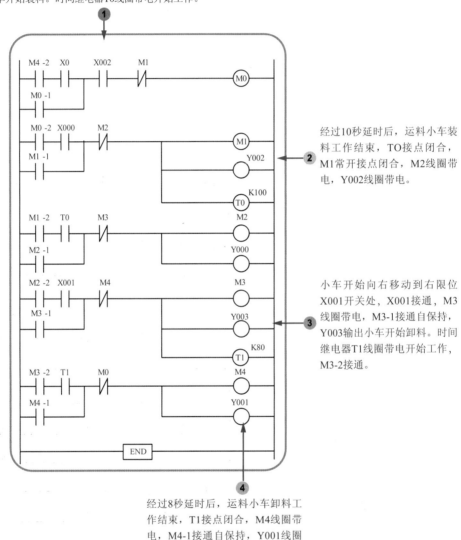

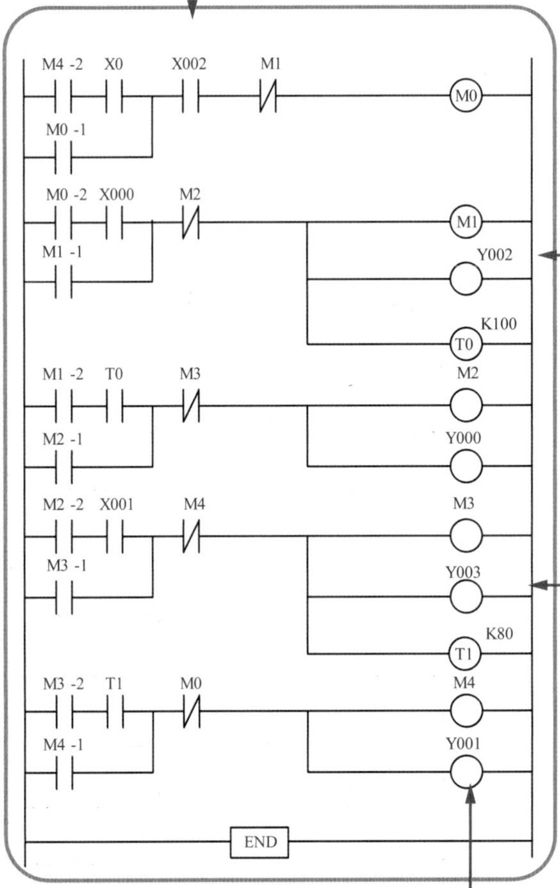

经过10秒延时后，运料小车装料工作结束，TO接点闭合，M1常开接点闭合，M2线圈带电，Y002线圈带电。

小车开始向右移动到右限位X001开关处，X001接通，M3线圈带电，M3-1接通自保持，Y003输出小车开始卸料。时间继电器T1线圈带电开始工作，M3-2接通。

经过8秒延时后，运料小车卸料工作结束，T1接点闭合，M4线圈带电，M4-1接通自保持，Y001线圈带电，运料小车开始向左移动。完

图9-16 PLC控制原理和梯形图分析

9.3.3 交通信号灯控制系统

十字路口的交通依靠信号灯的控制。信号灯控制系统实现红、绿、黄三种颜色信号灯按照一定的程序动作。实现车辆和行人有秩序地通过十字路口。如图9-17所示为十字路口交通信号灯示意图，表9-4所示为信号灯控制的具体要求。

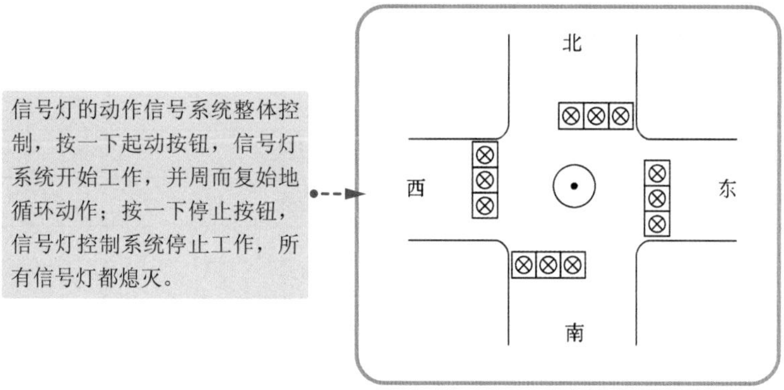

信号灯的动作信号系统整体控制，按一下起动按钮，信号灯系统开始工作，并周而复始地循环动作；按一下停止按钮，信号灯控制系统停止工作，所有信号灯都熄灭。
北
西
东
南

图9-17　十字路口交通信号灯示意图

表9-4　交通控制要求

东西方向	信号	绿灯亮	绿灯闪	黄灯亮	红灯亮
	时间	25s	3s	2s	30s
南北方向	信号	红灯亮	绿灯亮	绿灯闪	黄灯亮
	时间	30s	25s	3s	2s

1. PLC定时器介绍

在PLC控制电路的实际应用中，许多过程的控制都与时间顺序有关。所以PLC控制电路经常要用到定时器功能。PLC中的定时器的作用相当于继电器控制系统中的时间继电器。

PLC使用的定时器都有时间基数。在编程时，需要给出初始设定值（一个时间常数）。实际的时间值为时间基数乘以时间常数的积。PLC内部的定时器结构实际上是一个时间寄存器，将时间寄存器预置一个设定值（时间常数）后，在时钟脉冲的作用下，时间寄存器进行加1操作，当时间寄存器的内容等于设定值时，表示定时时间到，定时器则按程序输出。常数K可以作为定时器的设定值，也可以用数据存储器（D）的内容来设置定时器。例如外部数字开关输入的数据可以存入数据寄存器，作为定时器的设定值。通常使用有电池后备的数据寄存器，这样在断电时不会丢失数据。需要特别注意的是，外部设定的时间常数必须是一个0～32767之间的BCD码值，否则将导致错误。

FX2N系列 PLC的定时器分为通用定时器和积算定时器。FX2N系列 PLC各系列的定时器个数和元件编号如表9–5所示。

通用定时器：T192～T199、T246～T249为子程序和中断服务程序专用的定时器。100ms定时器的定时范围为0.1～3276.7s。通用定时器没有保持功能，在控制条件为断开或停电时将会复位。FX2N定时器只能提供其线圈“通电”后延迟动作的触点。

积算定时器：100ms积算定时器有T250～T255。具有保持功能。即其控制条件为逻辑1时开始定时，在定时过程中如果控制条件变为逻辑0或PLC断电，积算定时器停止定时且保持当前值，当控制条件再次为逻辑1或PLC上电，则继续定时，时间累积，一直到预定时间。100ms积算定时器的定时范围为0.1～3276.7 s 。

表9-5　FX2N系列 PLC定时器个数和元件编号表

定　时　器	时 间 基 数	元 件 编 号	元 件 个 数
100ms通用计时器	100ms	T0~T199	200
10ms通用计时器	10ms	T200~T245	46
1ms积算计时器	1ms	T246~T249	4
100ms积算计时器	10ms 100ms	T250~T255	6

2. PLC控制系统设计

根据信号灯的控制要求，交通信号灯PLC控制系统组成的器件有：起动按钮SB1，停止按钮SB2，红黄绿色信号灯各4只。如图9-18所示为输入/ 输出端口接线和根据交通灯的控制要求，信号灯的控制时序图。

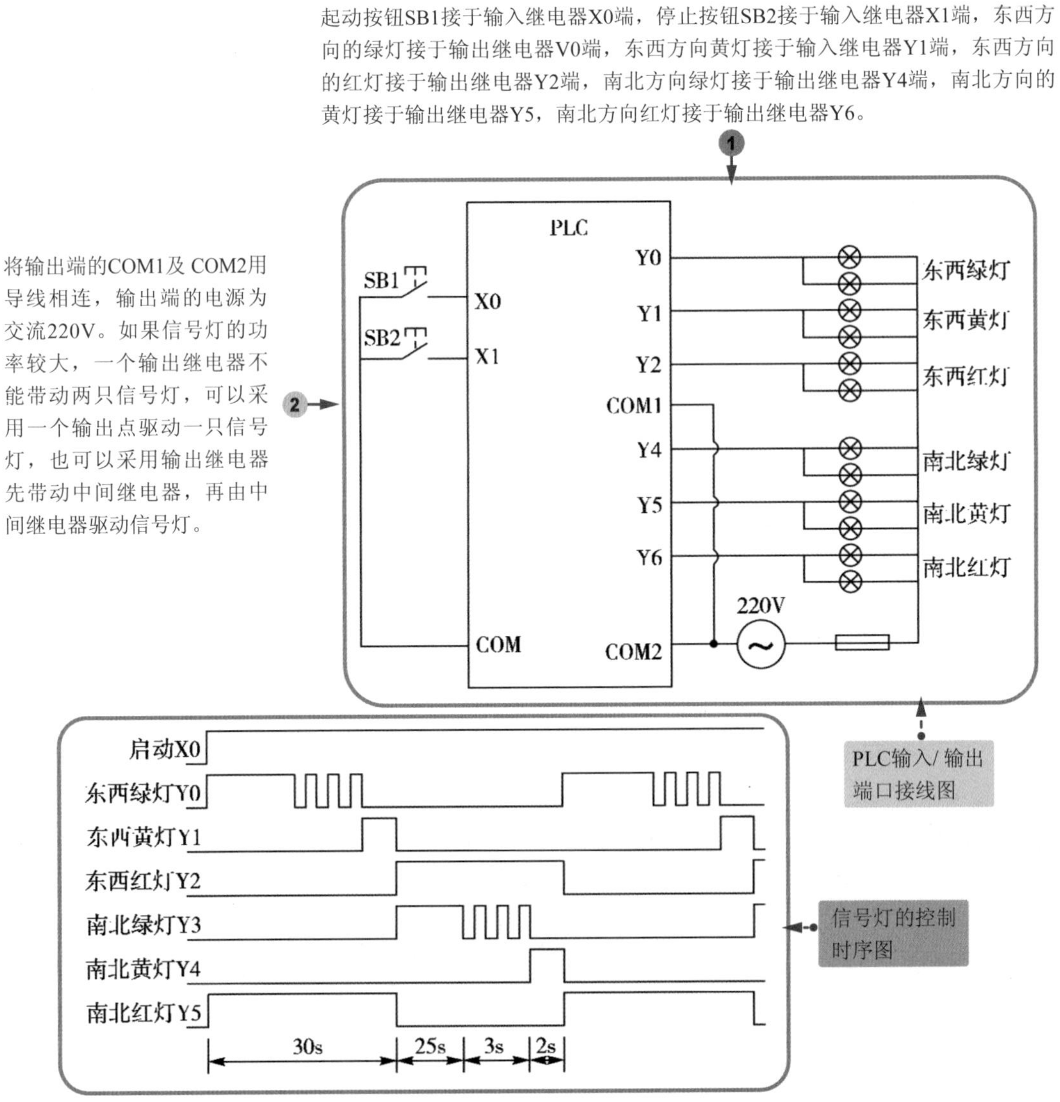
起动按钮SB1接于输入继电器X0端，停止按钮SB2接于输入继电器X1端，东西方向的绿灯接于输出继电器V0端，东西方向黄灯接于输入继电器Y1端，东西方向的红灯接于输出继电器Y2端，南北方向绿灯接于输出继电器Y4端，南北方向的黄灯接于输出继电器Y5，南北方向红灯接于输出继电器Y6。
1
将输出端的COM1及 COM2用导线相连，输出端的电源为交流220V。如果信号灯的功率较大，一个输出继电器不能带动两只信号灯，可以采用一个输出点驱动一只信号灯，也可以采用输出继电器先带动中间继电器，再由中间继电器驱动信号灯。
2
PLC
SB1
SB2
X0
X1
COM
Y0
Y1
Y2
COM1
Y4
Y5
Y6
COM2
220V
东西绿灯
东西黄灯
东西红灯
南北绿灯
南北黄灯
南北红灯
PLC输入/ 输出端口接线图
启动X0
东西绿灯Y0
东西黄灯Y1
东西红灯Y2
南北绿灯Y3
南北黄灯Y4
南北红灯Y5
30s
25s
3s
2s
信号灯的控制时序图

图9-18　PLC输入/ 输出端口接线图和信号灯的控制时序图

交通信号灯PLC控制梯形图如图9-19所示。

由程序控制梯形图读图分析，可编程控制器处于运行状态，按下起动按钮SB1，继电器M100线圈得电并自保持，首先接通输出继电器Y6及Y0，使南北方向的红灯亮、东西方向的绿灯亮。

信号灯系统停止工作时按下停止按钮SB2，继电器M100断电，整个信号灯系统停止运行，所有信号灯熄灭。

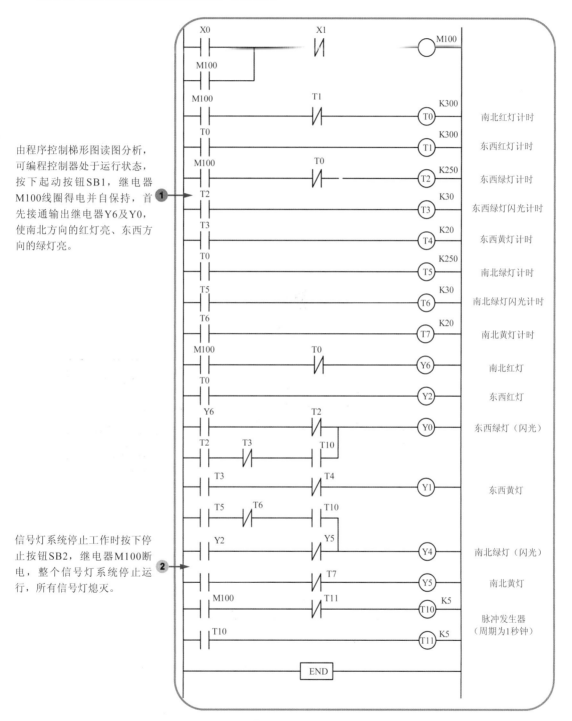

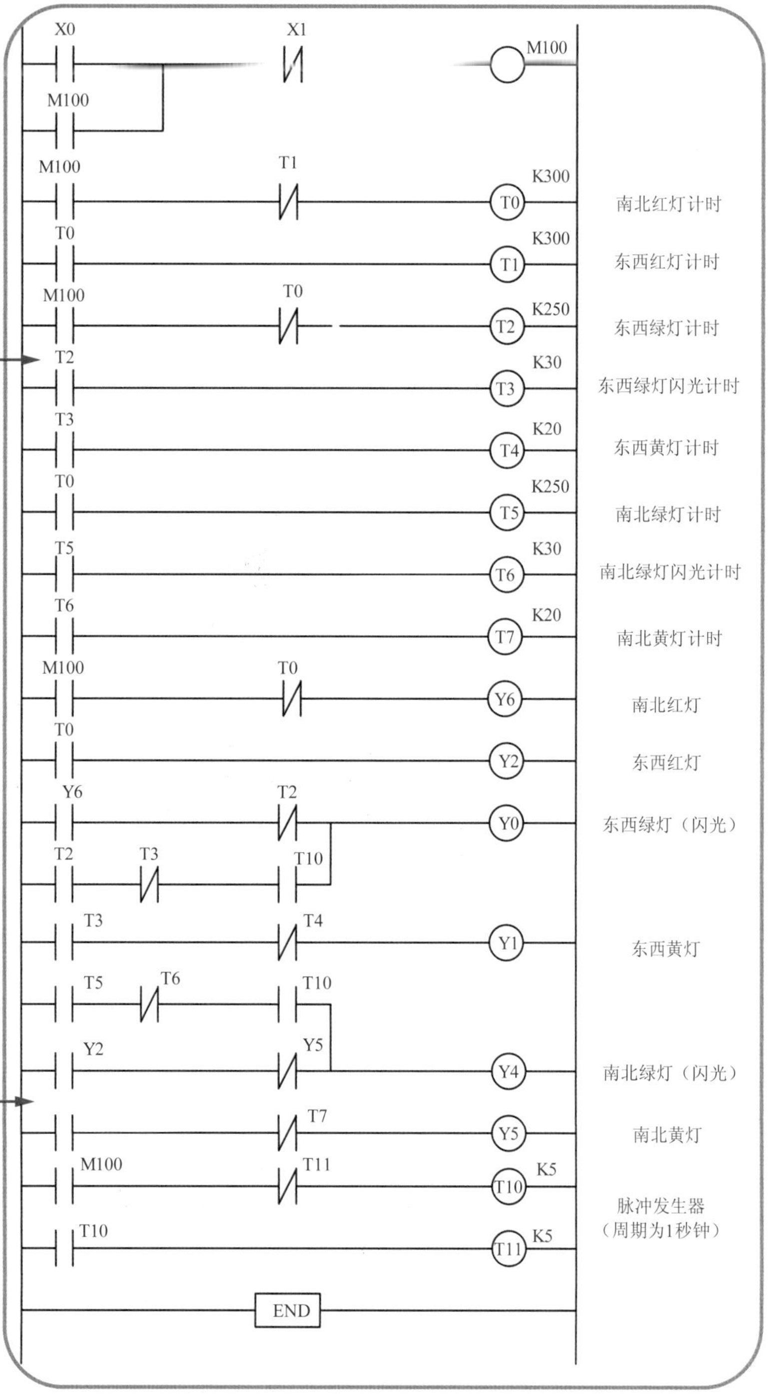

图9-19 交通信号灯PLC控制系统梯形图

9.3.4 传输带控制系统

输送机是工业化生产运输场所物料搬运机械化和自动化不可缺少的重要组成部分。传送带一般包括牵引件、承载构件、驱动装置、张紧装置、改向装置和支承件等。采用电动机拖动驱动装置为输送机提供动力。

1. 传输带工作流程和控制要求

图9-20所示的运料传输带分为三段，每段传输带由一台电动机驱动。

当检测到传输带没有物品时停止运行，可节约能源。SB1为启动按钮，采用传感器来检测被运送物品是否接近两段传送带的结合部，并用该检测信号启动下段传输带的电动机。下段电动机传输带启动正常2秒（该时间可视具体情况调整）后停止上段电动机。第三段传输带的驱动电动机3可设计为常转（自保持），第二段传输带的驱动电动机由3#、2#传感器控制启动和延时停止，1#传感器检测到物品到位后，延时停止第一段驱动电动机1。传输带整个工作过程不断进行，停止需要按下停止按钮SB2。

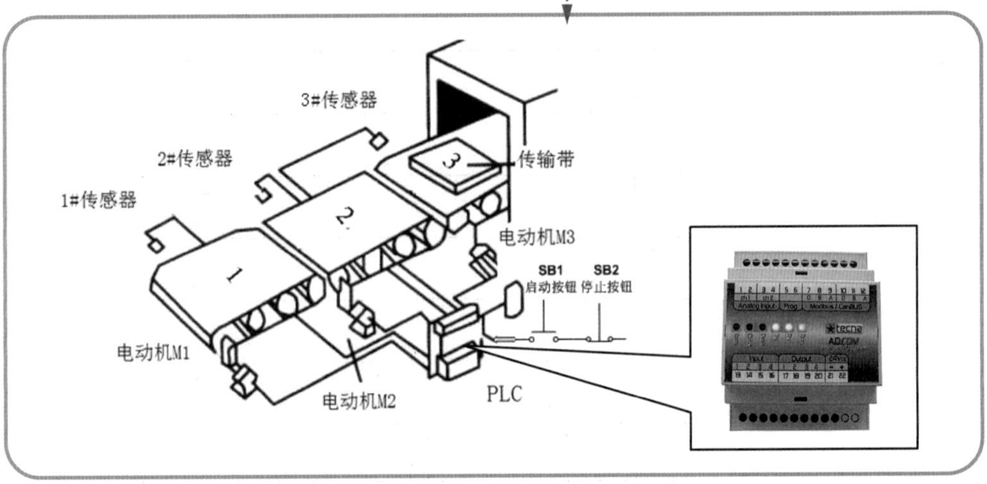

图9-20 传输带结构示意图

2. 输送机特殊的工作特点和工作环境要求

控制系统中具有自锁和联锁电路部分，以保证输送机的正常、可靠的运行。如图9-21和图9-22所示。

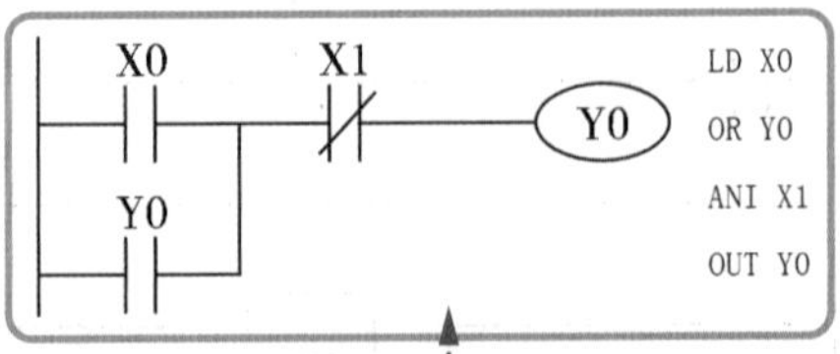

自锁程序：输入继电器X0为带电时，其触点X0闭合，输出继电器Y0接通，它的触点Y0闭合，这时即使将X0断开，输出继电器Y0仍保持接通状态。输入继电器X1为带电时，其触点X1断开，输出继电器Y0为失电时，其触点释放。如果还需要启动输出继电器Y0，只能重新使输入继电器X0为带电状态。

图9-21 自锁控制梯形图

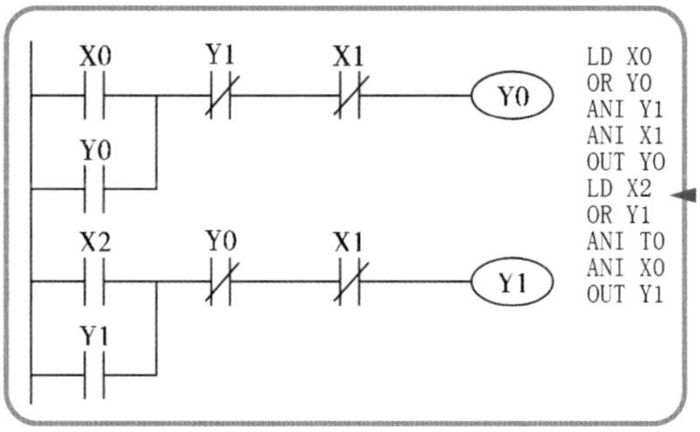

连锁程序：输出继电器不能同时动作，连锁控制。在控制电路中，无论哪个输出继电器先接通后，另外的任何一个继电器都将不能接通。两个输出继电器中任何一个启动后都会用自己的辅助接点把另一个启动控制回路断开，从而确保两个输出继电器不会同时启动。

图9-22　连锁控制梯形图

3. PLC控制系统设计

根据传输带控制要求，设计需要I/O点数，输入、输出点分配如表9-6所示。

表9-6　传输带PLC控制 I/O点分配表

启动按钮	X0	电动机M1	Y1
停止按钮	X4	电动机M2	Y2
1#传感器	X1	电动机M3	Y3
2#传感器	X2	电动机1定时器	T1
3#传感器	X3	电动机2定时器	T0

4. PLC控制过程

传输带PLC控制系统梯形图如图9-23所示。

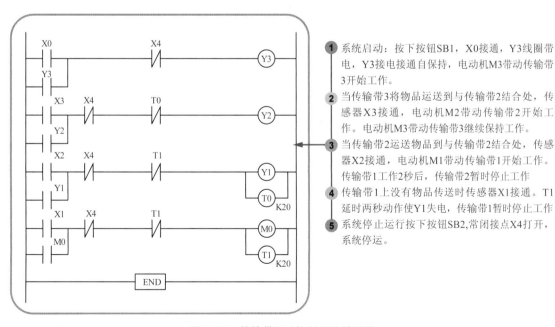

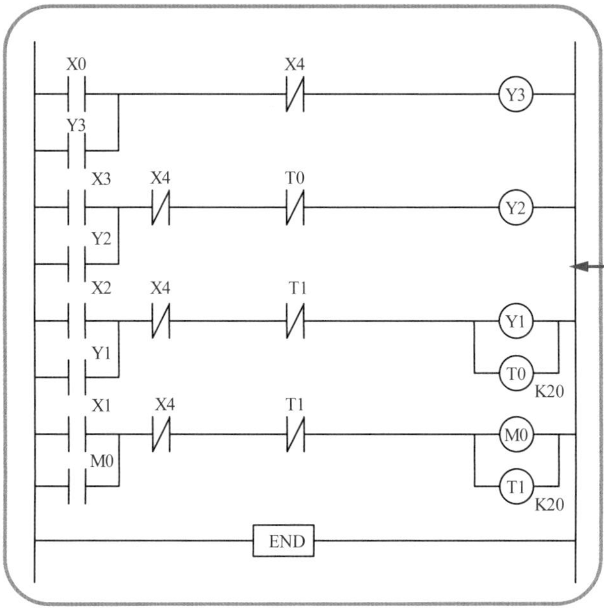

1. 系统启动：按下按钮SB1，X0接通，Y3线圈带电，Y3接电接通自保持，电动机M3带动传输带3开始工作。
2. 当传输带3将物品运送到与传输带2结合处，传感器X3接通，电动机M2带动传输带2开始工作。电动机M3带动传输带3继续保持工作。
3. 当传输带2运送物品到与传输带2结合处，传感器X2接通，电动机M1带动传输带1开始工作。传输带1工作2秒后，传输带2暂时停止工作
4. 传输带1上没有物品传送时传感器X1接通。T1延时两秒动作使Y1失电，传输带1暂时停止工作
5. 系统停止运行按下按钮SB2,常闭接点X4打开，系统停运。

图9-23　传输带PLC控制系统梯形图

9.3.5 液体混合装置控制系统

液体混合装置，在饮料的生产、酒厂的配液、农药厂的生产配比等生产场所广泛应用。

1. 系统工作过程分析

图9–24所示为液体混合装置工作流程。

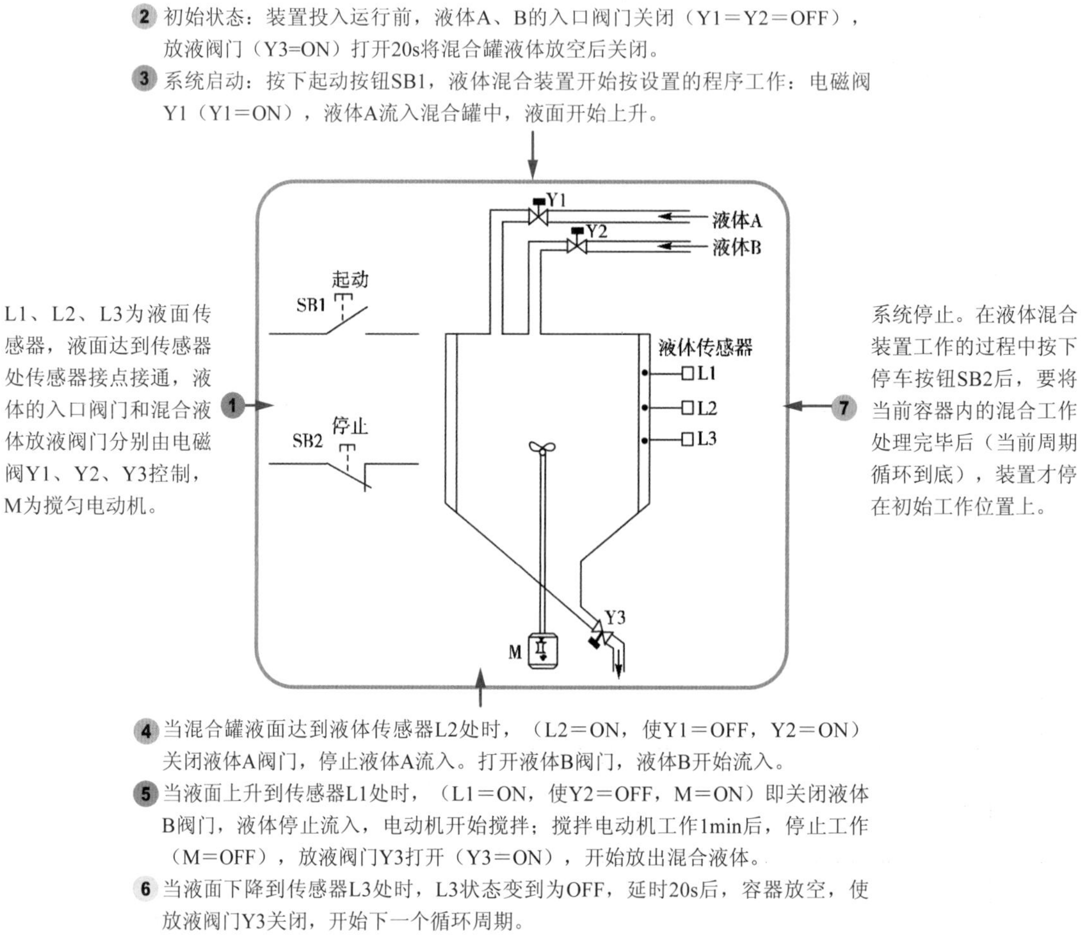

2 初始状态：装置投入运行前，液体A、B的入口阀门关闭（Y1＝Y2＝OFF），放液阀门（Y3=ON）打开20s将混合罐液体放空后关闭。
3 系统启动：按下起动按钮SB1，液体混合装置开始按设置的程序工作：电磁阀Y1（Y1＝ON），液体A流入混合罐中，液面开始上升。
L1、L2、L3为液面传感器，液面达到传感器处传感器接点接通，液体的入口阀门和混合液体放液阀门分别由电磁阀Y1、Y2、Y3控制，M为搅匀电动机。
1
Y1
Y2
液体A
液体B
起动
SB1
停止
SB2
液体传感器
L1
L2
L3
Y3
M
7
系统停止。在液体混合装置工作的过程中按下停车按钮SB2后，要将当前容器内的混合工作处理完毕后（当前周期循环到底），装置才停在初始工作位置上。
4 当混合罐液面达到液体传感器L2处时，（L2＝ON，使Y1＝OFF，Y2＝ON）关闭液体A阀门，停止液体A流入。打开液体B阀门，液体B开始流入。
5 当液面上升到传感器L1处时，（L1＝ON，使Y2＝OFF，M＝ON）即关闭液体B阀门，液体停止流入，电动机开始搅拌；搅拌电动机工作1min后，停止工作（M＝OFF），放液阀门Y3打开（Y3＝ON），开始放出混合液体。
6 当液面下降到传感器L3处时，L3状态变到为OFF，延时20s后，容器放空，使放液阀门Y3关闭，开始下一个循环周期。

图9–24 液体混合装置工作示意图

2. PLC控制系统设计

根据控制要求，可以得出所需要的I/O点数，选择FX系列PLC机可满足控制系统要求。输入、输出点分配如表9–7所示。

表9-7 输入、输出分配表

输入继电器	功　能	输出继电器	功　能
X0	启动按钮	Y1	液面A电磁阀
X1	停止按钮	Y2	液面B电磁阀
L1	液面传感器	Y3	放液电磁阀

续表

输入继电器	功　　能	输出继电器	功　　能
L2	液面传感器	M	搅拌电动机
L3	液面传感器		

3. 根据液体混合装置控制过程程序设计

液体混合程序梯形图如图9-25所示。

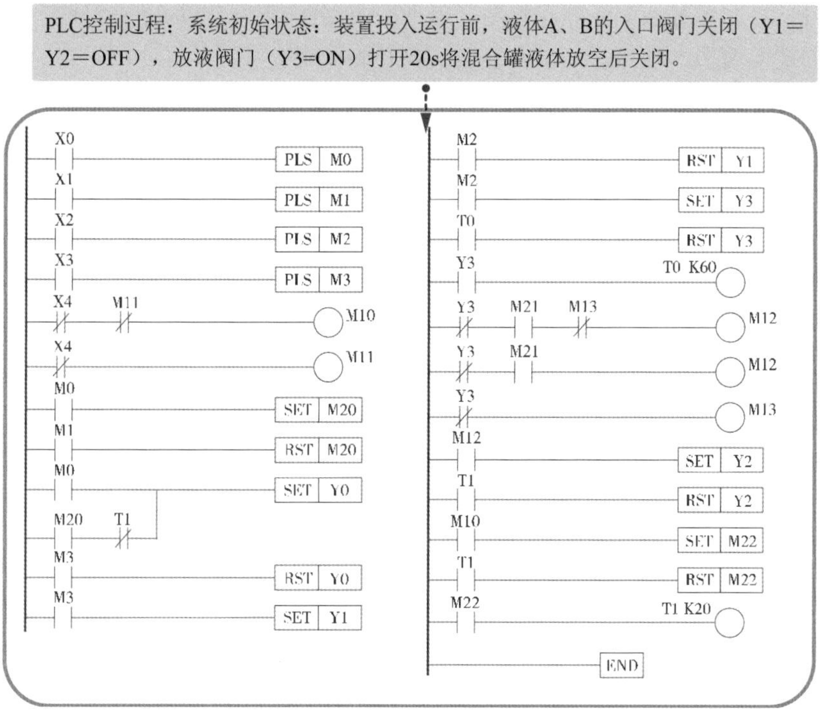

图9-25　液体混合程序梯形图

9.4 利用PLC改造传统继电器控制电路

由继电器、接触器组成的控制系统具有成熟、完善性等优点，为PLC控制系统的应用奠定了坚实的技术基础。继电器、接触器组成控制系统的电气原理图，对设计实现PLC控制的梯形图有着重要的指导意义。直接参照继电器、接触器组成控制系统的电气原理图设计PLC梯形图，在PLC应用到现在都是经常使用的方法。多年从事继电接触器线路设计的电气技术人员，了解掌握着大量典型的继电器、接触器控制线路，因此他们可以非常方便地将电气控制原理图转换为PLC控制梯形图。

但继电器、接触器控制原理图并不能很好地表示出PLC梯形图具有的所有功能。因为PLC控制系统的控制功能和能力，已经超过继电接触器的控制功能和能力。PLC 不仅可以实现对开关量的控制，还可以实现对模拟量实施控制。特别是PLC的高级指令，以及特殊功能指令，使PLC处理复杂控制系统的能力远远超过继电器、接触器组成的控制系统。

继电接触器线路与PLC梯形图相似，但具体的执行方式不同。继电器所组成的控制回路使用实际存在的连线，PLC组成的控制回路使用虚拟的“软连线”。继电器、接触器具有线圈和接点，而PLC没有实际存在的线圈和接点，采用的是数字电路虚拟的线圈和接点。掌握继电器控制系统电路转换为功能相同的PLC外部接线图和梯形图程序的步骤。了解根据继电接触器控制系统电路图设计梯形图应注意的问题。

继电接触器控制系统在工业顺序控制过程中的应用已有较长的时间，目前有不少继电接触器控制系统的技术改造的项目。对一些设备的PLC技术改造项目，可利用原有的继电接触器控制系统电路图，将其直接改写成PLC控制梯形图。

9.4.1 电动机双向（正、反转）继电器-接触器系统控制改造为PLC控制

下面以电动机双向（正、反转）控制图为例，介绍如何将继电器控制电路转换为PLC电路。了解PLC的接线及控制过程。

1. 将控制电路转换为PLC外部接线图和梯形图程序

将继电器、接触器组成的控制电路转换为PLC外部接线图和梯形图程序的步骤，如图9–26所示。

1. 了解设备的工艺过程和机电设备的动作情况，根据继电接触器控制系统电路图分析和掌握控制系统的工作原理，设计和调试控制系统。
2. 确定PLC的输入信号和输出负载，画出PLC的外部接线图。按钮、控制开关、限位开关、接近开关、各种传感器信号等用来给PLC提供控制命令和反馈信号，它们的触点接在PLC的输入端；继电接触器控制系统电路图中的交流接触器和电磁阀等执行机构用PLC的输出继电器控制，它们的线圈接在PLC的输出端；继电接触器控制系统电路图中的中间继电器和时间继电器的功能用PLC内部的辅助继电器、定时器和计数器来完成；画出PLC的外部接线图后，同时也确定了PLC的各输入信号和输出负载对应的输入继电器和输出继电器的元件号。

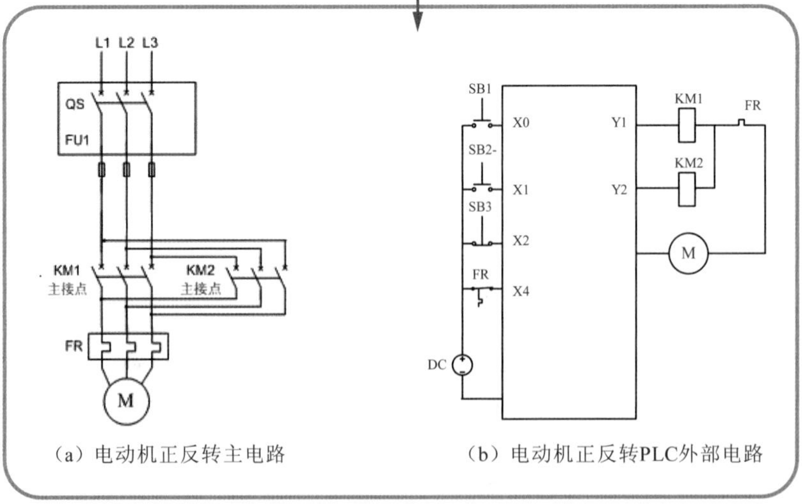

（a）电动机正反转主电路　（b）电动机正反转PLC外部电路

图9–26　电动机正反转继电器控制原理图与PLC控制原理图

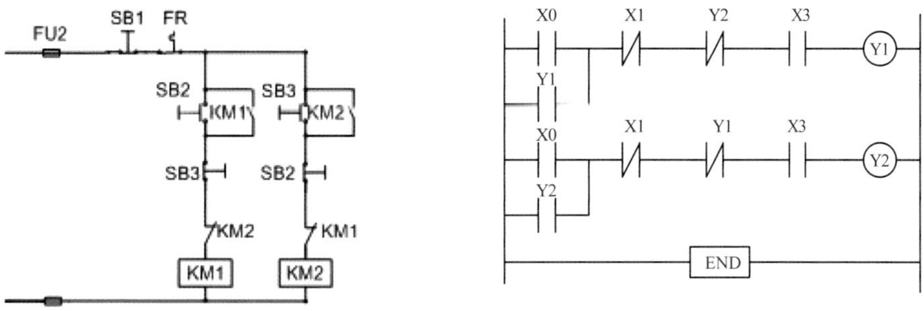

（c）电动机正反转控制电路　　（d）电动机正反转PLC控制梯形图

3 确定与继电接触器控制系统电路图的中间继电器、时间继电器对应的梯形图的辅助继电器（M）、定时器（T）、计数器（C）的元件号。

4 第2步和第3步建立了继电器电路图中的元件和梯形图中的元件号之间的对应关系。为梯形图的设计打下基础。

图9-26　电动机正反转继电器控制原理图与PLC控制原理图（续）

2. 依照继电器、接触器组成控制系统电路图设计梯形图要注意的问题

- 应遵守梯形图语言中的语法规定。如在继电接触器控制系统中，触点可以放在线圈的左边，也可以放在线圈的右边，但是在梯形图中，线圈和输出指令（如RST、SET和应用指令等）要求必须放在电路的最右边。
- 设计梯形图要考虑尽量减少PLC的输入信号和输出信号。PLC的价格与I/O点数有关，减少输入／输出信号的点数可以有效地降低PLC控制系统硬件的费用。
- 在梯形图中设置中间单元时，若多个线圈都受某一触点串并联电路的控制，为简化电路，在梯形图中可设置用该电路控制的辅助继电器。
- 分开电路中一些接线交织的点；在继电器、接触器控制系统中，为减少使用的器件和少用触点以节省硬件成本，各个线圈的控制电路经常会互相关联并交织在一起。设计PLC梯形图是以线圈为单位，分别考虑继电接触器控制系统电路图中每一个线圈受到哪些触点和电路的控制，然后画出相应的等效梯形图。即使多用了一些指令，也不会增加硬件成本，对系统的运行也不会有什么影响。
- 常闭触点提供的输入信号的处理。设计输入电路时，应尽量采用常开触点。如果只能使用常闭触点，梯形图中对应触点的常开／常闭类型应与继电接触器控制系统电路图中的相反。
- 外部连锁电路的设计。为了防止控制正反转的两个接触器同时动作，造成三相电源短路，需要在PLC外部设置硬件联锁电路。
- 时间继电器瞬动触点的处理。除了延时动作的触点外，时间继电器还有在线圈通电或断电时马上动作的瞬动触点。对于有瞬动触点的时间继电器，可以在梯形图中对应的定时器的线圈两端并联辅助继电器，后者的触点相当于时间继电器的瞬动触点。

- 断电延时的时间继电器的处理。FX2N系列PLC没有相同功能的定时器，但是可以用线圈通电后延时的定时器来实现断电延时功能。
- 梯形图程序的优化设计。为减少语句表指令的指令条数，在串联电路中，单个触点应放在电路块的右边，在并联电路中，单个触点应放在电路块的下面。
- 热继电器过载信号的处理。
- 自动复位型的热继电器，其触点提供的过载信号必须通过输入电路提供给PLC，用梯形图实现过载保护。手动复位型的热继电器，其常闭触点可以在PLC的输出电路中与控制电机的交流接触器的线圈串联。
- 外部负载的额定电压PLC的继电器输出模块和双向晶闸管输出模块一般只能驱动交流220V的负载，如果系统原来的交流继电器的线圈电压为交流380V，应将线圈换成220V的或在PLC外部设置中间继电器。

9.4.2 摇臂钻床的继电接触器控制系统的PLC技术改造

1. 控制要求

摇臂钻床的继电器控制电路原理图如图9-27所示。

钻床的主轴电机用接触器KM1控制，摇臂的升降电机用KM2和KM3控制，立柱的松开和夹紧电机用KM4和KM5控制。

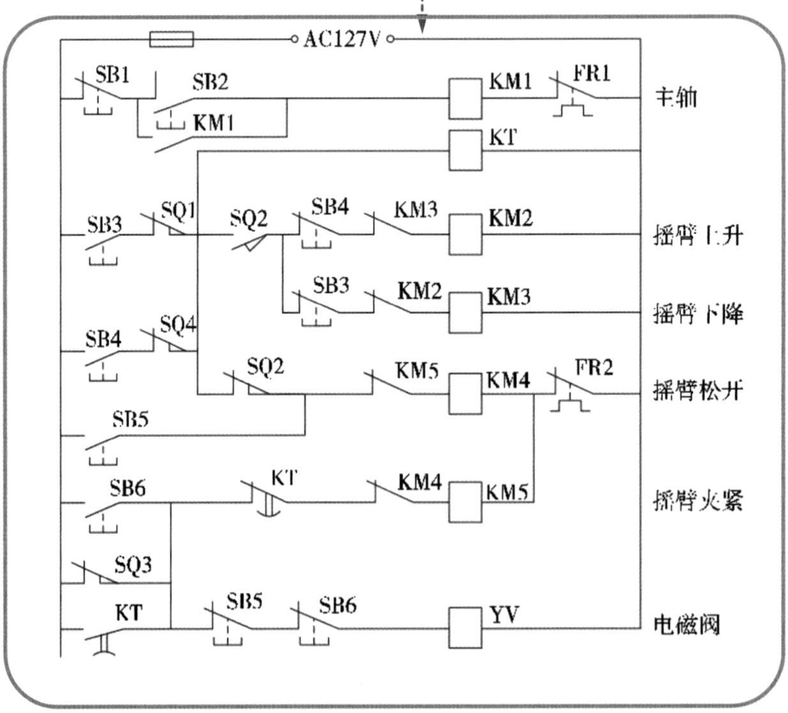

图9-27 摇臂钻床的继电器控制电路原理图

2. PLC控制系统设计

设计之前，首先必须对要控制的对象进行调查，了解清楚控制对象的工艺过程，工作特点，明确控制的各个阶段和各阶段的特点，以及各阶段之间的转换条件。

按照摇臂钻床的工作过程和控制要求，使用PLC改造继电器组成的控制电路。

（1）分配I/O：钻床输入给PLC的信号有9个，PLC输出给现场的信号有5个，选用FX2N-32MS型PLC，I/O分配情况如表9-8所示。

表9-8　输入/输出点分配表

输入继电器	功　能	输出继电器	功　能
X0	上升	Y0	摇臂上升
X1	下降	Y1	摇臂下降
X2	松开	Y2	摇臂松开
X3	夹紧	Y3	摇臂夹紧
X4	上限位	Y4	电磁阀
X5	下限位		
X6	已松开		
X7	已夹紧		
X10	电动机过载		

（2）电气控制任务：用PLC对电动机的控制过程与继电器控制过程相同，机床的电动机主电路仍采用原有的主电路，控制线路用PLC的程序取代。如图9-28所示为摇臂钻床的PLC控制系统的外部接线图。

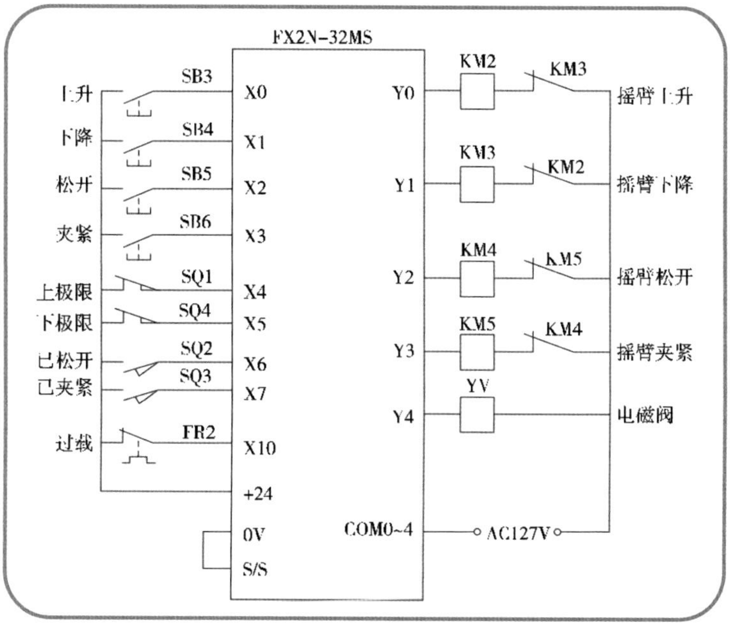

图9-28　摇臂钻床PLC控制系统外部接线图

（3）绘制（设计）梯形图：在对摇臂钻床工作控制流程进行充分地了解之后，便可以开始进行具体的编程了，按照控制对象和各个控制功能设计梯形图控制梯形图如图9-29所示。

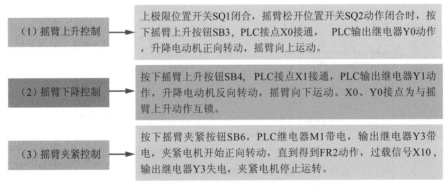

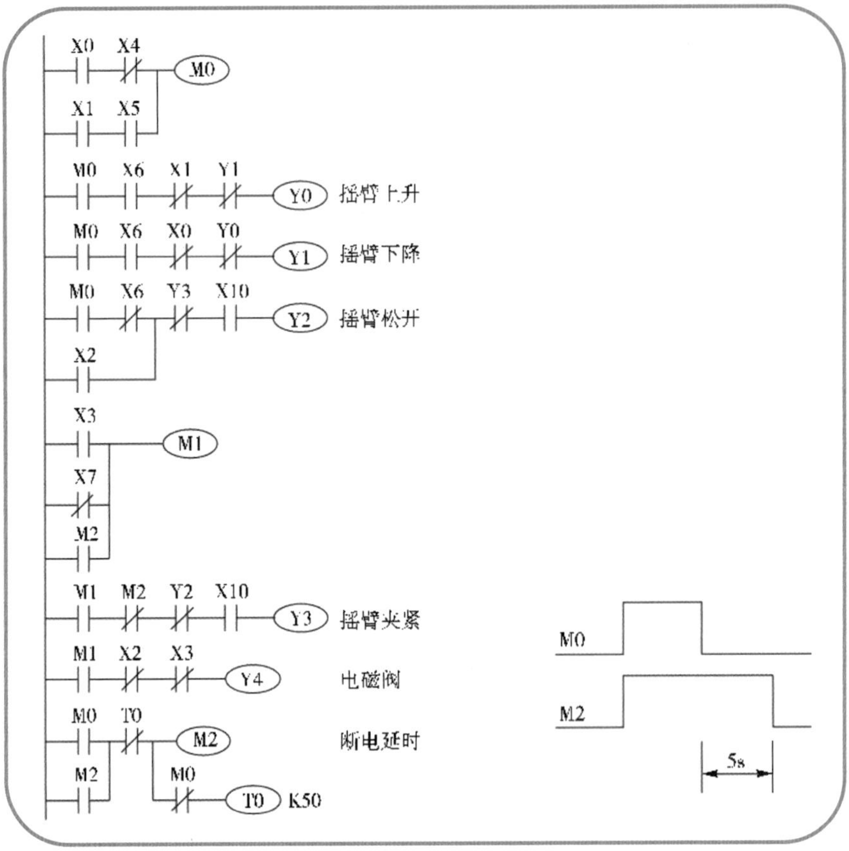

图9-29 摇臂钻床PLC控制梯形图

3. PLC控制过程

PLC控制过程如图9-30所示。

（1）摇臂上升控制 → 上极限位置开关SQ1闭合，摇臂松开位置开关SQ2动作闭合时，按下摇臂上升按钮SB3，PLC接点X0接通， PLC输出继电器Y0动作，升降电动机正向转动，摇臂向上运动。

（2）摇臂下降控制 → 按下摇臂上升按钮SB4，PLC接点X1接通，PLC输出继电器Y1动作，升降电动机反向转动，摇臂向下运动。X0、Y0接点为与摇臂上升动作互锁。

（3）摇臂夹紧控制 → 按下摇臂夹紧按钮SB6，PLC继电器M1带电，输出继电器Y3带电，夹紧电机开始正向转动，直到得到FR2动作，过载信号X10，输出继电器Y3失电，夹紧电机停止运转。

图9-30 PLC控制过程

图9-30　PLC控制过程（续）

4. 改造步骤总结

继电器控制系统改造为PLC控制系统的步骤如图9-31所示。总之，在整个程序设计过程当中，每一步工作实施之前都要进行详细了解，做好计划和安排，在实施过程中则要考虑周详，并做好每一步的工作记录。

程序模拟调试：在程序编制工作基本结束之后，即进入程序调试阶段。首先要进行模拟调试，可以将整个程序分成若干个块进行部分调试，然后再进行整体联调。要求程序务必做到运行可靠、准确，在此基础上也要尽可能地简洁，便于阅读和维护。

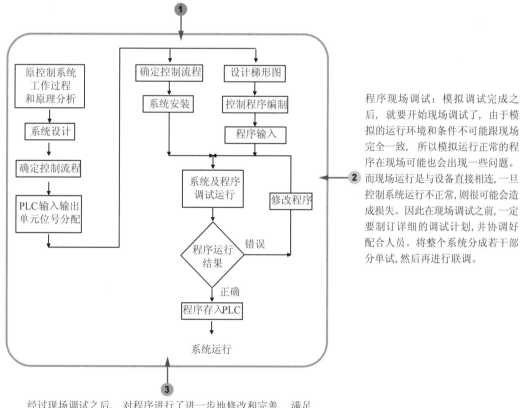

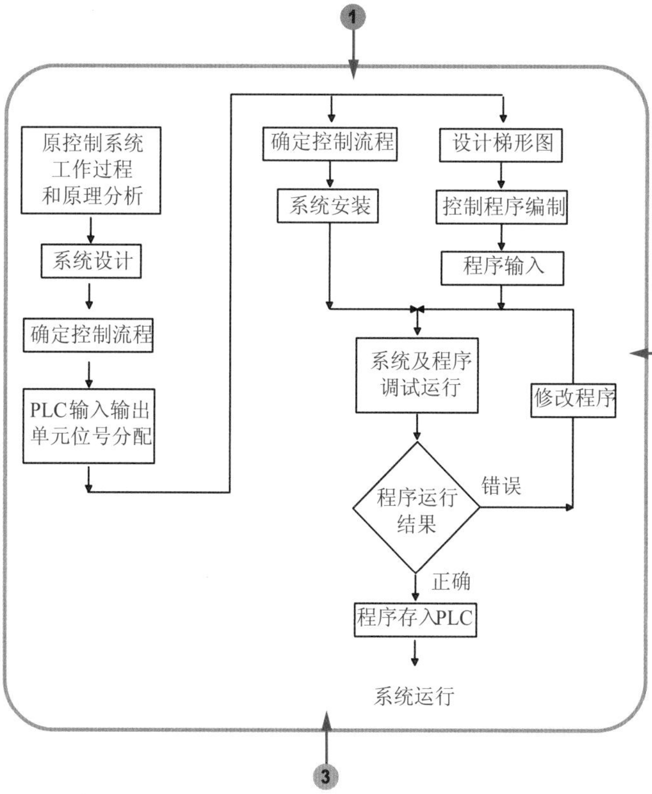

程序现场调试：模拟调试完成之后，就要开始现场调试了，由于模拟的运行环境和条件不可能跟现场完全一致，所以模拟运行正常的程序在现场可能也会出现一些问题。而现场运行是与设备直接相连，一旦控制系统运行不正常，则很可能会造成损失。因此在现场调试之前，一定要制订详细的调试计划，并协调好配合人员。将整个系统分成若干部分单试，然后再进行联调。

经过现场调试之后，对程序进行了进一步地修改和完善，满足了生产运行的实际需要，程序设计工作就基本上结束了。

图9-31　继电器控制系统改造为PLC控制系统的步骤图

读者意见反馈表

亲爱的读者：

感谢您对中国铁道出版社有限公司的支持，您的建议是我们不断改进工作的信息来源，您的需求是我们不断开拓创新的基础。为了更好地服务读者，出版更多的精品图书，希望您能在百忙之中抽出时间填写这份意见反馈表发给我们。随书纸制表格请在填好后剪下寄到：北京市西城区右安门西街8号中国铁道出版社有限公司大众出版中心 荆波收（邮编：100054）。或者采用传真（010-63549458）方式发送。此外，读者也可以直接通过电子邮件把意见反馈给我们，E-mail地址是：176303036@qq.com。我们将选出意见中肯的热心读者，赠送本社的其他图书作为奖励。同时，我们将充分考虑您的意见和建议，并尽可能地给您满意的答复。谢谢！

- -

所购书名：______________________

个人资料：

姓名：____________ 性别：__________ 年龄：__________ 文化程度：______________

职业：________________ 电话：______________ E-mail：________________

通信地址：__________________________________ 邮编：________________

- -

您是如何得知本书的：

□书店宣传 □网络宣传 □展会促销 □出版社图书目录 □老师指定 □杂志、报纸等的介绍 □别人推荐

□其他（请指明）____

您从何处得到本书的：

□书店 □邮购 □商场、超市等卖场 □图书销售的网站 □培训学校 □其他

影响您购买本书的因素（可多选）：

□内容实用 □价格合理 □装帧设计精美 □带多媒体教学光盘 □优惠促销 □书评广告 □出版社知名度

□作者名气 □工作、生活和学习的需要 □其他

您对本书封面设计的满意程度：

□很满意 □比较满意 □一般 □不满意 □改进建议

您对本书的总体满意程度：

从文字的角度 □很满意 □比较满意 □一般 □不满意

从技术的角度 □很满意 □比较满意 □一般 □不满意

您希望书中图的比例是多少：

□少量的图片辅以大量的文字 □图文比例相当 □大量的图片辅以少量的文字

您希望本书的定价是多少：

本书最令您满意的是：

1.

2.

您在使用本书时遇到哪些困难：

1.

2.

您希望本书在哪些方面进行改进：

1.

2.

您需要购买哪些方面的图书？对我社现有图书有什么好的建议？

您更喜欢阅读哪些类型和层次的书籍（可多选）？

□入门类 □精通类 □综合类 □问答类 □图解类 □查询手册类 □实例教程类

您在学习计算机的过程中有什么困难？

您的其他要求：